权威·前沿·原创

皮书系列为
"十二五""十三五"国家重点图书出版规划项目

BLUE BOOK

智库成果出版与传播平台

海洋经济蓝皮书

BLUE BOOK OF
MARINE ECONOMY

中国海洋经济发展报告
（2019~2020）

ANNUAL REPORT ON THE DEVELOPMENT OF CHINA'S
MARINE ECONOMY (2019-2020)

主　编／殷克东
副主编／李雪梅　关洪军　金　雪

社会科学文献出版社
SOCIAL SCIENCES ACADEMIC PRESS（CHINA）

图书在版编目（CIP）数据

中国海洋经济发展报告. 2019－2020/殷克东主编
. --北京：社会科学文献出版社，2020.11
（海洋经济蓝皮书）
ISBN 978－7－5201－7389－6

Ⅰ.①中⋯　Ⅱ.①殷⋯　Ⅲ.①海洋经济－经济发展－
研究报告－中国－2019－2020　Ⅳ.①P74

中国版本图书馆 CIP 数据核字（2020）第 187204 号

海洋经济蓝皮书
中国海洋经济发展报告（2019~2020）

主　　编／殷克东
副 主 编／李雪梅　关洪军　金　雪

出 版 人／谢寿光
组稿编辑／邓泳红
责任编辑／吴　敏
文稿编辑／吴云苓

出　　版／社会科学文献出版社·皮书出版分社（010）59367127
　　　　　地址：北京市北三环中路甲 29 号院华龙大厦　邮编：100029
　　　　　网址：www.ssap.com.cn
发　　行／市场营销中心（010）59367081　59367083
印　　装／天津千鹤文化传播有限公司

规　　格／开本：787mm×1092mm　1/16
　　　　　印张：26　字数：432 千字
版　　次／2020 年 11 月第 1 版　2020 年 11 月第 1 次印刷
书　　号／ISBN 978－7－5201－7389－6
定　　价／128.00 元

本书如有印装质量问题，请与读者服务中心（010－59367028）联系

教育部哲学社会科学系列发展报告项目（13JBGP005）

教育部人文社科重点研究基地中国海洋大学海洋发展研究院资助

国家社科基金重大项目（14ZDB151）（19ZDA080）

编 委 会

"海洋经济蓝皮书" 编辑部

主要编撰者简介

殷克东 博士，山东财经大学海洋经济与管理研究院院长、管理科学与工程学院教授，博士生导师。国务院政府特殊津贴专家，国家高层次人才特殊支持计划领军人才，中宣部文化名家暨"四个一批"人才，山东省社会科学名家。兼任 *Marine Economics and Management* 期刊主编，IEEE 系统与控制论学会冲突分析技术委员会委员，中国数量经济学会常务理事，中国海洋大学海洋发展研究院高级研究员、博士生导师。研究专长聚焦于数量经济分析与建模、复杂系统与优化仿真、海洋经济管理与监测预警、货币金融体系与风险管理、海洋经济计量（学）等领域。主持国家社科基金重大项目、重点项目、一般项目，主持教育部发展报告项目，主持国家重点研发计划子任务，主持国家海洋公益项目子任务，主持国家863项目子任务等20多项。在人民出版社、社会科学文献出版社、经济科学出版社等出版学术著作12部。研究成果入选"国家哲学社会科学成果文库"，荣获山东省社科优秀成果特等奖、青岛市社科优秀成果一等奖；在 SCI、SSCI、CSSCI 等发表学术科研论文100余篇。

李雪梅 博士，副教授，博士生导师。中国海洋大学教育部人文社科重点基地海洋发展研究院研究员。兼任 *Marine Economics and Management* 期刊主编助理与副主编、SCI 期刊 *Grey Systems Theory and Application* 编委、IEEE SMC 冲突分析分会学术委员会委员、中国优选法统筹法与经济数学研究会灰色系统专业委员会理事、*International Association on Grey System and Uncertainty Analysis* 理事，主要从事海洋经济与管理、灰色系统理论、冲突分析图模型等方向的研究。主持和参与国家自然科学基金、国家重点研发计划等相关课题10余项。在 *Expert Systems with Applications*、*Journal of Cleaner Production*、《系统工程理论与实践》、《中国管理科学》、《控制与决策》、《资源科学》、《运筹与管理》等国内外权威期刊发表论文40余篇。获山东省哲学社会科学优秀成果三等奖、

IEEE GSIS 国际会议优秀论文奖等。

关洪军 博士，山东财经大学海洋经济与管理研究院副院长，三级岗位教授，博士生导师。研究专长聚焦于复杂系统理论与方法、电子商务与商务智能、安全工程与风险防控、海洋经济与管理等领域。主持承担国家社科基金重大专项、国家社科后期资助等国家级项目 3 项，主持教育部人文社科规划项目、国家旅游局社科规划重点项目、全国统计科研项目、中国博士后基金项目、山东省自然基金、山东省重点研发计划、山东省社科规划项目等省部级课题 20 余项。研究成果获山东省科技进步三等奖 1 项（首位）；获山东省省级优秀成果二等奖、山东省高校科研成果一等奖、山东省计算机优秀成果二等奖、山东软科学优秀成果三等奖等省市级奖励 7 项。在《系统工程理论与实践》、《中国管理科学》、《管理科学》和 *IEEE Access*、*Complexity*、*Journal of Intelligent & Fuzzy Systems* 等国内外优秀期刊发表学术论文 60 余篇，其中多篇被 SSCI、SCI、EI 和 CSSCI 检索。

金 雪 博士，加拿大英属哥伦比亚大学博士后、中国海洋大学博士后，教育部人文社科重点基地海洋发展研究院"双聘"研究员，山东财经大学海洋经济与管理研究院兼职研究员，兼任 *Ocean Engineering*、*International Review of Financial Analysis* 等多个学术期刊匿名审稿人。主要从事海洋经济管理、数量经济等方面的研究。主持国家社科基金、山东省社科基金、中国博士后基金特别资助等课题 7 项；参与国家社科基金重大项目、国家社科基金重点项目、国家自然科学基金项目、国家重点研发计划等 10 余项课题研究。参与编写著作 5 部，在 *International Journal of Environmental Research & Public Health*、*Physica A-Statistical Mechanics and its Applications*、《资源科学》等国内外权威期刊发表论文 20 余篇。获青岛市社科优秀成果新秀奖。

前　言

纵览几千年的世界历史，绝大多数世界强国的崛起都与海洋事业的繁荣密切相关。正如战国时期著名的思想家、哲学家韩非子所言："历心于山海而国家富。"向海而兴，背海而衰，这里包含了无数历经千年的海洋故事。

人类历史发展进程始终伴随着对海洋的认识、利用、开发和控制。而拥有五千年悠久历史的中国，也曾一度经历过由海而盛、因海而衰的曲折记忆，更是谱写了一部波澜壮阔的海洋史。而今，实现中华民族伟大复兴这一伟大的使命凝聚了一个多世纪以来中国人的夙愿，成为所有中华儿女的共同期盼。因此，如何开发利用海洋，维护海洋可持续发展，大力发展海洋经济，发掘海洋潜藏资源，创新海洋科技，科学把握海洋经济发展新趋势至关重要。

21 世纪是海洋的世纪，从国家"十五"规划、"十二五"规划到"十三五"规划，党的十六大、十八大到十九大，海洋经济的战略地位不断提升。"海洋强国"战略、"一带一路"倡议、"海洋命运共同体"倡议，以及"沿海地区自由贸易区"的设立、"海洋经济试验示范区"的推进，都为我国海洋事业发展提供了重要契机。近年来，从国家到地方层面纷纷制定海洋经济发展战略与规划，学术界对海洋经济发展的专题研究也不断深入，可以说，中国海洋经济发展研究承载了从国家到地方政府，再到学者层面的无数期待。然而，由于我国制定海洋发展战略的起步较晚、经验欠缺，在海洋事业的发展过程中还存在诸多不足，如海洋产业结构仍需优化，海洋经济发展模式亟须改善，海洋科技成果转化率不高，海洋经济管理体制效率较低，海洋经济安全形势面临诸多不稳定因素，海洋经济统计数据有待规范，等等。如何解决海洋经济发展中的种种问题，如何克服海洋经济发展中的诸多困难，我国海洋经济的家底清楚了吗？我国海洋经济发展的潜力有多大？海洋经济发展是如何演变的、影响因素是什么？等等，尤其是国家"十二五"规划和"十三五"规划、党的十

八大报告和十九大报告也都明确提出了发展海洋经济的战略目标，沿海地区也陆续出台了海洋强省的战略规划。这一系列海洋经济发展问题，有待经济学家尤其是海洋经济学专家学者给予研究和解答。中国亟须对海洋经济发展形势进行分析与研判。

2003 年，"中国海洋经济形势分析与预测研究"课题组成立，课题组将研究阵地置于海洋经济学术研究的最前沿，钟情于经世济民的学术追求，多年来一直扮演着海洋经济计量研究领域探路者的角色，研究成果大多为国内首次。2010 年国内首次出版《中国海洋经济形势分析与预测》。2011 年首次召开"海洋经济蓝皮书"暨"中国海洋经济形势分析与预测"专家研讨会，来自中国社会科学院、科技部、教育部、国家统计局、国家海洋局、南开大学、辽宁师范大学、广东海洋大学、中国海洋大学的专家学者，齐聚一堂，共同探讨了发展海洋经济和进行"中国海洋经济形势分析与预测"研究、组织"海洋经济蓝皮书"编写的重要意义。与会专家一致认为，课题组在贯彻落实中央精神和国家海洋经济发展战略方针下，积极开展"中国海洋经济形势分析与预测"研究，并组织"海洋经济蓝皮书"的编写，非常及时、非常必要、责无旁贷，也是学术界亟须解决和加强研究的一项重要工作，具有里程碑式的意义。希望"中国海洋经济形势分析与预测研究"课题组认真组织编撰"海洋经济蓝皮书"，主动服务国家重大战略，探寻我国海洋经济发展规律，促进海洋经济可持续发展，为海洋经济健康发展提供系统全面、科学的理论体系，方法体系，技术体系和决策依据，担负起义不容辞的责任。

2012 年，课题组首次出版《中国海洋经济发展报告（2012）》并组织召开了专家研讨会。来自国家海洋局、国家海洋局宣教中心、国家海洋信息中心、国家海洋环境预报中心、国家海洋技术中心、国家海洋局北海分局、国家海洋局东海分局、国家海洋局南海分局、国家海洋局第一海洋研究所、国家海洋局第三海洋研究所、中国海洋大学、广东海洋大学、上海海洋大学的专家学者，以及新华财经频道、中国海洋报等的特邀记者出席了会议。2013 年，"中国海洋经济发展报告"项目正式获得教育部哲学社会科学发展报告培育项目的立项支持（项目批准号 13JBGP005）。2014 年，课题组组织召开了《中国海洋经济发展报告（2014）》专家座谈会，来自中国社会科学院、国家海洋局的相关职能部门、北京师范大学、上海海洋大学、广东海洋大学、山东社会科

学院、挪威渔业科学大学、中国海洋大学等 16 家单位的相关专家学者出席
了本次会议。

2018 年 4 月，由社会科学文献出版社联合中国海洋大学、自然资源部第
四海洋研究所、中国海洋发展研究会、中共北海市海城区委员会、北海市海城
区人民政府，在广西北海市举行了《海洋经济蓝皮书：中国海洋经济发展报
告（2015～2018）》发布会，并组织召开了"向海经济"研讨会。来自加拿大
瑞尔森大学、中国社会科学院、社会科学文献出版社、北海市人民政府、原国
家海洋局南海分局、中国海洋学会、原国家海洋局第四海洋研究所、原国家海
洋局减灾中心、广西壮族自治区海洋渔业厅、原国家海洋局北海海洋环境监测
中心、原国家海洋局战略与规划司、中共广西壮族自治区委员会党史研究室、
中国海洋大学、广东海洋大学、大连海洋大学、山东省海洋经济文化研究院、
广西红树林研究中心等单位的专家学者，以及《中国海洋报》、人民网广西频
道、网易广西等的特邀记者出席了会议。

2019 年 11 月，课题组在山东青岛组织召开了"海洋经济蓝皮书"暨"中
国海洋经济发展报告"专家研讨会，来自社会科学文献出版社、中国海洋大
学、山东财经大学、山东省海洋经济文化研究院、辽宁师范大学、广东海洋大
学、浙江海洋大学、上海海洋大学、海南大学等单位的专家学者共同出席了会
议，会议介绍了"海洋经济蓝皮书"的发展历程、定位、要求和相关工作，
专家们研讨了"海洋经济蓝皮书"的体例架构、篇章板块，对"海洋经济蓝
皮书"的组织架构、发布机制、合作方式等达成了共识。

"中国海洋经济形势分析与预测研究"课题组经过多年的发展，已成为国
内外海洋经济研究领域的一支重要力量。近年来，课题组成员主持承担国家社
科基金重大项目、重点项目、一般项目，主持承担国家自然基金项目，主持承
担国家重点研发计划子任务、国家海洋公益性科研专项子任务、国家 863 项目
子任务，以及主持承担地方政府、企事业单位委托科研项目数十项。同时，在
围绕中国海洋经济数量化研究领域，课题组积极构建学术研究团队，不断拓宽
眼界视野，努力提高研究质量。经过多年的辛勤耕耘，系列《中国海洋经济
发展报告》取得了丰硕成果，在海洋经济计量学（Marine Econometrics）、海洋
经济周期（Marine Economic Cycles）、投入产出模型（Model of Input-Output on
Marine Economy）、海洋经济安全、海洋经济高质量发展、海洋经济可持续发

展、蓝色经济领军城市、海洋资源优化配置、海洋灾害经济损失监测预警等海洋经济的数量化研究领域，进行了系统性、规范性、前瞻性的研究。

《海洋经济蓝皮书：中国海洋经济发展报告（2019～2020）》，以全球定位、国际标准、世界眼光和独到视野为参照系，立足国家重大战略需求和社会经济发展实际需要，通过产业篇、区域篇、专题篇、热点篇、国际篇等板块设计，对国内外海洋经济、主要海洋产业、区域海洋经济、海洋经济安全、海洋经济高质量发展等内容进行了深入细致的分析，这对制定我国海洋经济可持续发展政策和战略发展规划、加强海洋科学前沿管理，具有重要的现实意义。海洋经济蓝皮书本着开放与合作的宗旨，联合国内外相关领域的有关部门、机构、专家学者，组建专门团队，成立编写委员会、专家顾问组等，定期召开专家研讨会、蓝皮书发布会，为国内外海洋经济领域的专家学者提供了重要而独特的话语平台，不断推进中国海洋经济的研究进展。《海洋经济蓝皮书：中国海洋经济发展报告（2019～2020）》的出版，得到了国内外涉海院校、科研机构和相关职能部门等的专家学者以及中国海洋大学、山东财经大学的大力支持、关心和帮助。在社会科学文献出版社的支持帮助下，经过各位同仁的不懈努力和辛苦工作，终于顺利完成出版，在此，向他们表示衷心的感谢和最诚挚的问候。

我们深知，中国海洋经济所涉及的问题和领域十分广泛、深奥，无论理论研究还是实际应用，我们在很多方面还存在不足，还有待进一步深化和改进。我们愿在广大专家学者的关心和支持下，努力建设我国海洋经济研究领域的标志性品牌，搭建海洋经济研究的一流团队，创新海洋经济研究理论体系、内容体系、技术体系，主导海洋经济研究的领先地位，不断提高、完善海洋经济蓝皮书的研究质量，大力推进经济学、海洋学、管理学以及数学、统计学等多学科交叉研究的进展，着力推出既有独特新颖的学术创新价值又有厚重分量的标志性研究成果，为党和国家、为繁荣发展哲学社会科学服务。

海洋经济蓝皮书编辑组

2020 年 5 月 17 日

摘　要

本报告系统分析了我国海洋经济发展所面临的新机遇、新挑战，厘清了我国海洋经济发展的时空演变特征，辨析了我国海洋经济发展的现状、机理和趋势，通过构建海洋经济模型群对我国海洋经济结构、规模等进行了研判、预测和展望，并针对目前我国海洋经济发展中存在的问题提出了相应的政策建议。报告认为，虽然目前我国海洋经济遇到了诸多困难，但是在"海洋强国"战略、"陆海统筹"规划和"一带一路"倡议等指引下，我国海洋经济发展平稳、结构性转变、创新驱动、绿色效率提升和高质量发展初见成效，科技贡献、劳动生产率不断提升。而受国际国内宏观经济下行压力和全球突发性因素的影响，我国海洋经济增长呈现明显减缓的迹象。

在我国传统海洋产业、新兴海洋产业、海洋科研教育管理服务业以及海洋主要相关产业等方面，本报告认为，随着涉海高新技术的不断发展以及海洋资源开发的不断深入，海洋产业转型升级有序推进。近年来，国家对新兴海洋产业寄予厚望，但是我国传统海洋产业仍占主导地位，新兴海洋产业在发展规模和发展速度上都还存在诸多的挑战，与其"海洋经济发展加速器和海洋经济发展战略重点"的定位尚有不小差距。

针对近年来我国海洋经济遇到的困难和挑战，本报告从非传统安全视角对我国海洋经济安全所面临的海洋经济保障能力、海洋资源环境承载力、海洋科技支撑能力以及海洋事务调控管理能力等形势进行了分析量化，对我国海洋经济周期波动、景气指数进行了分解和监测预警，对沿海地区蓝色经济领军城市的发展水平、差异化特征进行了分析比对，并通过全球沿海主要 G8 国家的海洋经济发展指数，对全球主要沿海国家的海洋经济发展形势进行了分析、研判和展望。

本报告认为，在新形势下，我国海洋经济面临难得的发展机遇。本报告对当前沿海地区自由贸易区设立、海洋经济高质量发展、海洋经济试验示范区推

进、全球海洋命运共同体倡议等进行了细致的分析与探究，对先行先试、前瞻性倡导等相关引领性政策和规划进行了系统分析，对自贸区、示范区、试验区等发展趋势、运行效果进行了量化分析和深入辩证，并针对存在的问题提出了相应的政策建议。

目　录

Ⅰ　总报告

Ⅱ　产业篇

Ⅲ 区域篇

Ⅳ 专题篇

Ⅴ 热点篇

VI 国际篇

VII 附录

皮书数据库阅读**使用指南**

总 报 告

General Report

B.1
中国海洋经济发展形势分析与预测

"中国海洋经济发展报告"课题组*

摘　要： 2019 年，在国内外不确定性明显提高的复杂环境下，我国海洋经济延续了相对平稳的发展趋势，全国海洋生产总值增长 6.2%。2020 年，在全球经济复苏放缓、贸易保护主义抬头，以及新冠肺炎疫情等因素的影响下，我国海洋经济发展将遭受巨大的下行压力，预计全国海洋生产总值增长 2% 左右，海洋生产总值在 91000 亿元左右。随着我国疫情防控取得重大战略成果，在"双循环"的发展格局下，海洋经济将逐步恢复到正常增长水平，预计 2022 年海洋生产总值将突破 100000 亿元。建议在严防严控新冠肺炎疫情的基础上，进一步创新海洋经济发展模式，加快海洋产业结构转型升级；创新海洋经济管理体制，提高海洋经济管控能力；提升海洋经济统计水平，发挥海洋大数据决策支撑作用；完善金融支持方式，

---

* 课题组成员：殷克东、刘哲、张彩霞、黄珊、李均超、吕凌云、苏夏清、张润川、王玉霞。

提高海洋科技成果转化效率。2020 年要重点抓好以下工作任务：充分利用海洋发展政策，优化海洋开发利用层次，落实"六稳""六保"工作，稳定海洋经济基本盘，积极融入"一带一路"倡议，借助自由贸易协定等框架，在"双循环"发展格局中，营造海洋经济发展的新环境，加快实施创新驱动发展战略，加快推进海洋经济示范区建设，促进陆海统筹发展，不断改善沿海地区民生水平。

关键词： 海洋经济　产业结构　增长动力

目前，我国经济已经进入转变发展方式、优化经济结构、转换增长动能的攻关期，内外部环境复杂严峻。2019～2020 年，我国海洋经济在整体宏观经济承压的背景下，坚持产业结构优化升级，技术研发能力不断提升，产业协同水平不断提高，陆海统筹发展等不断强化，海洋经济在宏观经济中的融入程度不断提高。我国海洋经济的发展前景广阔，但是也面临不可忽视的挑战。

一　2019～2020年中国海洋经济基本形势分析

作为国际领先的海洋大国，我国海洋经济形成了以"科学管海"为基本原则、以"陆海统筹"为发展路径、以"生态护海"为开发准则的综合发展模式。从产业发展水平来看，全国及部分沿海地区的海洋产业增加值一直呈现整体上升趋势；从产业结构来看，我国海洋经济产业结构不断优化，海洋"三、二、一"产业格局凸显，第三产业占比增加；从地区性发展来看，沿海地区海洋产业发展水平参差不齐，海洋主导产业也存在差异，但在发展问题上存在一定的共性，主要体现在我国陆域产业与海洋产业的衔接不强，生产技术上较国际其他海洋强国还有一定的差距，海洋资源开发管理体制有待完善。此外，我国在海洋资源的开发上还存在总体与局部之间的矛盾，区域发展中的海洋产业同构化现象依然突出，这些问题都有待未来进一步解决。

（一）中国海洋经济规模分析

1. 全国海洋生产总值①分析

2019 年全国海洋生产总值增长 6.2%，达 89415 亿元。2010 年以前海洋生产总值增速波动较大，由于"非典"疫情影响，2003 年增速低于 5%，2004 年增速回升，后又因 2008 年国际金融危机影响出现增速下降期；随着我国加强海洋开发利用，2011～2019 年海洋生产总值稳步提高，但受到海洋生产总值基数扩大、海洋产业结构调整导致的主要海洋产业与海洋相关产业发展的放缓以及国内外宏观经济波动的影响，海洋生产总值增速较前几年波动下降，年均增速约 7.48%。2006 年以前海洋生产总值占全国生产总值的比重基本呈上升趋势，而后略有波动但趋于稳定，基本维持在 9%～10%（见图 1）。未来我国的海洋经济发展面临较多不确定因素的挑战，中美贸易摩擦、美国提出"印太战略"、新冠肺炎疫情蔓延等导致经济大环境受到负面影响；同时我国也在积极寻求国际合作，包括 2013 年提出"一带一路"倡议，2015 年推进亚投行正式成立等，并在国内实施科技兴海战略，加快建设海洋强国，在沿海地区设立自贸试验区等，推动海洋经济实现稳中向好发展。

2. 全国海洋产业增加值分析

（1）主要海洋产业增加值

2001～2019 年，我国主要海洋产业增加值呈现长期稳定增长趋势，2001年主要海洋产业增加值约为 3856.6 亿元，2019 年已达 35724 亿元。受"非典"疫情影响，滨海旅游业、交通运输业等主要海洋产业发展暂缓，其增加值占海洋产业增加值的比重在 2003 年下降到 66.6%，此后逐渐增长；后受2008 年国际金融危机影响，占比在 2009 年下降至 68%；随后各级政府采取措施应对经济下滑，这一比重在 2010 年上涨至 70.7%，2011 年达到最高点71.1%。自此，主要海洋产业增加值占海洋产业增加值比重随着海洋产业结构

---

① 《2019 年中国海洋经济统计公报》对相关概念做出如下解释：海洋生产总值包括海洋产业增加值与海洋相关产业增加值；海洋产业指开发利用以及保护海洋的过程中所涉及的生产与服务活动，由主要海洋产业和海洋科研教育管理服务业两部分构成；海洋相关产业指以各种投入产出为联系纽带，与主要海洋产业构成技术经济联系的上下游产业。

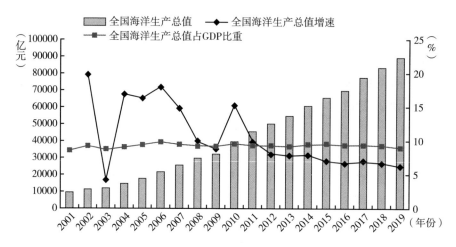

图1 2001~2019年全国海洋生产总值状况

资料来源:《中国海洋统计年鉴》(2002~2017)、《中国海洋经济统计公报》(2017~2019)。

的调整呈现逐年下降趋势(见图2)。其中,所占份额较大的主要海洋产业中只有滨海旅游业保持平稳较快发展。

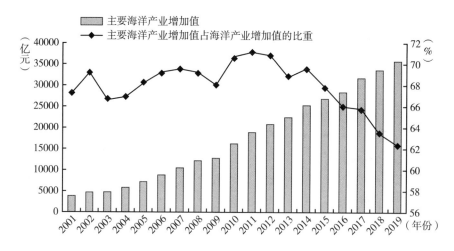

图2 2001~2019年全国主要海洋产业增加值发展状况

资料来源:《中国海洋统计年鉴》(2002~2017)、《中国海洋经济统计公报》(2017~2019)。

（2）海洋科研教育管理服务业增加值

2001～2019 年，海洋科研教育管理服务业稳定发展，其增加值由 2001 年的 1877 亿元快速增长至 2019 年的 21591 亿元，2019 年增速达到 8.3%。近年来，在我国实施科技兴海规划、加快建设海洋强国的大背景下，各级政府对海洋科研教育管理服务业的重视程度日益提升，尤其是 2014 年以来，其增加值占海洋产业增加值的比重持续增长（见图 3）。其中，海洋科研教育事业稳步发展；海洋环境保护、海洋管理相关产业逐渐受到重视，经济结构逐步调整，海洋经济发展也逐渐进入新态势；海洋科研水平的提高也为海洋信息、海洋技术服务业等产业奠定了发展基础。

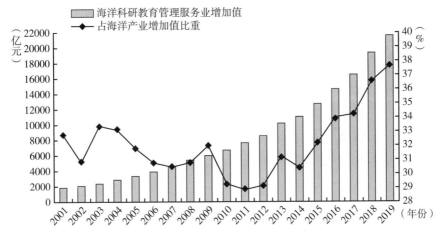

图 3　2001～2019 年中国海洋科研教育管理服务业发展状况

资料来源：《中国海洋统计年鉴》（2002～2017）、《中国海洋经济统计公报》（2017～2019）。

（3）海洋相关产业增加值

2001～2019 年，我国海洋相关产业增加值持续增长，从 2001 年的 3784.8 亿元增长至 2019 年的 32100 亿元，增长率波动较大，年均增长率约为 12.6%。其占海洋生产总值的比重相对稳定，约为 40%，2001～2010 年呈现增长趋势，2011 年后比重有所下降（见图 4）。究其原因，海洋相关产业主要包括海洋农林业、海洋仪器与产品的制造加工业等，基本属于第一、第二产业范畴，近年来，国民经济行业乃至海洋领域的产业结构都在调整优化，具体表现为第一、第二产业比重下降，第三产业比重上升。2011 年以来海洋相关产业的发展趋于放缓。

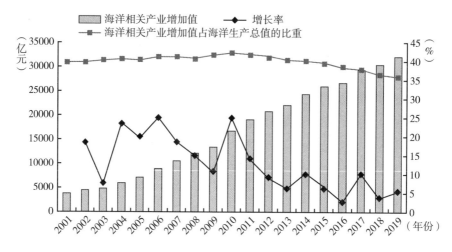

图4 2001~2019年中国海洋相关产业增加值发展趋势

资料来源：《中国海洋统计年鉴》（2002~2017）、《中国海洋经济统计公报》（2017~2019）。

3. 区域性海洋经济规模发展分析

2019年我国沿海经济区实现海洋经济稳定增长。环渤海经济区的海洋生产总值约26360亿元，比上年名义增长8.1%，约占全国海洋生产总值的29.5%，较上年下降1.9个百分点；长三角经济区的海洋生产总值约26570亿元，比上年名义增长8.6%，约占全国海洋生产总值的29.7%，较上年提高0.6个百分点；珠三角经济区的海洋生产总值约21059亿元，约占全国海洋生产总值的23.6%，较上年提高0.4个百分点。

（1）环渤海经济区

环渤海经济区位于东北亚经济圈的中心区域，区位优势突出，交通发达便捷，工业基础雄厚，海洋资源丰富，科技力量充足，发展潜力巨大。2001~2019年，环渤海经济区的海洋经济增速波动较大，年均增速约为17.8%。"十五"期间，沿海地区海洋经济发展成果显著，环渤海经济区得益于海洋产业集群的巨大优势，海洋经济增速较高，海洋生产总值占全国海洋生产总值与占地区生产总值的比重持续增长；2008年的国际金融危机导致海洋经济增速明显下降，两大比重亦略有下降，约为35%和16%；2010年以后环渤海经济区海洋经济发展呈现波动放缓趋势，其占全国海洋生产总值的比重在2015~2019年有缓慢下降趋势，原因是除滨海旅游业以外，环渤海经济区的其他支柱性产业（如海洋渔业、海洋油气业等）受宏观环境影响均呈现发展放缓态势，海洋经济步入增速换挡新时期；而海洋生产总值占地区生产总值的比重在2016年以后略有增长，体现了环渤海经济区对海洋产业的依赖性相对提高（见图5）。

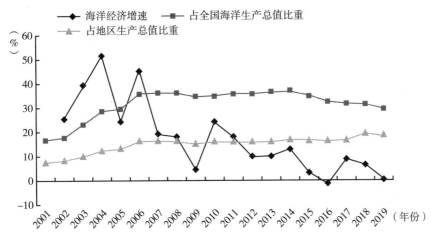

图5 2001~2019年环渤海经济区海洋经济发展状况

资料来源：《中国海洋统计年鉴》（2002~2006）、《中国海洋统计年鉴》（2017）、《中国海洋经济统计公报》（2017~2019），国家统计局。

（2）长三角经济区

长三角经济区主要包括江苏省、浙江省和上海市所管辖的海陆区域，其海洋资源丰富，并且拥有完善的港口航运体系、较强的科技实力以及产业配套能力，这使长三角经济区成为我国海洋经济增长最有活力的区域。2001~2019年，长三角经济区的海洋经济持续平稳发展，年均增速约为18.9%。同样得益于"十五"期间的海洋经济发展，2001~2006年长三角经济区海洋经济增长较快；2006~2009年受国际金融危机影响，产值贡献位居前列的滨海旅游业、海洋交通运输业、海洋船舶工业以及海洋渔业受到不同程度的影响，直接导致海洋经济增速下滑；此后国家提供相关政策支持，且得益于2010年上海世博会的召开，滨海旅游业增加值增幅较大，海洋经济整体增速略有回升；2010年以后海洋经济发展相对疲软，也能体现我国海洋经济进入增速换挡新时期。其间，海洋科研教育管理服务业状况与国家整体发展情况一致，2011 年后其增速呈现增长态势，而海洋相关产业在持续发展的基础上增速有所下降。长三角经济区海洋生产总值占地区生产总值比重在 2006 年以后基本稳定，而占全国海洋生产总值的比重较之前略有下降，稳定在 30% 左右（见图 6）。

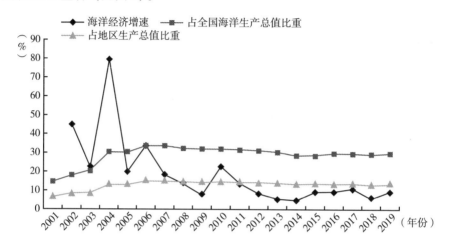

图 6　2001～2019 年长三角经济区海洋经济发展状况

资料来源：《中国海洋统计年鉴》（2002～2006）、《中国海洋统计年鉴》（2017）、《中国海洋经济统计公报》（2017～2019），国家统计局。

（3）海峡西岸经济区

海峡西岸经济区仅包括福建省，其海洋经济规模相对有限。2008 年以前，海峡西岸经济区的海洋经济增速呈现较大波动，2008 年受国际环境影响有所下降，后期发展相对平稳；多年来海洋生产总值的两大占比呈现整体相对稳定并缓慢上升的趋势，分别约为 10% 和 25%。2012 年《福建海峡蓝色经济试验区发展规划》的批准使福建在吸引外资、贸易进出口、金融创新、地区合作等领域取得显著成果，2014 年福建自由贸易试验区的设立也使海洋经济发展进程加快，此后海峡西岸经济区的海洋经济持续稳步发展（见图 7）。

（4）珠三角经济区

珠三角经济区主要由广州、深圳等广东省下辖沿岸地区组成，经济发展水平高，是中国改革开放和对外贸易的前沿地带，也对全国海洋经济的发展

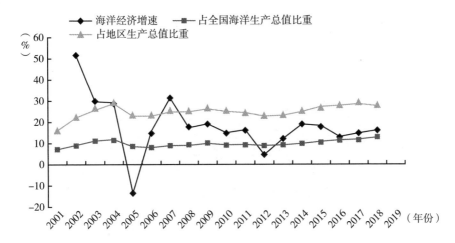

图7 2001～2019年海峡西岸经济区海洋经济发展状况

资料来源：《中国海洋统计年鉴》（2002～2006）、《中国海洋统计年鉴》（2017）、《中国海洋经济统计公报》（2017～2019）、福建省海洋与渔业局《2017年海洋经济解读》、福建省海洋与渔业局《全省海洋与渔业工作会议在榕召开》，国家统计局。

起着带动作用。受国际宏观经济环境的影响，珠三角经济区的海洋经济增长速度也出现较为明显的波动，其海洋生产总值占全国海洋生产总值的比重逐年增长，平均为20.5%，占地区生产总值的比重平均为17.6%。"十五"期间，珠三角经济区的海洋经济增长明显，"十一五"期间，海洋经济保持快速发展，成为地区经济发展新的重要增长点。2008年《广东省海洋功能区划》为更加科学的海洋空间利用奠定了基础；2011年，广东被列为全国海洋经济发展试点地区；2014年，广东自由贸易试验区成立；近年来，包括滨海旅游业、海洋交通运输业、海洋油气业等在内的支柱性产业平稳发展，海上风电、海工装备、海洋电子信息等新兴产业领域得到支持，海洋创新能力增强，绿色发展深化，海洋产业聚集效益可观，促使珠三角经济区海洋经济持续健康发展（见图8）。

（5）北部湾经济区

北部湾经济区位于我国沿海西南端，区位条件优良，与东盟国家兼有海上通道和陆地连接；但由于北部湾经济区仅包括广西部分地区，受其区域范围及历史等条件的限制，海洋经济发展相对缓慢。北部湾经济区在2001～2007年海洋经济发展波动较明显，2007年以后海洋经济年均增速约为14.2%。随着

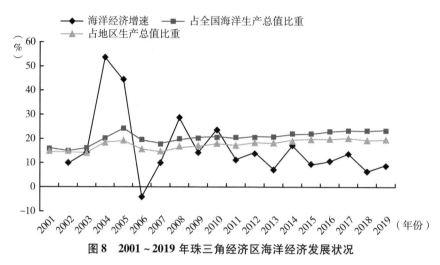

图8 2001~2019年珠三角经济区海洋经济发展状况

资料来源：《中国海洋统计年鉴》（2002~2006）、《中国海洋统计年鉴》（2017）、《中国海洋经济统计公报》（2017~2019）、《广东海洋经济发展报告（2020）》，国家统计局。

国家的日益重视以及2010年中国—东盟自由贸易区的启动，北部湾加强国际合作、推进开放，海洋经济规模总体呈现平稳上升趋势。2019年，广西自由贸易试验区正式设立，北部湾经济区海洋经济增速上升。北部湾经济区的海洋经济发展仍有广阔前景（见图9）。

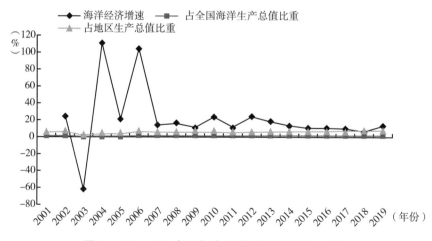

图9 2001~2019年北部湾经济区海洋经济发展状况

资料来源：《中国海洋统计年鉴》（2002~2006）、《中国海洋统计年鉴》（2017）、《中国海洋经济统计公报》（2017~2019）、《2019年广西海洋经济统计公报》，国家统计局。

（二）中国海洋产业结构分析

1. 海洋三大产业结构变迁

从海洋产业总体发展状况来看，2001～2019年我国海洋生产总值呈整体上升趋势。从海洋产业相对规模来看，海洋三大产业占比已由2001年的6.8∶43.6∶49.6变为2019年的4.2∶35.8∶60。可见，在近20年的发展过程中，第一、二产业在海洋生产总值中所占比重显著降低，而海洋第三产业占我国海洋生产总值的比重明显增加。近年来，受国内外大环境影响，海洋三大产业发展增速均明显下滑，其中，第三产业增速显著大于第一、二产业增速（见图10）。目前，我国海洋经济体系不断巩固"三、二、一"的发展格局，海洋产业有望进一步发展。

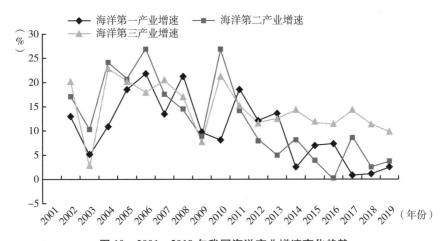

图10　2001～2019年我国海洋产业增速变化趋势

资料来源：《中国海洋统计年鉴》（2002～2017）、《中国海洋经济统计公报》（2017～2019）。

自21世纪以来，我国海洋总产业（含三大产业）增加值在2001～2019年稳步增长，但受各种国内外突发事件影响，我国各类海洋产业增加值在某些年中存在增长缓慢或者相对于上一年增加值下降的情况。2003年受"非典"影响，我国海洋经济发展动力不足，且海洋第三产业所受影响最甚，2003年海洋第三产业增加值增速仅为2.54%（见图10）；2009年受金融危机影响，我国海洋经济发展减缓，其中滨海旅游业遭受巨大冲击，整个海洋第三产业增速仅为7.62%（见图10）；2016年面对油气产量下降以及严峻的国内外形势，我国海洋第二产业自进入21世纪后首

次出现增加值相对于上一年下降的情况；2017～2019年，随着海洋捕捞产量下降及渔业生产结构的调整，我国海洋第一产业实现平稳过渡（见图11）。

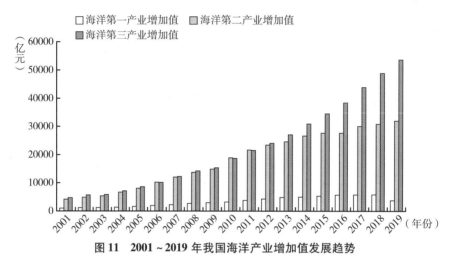

图11　2001～2019年我国海洋产业增加值发展趋势

资料来源：《中国海洋统计年鉴》（2002～2017）、《中国海洋经济统计公报》（2017～2019）。

2020年的新冠肺炎疫情必然会导致我国海洋产业增加值降低，而作为对突发事件极为敏感的海洋第三产业受冲击最大。在新冠肺炎疫情暴发过程中，全国大量滨海旅游景点关停，游客量骤减，我国滨海旅游业遭受严重损失。疫情状况有效缓和后，政府逐步放松管制，虽然其间我国旅游业有所恢复，但其所造成的损失需要更长时间去弥补。面对疫情，还有部分国家或地区采取了限制性的区域管理政策，海洋航线和港口进出的管制更加严格，这必然会影响到区域间贸易，海洋交通运输业也受到了一定冲击。此外，海洋船舶制造业、海洋油气业、海洋矿业、海洋渔业等行业均受到了不同程度的波及。根据疫情管制效果以及政府对复工复产的支持，预计2021年前后，我国各海洋产业部门能够有效恢复，各产业增加值在2020年的基础上稳步增加。2022年，国内各类海洋产业基本恢复正常，增加值有望超过疫情前的水平。

2. 传统海洋产业与新兴海洋产业

2001～2019年，传统海洋产业①增加值占海洋生产总值的比重呈整体波动

---

① 我国传统海洋产业包括海洋渔业、海洋盐业、海洋矿业、海洋油气业、海洋交通运输业与滨海旅游业六大产业。

下降趋势，从2001年的37.45%下降至2019年的34.66%（见图12），且其占比更多的是建立在对自然资源的过度依赖和传统产业的数量优势上。而近年来，我国传统海洋产业所面临的资源、环境、技术及生产成本等方面的问题依然突出，现有条件已难以完全满足传统海洋产业创新实践的要求，因此，在当前情况下，如何实现传统海洋产业的再升级是困扰我国海洋经济进一步发展的关键性问题。

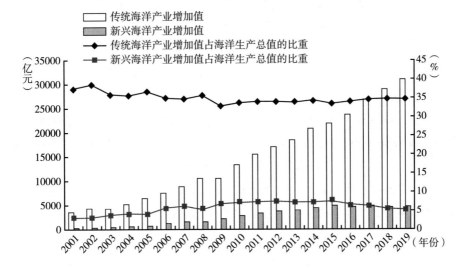

图12　2001～2019年传统海洋产业和新兴海洋产业

资料来源：《中国海洋统计年鉴》（2002～2017）、《中国海洋经济统计公报》（2017～2019）。

　　我国新兴海洋产业①增加值占海洋生产总值的比重呈增长趋势，从2001年的3.07%已增长至2019年的5.29%（见图12）。但其行业增加值占比依然较低，远远低于传统海洋产业增加值占比。这是由多方面因素造成的：首先，我国新兴海洋产业起步较晚，基础较其他发达国家薄弱，在产业规模、生产技术方面还存在一定的差距；其次，相关国家政策界定的不清晰，导致其对部分产业的导向力度较弱，例如海洋生物医药业，发展重心的模糊和资金的缺乏导

---

① 我国新兴海洋产业包括海洋船舶业、海洋化工业、海洋工程建筑业、海水利用业、海洋生物医药业以及海洋电力业等六大行业。

致行业整体发展缓慢；最后，前期重化工的沿海分布和部分地区粗放型的海洋开发模式给资源环境造成了巨大的压力，影响了战略性新兴产业的持续性发展。但不可否认的是，我国新兴海洋产业具有巨大的发展潜力，还有很大的提升空间。未来我国海洋经济发展更要以科学技术为重心，提高资源环境承载力，避免海洋产业的"过多过滥"。

3. 海洋优势传统产业

海洋优势传统产业是发挥产业比较优势，并将其进一步转化为自身核心竞争力的传统海洋产业。从我国海洋资源禀赋、产业贡献度、产业发展水平等因素综合考虑，我国海洋优势传统产业根据现阶段各传统部门的发展状况，涵盖了发展较早的海洋渔业、海洋交通运输业以及近年来在主要海洋产业中占比越来越高的滨海旅游业等产业。

借助于我国优越的自然地理环境，沿海地区形成了一系列旅游景点和观光胜地。我国滨海旅游业增加值从2001年的1072亿元增长至2019年的18086亿元，截至2019年，其占我国主要海洋产业增加值的比重已达到50.63%（见图13），成为我国主要海洋产业的重要组成部分。2020年新冠肺炎疫情导致我国旅游业受到巨大的冲击，大量滨海景区关停，游客量骤减，2020年内我国滨海旅游业增加值必然会下降。但根据滨海旅游业近年来的增长趋势以及其在我国主要海洋产业增加值中所占的比重，可以预计未来我国滨海旅游业发展一定会恢复甚至超过疫情前的水平。此外，在规模扩大、产业占比增加的过程中，我国滨海旅游业还存在污染加剧、景区设备超负荷运行等问题，亟待解决。

我国海洋运输业迅速发展，行业增加值呈现整体上升趋势，从2001年的1316.4亿元增长至2019年的6427亿元，除2009年受国际金融危机影响外，在其他年份中，我国海洋交通运输产业经济均呈现稳步增长状态。但其在发展过程中也存在部分问题，该行业占主要海洋产业增加值的比重从2001年的34.13%降低至2019年的17.99%（见图14），表明我国海洋交通运输业在主要海洋产业中的竞争力下降，这可能与政府扶持力度的不足以及自然灾害、人为事故的频发有关。

4. 海洋战略性新兴产业

海洋战略性新兴产业是基于国家充分合理开发海洋资源考虑，以高新技术

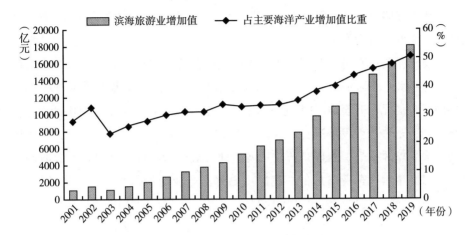

图13　2001～2019年我国滨海旅游业发展情况

资料来源：《中国海洋统计年鉴》（2002～2017）、《中国海洋经济统计公报》（2017～2019）。

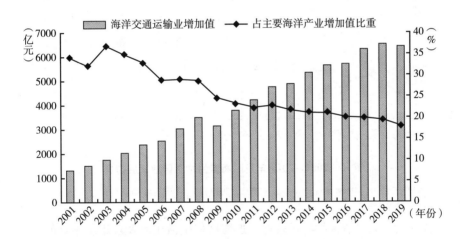

图14　2001～2019年我国海洋交通运输业发展情况

资料来源：《中国海洋统计年鉴》（2002～2017）、《中国海洋经济统计公报》（2017～2019）。

为导向，以海洋技术成果产业化为根本目标，顺应时代发展的生产和服务活动。海洋战略性新兴产业主要包括海洋生物产业、海洋能源产业、海洋制造与工程产业、海水利用业、海洋运输产业、海洋旅游业以及深海能源业等产业。其涉及医药、养殖、运输、制造、旅游、能源等多个领域，对于海洋经济发展

具有重大战略意义和实际意义，而且其所具有的特征决定了其高技术含量、低能耗、强发展潜力的优点。

海洋生物医药业是我国新兴海洋产业中重要的组成部分，已成为衡量国家海洋相关产业发展的一大重要指标。我国海洋生物医药业增加值从 2001 年的 5.7 亿元上升至 2019 年的 443 亿元，在主要海洋产业增加值中的占比稳步增加，未来行业发展态势良好（见图 15）。虽然自 2001 年我国海洋生物医药业水平整体提升，但囿于产业发展基础较低、资本投入高以及回收时间长等，海洋生物医药业增加值在我国主要海洋产业增加值中的比重仍然较低，截至 2019 年，其最高占比仅为 1.24%。

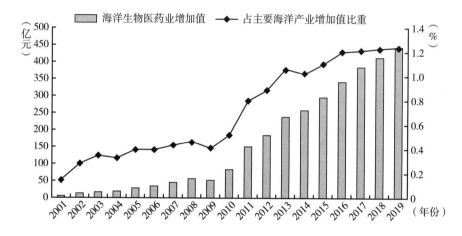

图 15 2001～2019 年我国海洋生物医药业发展情况

资料来源：《中国海洋统计年鉴》（2002～2017）、《中国海洋经济统计公报》（2017～2019）。

面对我国人均资源拥有量较低、近海区域生活用水及食用水不足的困境，实现海水的综合利用成为解决上述问题的关键。自 21 世纪以来，我国海水利用业发展态势良好，产业增加值从 2001 年的 1.1 亿元上升至 2019 年的 18 亿元，其所占主要海洋产业增加值的比重也呈整体上升趋势（见图 16）。但我国海水利用业增加值在主要海洋产业增加值中的比重依然较低，对此，政府要加大相应鼓励性政策的扶持力度，促进我国海水利用业的稳步发展。

5. 海洋产业工业化水平

霍夫曼系数常被用来衡量一个国家或地区经济发展的工业化程度，为

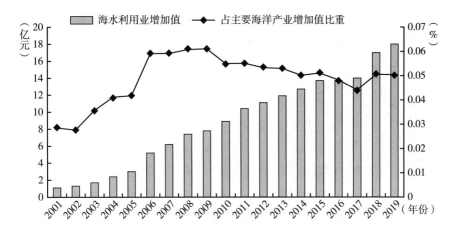

图16　2001～2019年我国海水利用业发展情况

资料来源：《中国海洋统计年鉴》（2002～2017）、《中国海洋经济统计公报》（2017～2019）。

消费资料工业部门净产值与资本资料工业部门净产值之比。本报告采用海洋轻工业部门和重工业部门分别代替消费资料工业部门和资本资料工业部门，并以此来计算我国海洋产业的霍夫曼系数。海洋轻工业部门，根据部门职能和数据可得性，将其定义为海洋渔业①部门和海洋盐业部门，海洋重工业部门则以海洋船舶工业部门、海洋化工业部门和海洋生物医药业部门为代表部门。

2001～2019年，我国海洋产业的霍夫曼系数呈现整体下降趋势，表明我国海洋经济部门中的轻工业占比逐渐降低，海洋产业重工业化趋势明显。这与我国从"劳动密集—资源粗放型"向"资金集中—技术导向型"转变的步调一致。2001～2003年我国海洋产业霍夫曼系数为4～6，说明其间我国海洋产业发展处于工业化进程的第一阶段，海洋轻工业部门所代表的消费资料工业部门的发展程度明显高于海洋重工业部门所代表的资本资料工业部门；2004～2010年，我国海洋产业霍夫曼系数为1.5～3.5，且一直呈现持续下降趋势，重工业化的加深标志着我国海洋产业步入工业化进程的第二阶段，但我国海洋轻工业发展规模依然远大于海洋重工业的规模；2010～2019年，霍夫曼系数

---

① 海洋渔业包含海水养殖、海洋捕捞、海洋渔业服务业和海洋水产品加工等活动。

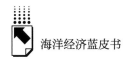

在1~2频繁波动,其间我国海洋重工业发展速度较为缓慢,我国海洋产业所面临的轻重工业发展不平衡的情况依旧严峻(见图17)。

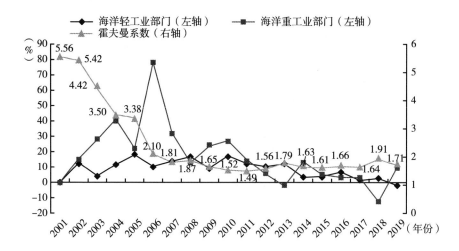

图17 2001~2019年我国海洋工业部门增速及海洋产业霍夫曼系数

资料来源:《中国海洋统计年鉴》(2002~2017)、《中国海洋经济统计公报》(2017~2019)。

二 2019~2020年中国海洋经济发展环境分析

中国海洋经济的发展得益于经济全球化和国际产业分工的不断推进。在习近平总书记海洋命运共同体理念的指导下,我国与周边国家以海洋为载体和纽带的合作日益密切。海洋经济在宏观经济中的融入程度不断提高。

与此同时,全球经济复苏放缓、贸易保护主义抬头、海洋权益的竞争不断加剧、全球气候变暖、海洋灾害频发等问题严重限制了我国海洋经济的未来发展空间。新冠肺炎疫情的暴发对全球经济造成极大影响,给我国海洋经济的平稳运行带来了极大的挑战。

(一)国际与国内经济环境分析

2019~2020年中国所处的经济环境更趋复杂。从国际上看,全球经济发展形势出现逆转,主要经济体经济复苏节奏放缓,经济增速显著下滑,贸易保护主义愈演愈烈。从国内来看，中国经济下行压力持续增大，且在经济金融领域面临包括中美贸易摩擦、实体经济需求低迷、通货膨胀等多重挑战。突如其来的新冠肺炎疫情在全球蔓延，对全球经济运行造成极大影响。如何利用海洋发展政策，优化海洋开发利用层次，落实"六稳""六保"工作，是稳定海洋经济基本盘、营造发展新环境的关键。

1. 国际宏观经济环境

2019～2020 年，全球宏观经济发展整体上呈现疲弱的态势。美国经济在经历 2018 年"一枝独秀"的复苏之后，增长速度持续放缓。与此同时，制造业疲软、通胀低迷、全球贸易环境不明朗以及大选在即等因素，都使美国经济充满了不确定性。欧元区的经济表现为 2013 年以来最差。尽管欧洲央行持续保持宽松的货币政策，但依旧难以逆转欧元区经济增长和通货膨胀持续疲软的现状，欧元区私营经济部门增长陷于停滞，PMI 指数持续下滑，制造业衰退加剧。受贸易摩擦影响，日本经济出口持续低迷，对经济造成较大压力。此外，日本面临着同伙紧缩的风险。综合来看，"安倍经济学"的效果在逐渐减弱，尽管日本通过了超 2000 亿美元的刺激计划以及规模创纪录的预算案，但其经济前景依旧不容乐观。新兴市场国家在过去一年保持着一定的增长势头，但复苏进程依然缓慢。受发达国家货币政策影响，新兴经济体国家普遍实行宽松的货币政策，经济形势在年末表现出比较良好的走势。

世界各国在全球经济减速和贸易摩擦等挑战背景下，又迎来新冠肺炎疫情全球蔓延、原油价格暴跌和股市崩盘等新冲击。时至今日，新冠肺炎疫情蔓延趋势愈演愈烈，许多国家宣布进入紧急状态，封城封国措施不断，对世界多国本已十分脆弱的宏观经济造成致命打击，经济增长转负，复工复产艰难，经济风险加大。受疫情影响，全球经济预期恶化，波及能源、股票等各类资本市场。原油价格暴跌并一度为负，全球金融市场恐慌情绪迅速上升，多国股市触发熔断机制。旧挑战叠加新冲击，使 2020 年世界宏观经济环境充满了不确定性，对就业、民生和市场主体等带来巨大挑战。

2. 国内宏观经济环境

2019～2020 年，中国宏观经济面临了更加复杂的外部环境，经济增速逐季放缓，下行压力持续增大。2019 年四个季度，中国 GDP 增速分别为 6.4%、

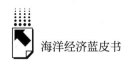

6.2%、6.0%和6.0%，全年GDP增长速度为6.1%，为1990年以来最低值。中美贸易摩擦不断升级，华为等数十家中国高技术企业被以危害国家安全等理由列入实体名单，美国联合其盟友在原材料供应、市场准入、技术出口等方面对相关企业予以限制，遏制中国高新技术产业的发展。同时，我国正逐步进行新旧动能转换的宏观调控，去杠杆、防风险、控房市等政策因素都对当前的经济发展造成一定冲击。受猪肉价格影响，2019年CPI同比上涨2.9%，而PPI则受生产资料价格涨幅限制，同比回落0.3%。

在严峻的宏观形势下，中国政府加大逆周期调节，积极落实"六稳"政策，使国民经济增长基本保持在了合理的区间。2019年，全国新增城镇就业1352万人，全国城镇登记失业率为3.62%，确保了劳动力市场的基本平稳。外汇储备基本稳定，银行结售汇数逐步改善，全年外汇储备余额31079亿美元，较年初增加352亿美元。

新冠肺炎疫情对我国国民经济产生极大影响，2020年第一季度GDP同比下降6.8%，投资、消费增速大幅下降，落入负增长区间，出口贸易差额由顺差转为逆差。同时，疫情对工业、服务业等行业造成极大影响，大量正常的生产经营活动停止。制造业、非制造业PMI创造历史新低，而CPI则在疫情、猪肉价格和季节扰动等因素影响下，持续处于5%以上高位，实体经济需求疲软显著。随着国内疫情在第一季度末逐渐控制，疫情对经济活动的冲击将逐渐减弱，但疫情在全球的蔓延将影响国内宏观环境的好转，国内复工复产政策的实施力度，将决定2020年中国经济的整体趋势。

3. 国际经济布局与博弈

（1）美国经济安全战略

美国《国家安全战略报告》明确将经济安全上升到国家安全的高度。此举既反映了美国对自身经济实力的重视，也体现出其在国际经济秩序中将美国国家利益绝对化的倾向。该报告强调了经济繁荣是美国国家安全的重要支柱，并强调科技创新和能源产业优势是美国经济安全的根本，意图重塑美国在国际经济秩序中的主导地位。

特朗普政府"美国优先"的导向，以及其单边主义的国家经济安全战略，给全球经济带来极大的不确定性和风险。全球经济秩序将逐渐转变为保守的现实主义，国际贸易规则的协商更加艰难，从而使国际贸易和国际投资环境恶化。而对中国来说，未来将面临更多的关税壁垒，中国高新技术产业的发展将受到美国以知识产权保护和维护国家安全为名的打压，中国的投资将面临更多的限制。

（2）欧盟 2020 战略

欧盟 2020 战略共提出三大战略优先任务、五大量化目标和七大配套旗舰计划。欧盟 2020 战略是在其经济复苏乏力、"里斯本战略"问题凸显的背景下的变革之策。新的发展战略特别强调了科技和创新对社会经济发展的引领作用。在这一战略的指引下，未来欧盟的经济发展重点将在以知识和创新为主的智能经济，通过提高能源使用效率实现可持续发展和提高就业水平，加强社会凝聚力三个方面。

（3）俄罗斯北极战略

在以美国为首的北约的战略压迫下，俄罗斯向北极方向寻找新的战略支点，且已经在能源开发、航道建设和军事部署等方面具体展开。近年来，俄罗斯出台多份文件，从战略层面对北极能源予以高度重视，积极推动其主导的多边北极能源开发项目，建设大型能源开发辅助设施，以能源开发促进社会经济发展。同时，俄罗斯不断加快北方航道的建设，并明确宣示其巷道主权，对他国船只的通行造成一定影响。俄罗斯还积极在北极地区部署全方位、立体化的军事力量，打造其在北极地区的绝对军事优势。

（4）日本区域经济战略

二战后，日本积极推动亚太经济战略和东亚区域经济战略，并将加入 TPP 作为其在亚太地区和东亚地区占领优势地位的关键。在特朗普政府宣布退出 TPP，并积极实行"美国优先"的保守主义政策之后，首先，日本仍在国内通过 TPP 并积极拉拢其他参与成员国复活 TPP，以稀释中国在亚太地区的影响力。其次，日本斥巨资推动区域全面经济伙伴关系协定的高标准的合作项目，突出其与东盟国家合作的战略地位，形成与中国在东亚合作上的竞争。

（5）中国参与全球经济新举措

在全球经济秩序逐渐转为保守的现实主义、经济逆全球化抬头的背景下，中国积极推动经济全球化进程，从加强国际经济合作和维护国内经济健康发展的角度，党中央对实现世界经济和亚太经济的一体化进行了战略部署。习近平总书记在十八大提出人类命运共同体的全球价值观，为推动世界的和平发展给

出了中国答案，也为中国参与全球经济指明了方向。中国主动提出并积极推动"一带一路"倡议，依靠既有双边、多边机制，与沿线国家共同打造政治互信、经济融合、文化包容的利益共同体、命运共同体和责任共同体。截至2019年11月，中国政府已与137个国家（地区）和30个国际组织签署了197份政府间合作协议，开启了新的区域合作模式。中国积极实施自由贸易区战略，目前已与25个国家和地区签署了17个自由贸易协定。2019年，中国参与推动了《区域全面经济伙伴关系协定》、中日韩自贸区谈判等，区域经济合作取得明显成效。此外，为促进贸易的自由化和便利化，中国还大力推进境内自由贸易区的建设，目前已批准建设了自由贸易区18个，并已实现中国沿海省份自贸区的全覆盖。

（二）海洋经济政策与法制环境

1. 我国海洋经济政策环境

围绕国家总体规划、扶持海洋经济发展、促进海洋强国的建设，海洋领域出台了大量海洋经济和海洋科技等方面的规划。

"十三五"期间，国家海洋局和国家标准化管理委员会联合印发《全国海洋标准化"十三五"发展规划》《"十三五"海洋领域科技创新专项规划》。

2018年2月，《全国海洋生态环境保护规划（2017～2020年）》确立4个海洋方面的目标和发展原则；2018年11月，《关于建设海洋经济发展示范区的通知》指明14个示范区建设的总体目标和主要任务；2019年1月，国家统计局批准了《海洋生产总值核算制度》，对我国海洋经济的发展规模、结构给予更科学准确的测量方法；2019年6月，《国家级海洋牧场示范区建设规划（2017～2025年）》提出创建200个国家级海洋牧场示范区；2020年4月，《海洋经济统计调查制度》和《海洋生产总值核算制度》开始执行。

2. 我国区域性海洋经济政策环境

截至2020年7月，我国形成了以山东半岛蓝色经济区、浙江海洋经济发展示范区和广东海洋经济综合试验区为格局的国家三大海洋经济示范区，三大示范区均出台了详细的海洋经济扶持政策。

山东省目前着重于加快传统海洋产业转型升级，《山东省海洋事业发展规划（2015~2020 年）》预计，至 2020 年，全省海洋经济产值占全省生产总值的比重达到 23% 以上；《山东省"十三五"海洋经济发展规划》指出，到 2020 年，海洋生产总值年均增长将达到 10% 以上，海洋科技对海洋经济的贡献率提高到 70% 以上。

《浙江省现代海洋产业发展规划（2017~2022）》提出，到 2022 年，全省现代海洋产业综合实力和质量效益进一步提高，海洋强省建设迈出坚实步伐；《浙江省海洋港口发展"十三五"规划》明确，到 2020 年，全省沿海港口新增万吨级以上泊位 51 个，总量达 270 个，提升港口经济圈的辐射带动能力；《浙江省海洋生态环境保护"十三五"规划（2016~2020）》指明，到 2020 年，近岸海域海水水质保持稳定，创建省级以上海洋生态建设示范区 10 个，划定海洋生态红线面积占全省海域总面积的比例不低于 30%。

广东省提出重点建设一批集中集约用海区、海洋产业集聚区和滨海经济新区，构建海洋经济新格局。《广东省海洋经济发展"十三五"规划》提出要按陆海统筹、集群发展、优化布局的要求，建设"一带六湾五岛群"、"三区三圈两基地"和"特色海洋产业载体"；《广东省海洋生态文明建设行动计划（2016~2020）》提出，到 2030 年，基本实现"水清、岸绿、滩净、湾美、物丰、人和"的美丽海洋生态文明建设目标；《广东省海洋六大产业三年行动方案》指出，重点支持发展高端海工装备、海上风电、海洋生物等六大产业。

3. 我国海洋经济法律制度环境

为捍卫海洋主权，保障海洋事业发展，我国颁布了多项海洋相关法律，建立了良好的海洋法律环境。2016 年 2 月，中华人民共和国第十二届全国人民代表大会常务委员会第十九次会议通过了《中华人民共和国深海海底区域资源勘探开发法》，对于规范中国公民、法人或其他组织从事深海海底区域资源探索、开发和调查等活动具有重大意义；全国人民代表大会于 2016 年 11 月修正了《中华人民共和国海上交通安全法》，于 2017 年修正了《中华人民共和国海关法》和《中华人民共和国海洋环境保护法》，健全了海洋法律体系，增强了海洋相关法治保障；2017 年 1 月，国家海洋局印发《海岸线保护与利用管理办法》，加强海岸线的保护与利用管理，实现自然海岸线保有率管控目标，构建科学合理的自然海岸线格局；2018 年 6 月全国人民代表大会常务委

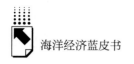

员会第三次会议通过了关于中国海警行使海上维权执法职权的决定，规范了海警局的任务与职权；2019 年 1 月农业农村部、生态环境部、自然资源部等给出关于加快推进水产养殖业绿色发展的若干意见，以解决部分地区养殖布局和产业结构不合理、养殖密度过高等问题。

（三）海洋资源与科技环境分析

1. 我国海洋资源环境现状

我国是海洋大国，海岸线长度约 1.8 万公里，跨越南海、东海、渤海等诸多海域，内海和外海的水域面积约 470 多万平方公里；自然深水线 400 多公里，滩涂面积 3.8 万平方公里，广阔的海域面积和大量的海岛为我国海洋经济发展提供了充足的资源。

在海洋矿产能源方面，海洋矿产资源包括石油、天然气、金、铜、石灰岩等；化学资源包括溴、镁、钾等化学元素；能源资源包括海上风电、潮汐发电等。我国海洋石油资源量约 240 亿吨，天然气资源量 14 万亿立方米；海洋可再生能源理论蕴藏量 6.3 亿千瓦。

在海洋生物资源方面，我国拥有海洋生物 2 万多种，其中海洋鱼类 3000 多种。我国近海渔区渔场面积 280 万平方千米，分为渤海、黄海、东海和南海四大海区渔场。其中，四大海区渔场总面积分别为 7.7 万平方千米、38 万平方千米、77 万平方千米和 350 万平方千米。

在滨海旅游资源方面，我国共有海岛 11000 余个，海岛总面积约占我国陆地总面积的 0.8%。截至 2017 年底，全国海岛上已确认的自然景观达 1028 处，人文景观 775 处，建成投入使用的海水浴场 72 个，5A 级涉岛旅游区 25 个。

2. 我国海洋科技发展环境

在海洋强国政策的指导下，我国海洋科技覆盖范围逐步扩大，涉及领域逐步广泛，科研转化能力逐步提高，海洋科技发展环境愈加明朗。

（1）海洋科研课题概况

2016 年，全国共完成海洋科研课题 18139 项，科技论文 16016 篇，科技著作 369 种（见表 1）。

表 1   2016 年中国海洋科技研发成果情况

成果分类	科研课题(项)				科研成果			
	合计	基础研究	应用研究	试验发展	成果应用	科技服务	科技论文(篇)	科技著作(种)
基础科研	14640	5137	4391	2374	1139	1599	12272	241
工程技术	2602	281	491	567	289	974	2024	92
信息服务	149	1	3	13	5	127	315	24
技术服务	748	257	316	52	114	9	1405	12
合　计	18139	5676	5201	3006	1547	2709	16016	369

资料来源:《中国海洋统计年鉴》(2017)。

(2) 涉海科研机构和人员

2016 年,我国海洋科研机构数量达到 160 个,从业人员 29258 人,其中,博士、硕士、大学生、大专生所占比例分别为 26.40%、29.26%、23.45% 和 5.70%(见表 2)。

表 2   2016 年我国海洋科研机构及人员结构

单位:个,人

机构分类	科研机构个数	从业人员	从事科技活动人员的学历结构				涉海科技活动人员职称结构		
			博士	硕士	大学生	大专生	高级职称	中级职称	初级职称
基础科研	100	18985	6377	5125	3996	1084	7697	6389	2314
工程技术	48	6969	873	2159	2181	465	2653	1726	831
信息服务	9	1040	105	404	390	47	331	229	233
技术服务	3	2264	369	872	294	71	547	549	439
合　计	160	29258	7724	8560	6861	1667	11228	8893	3817

资料来源:《中国海洋统计年鉴》(2017)。

(3) 海洋科研机构经费收入

《全球海洋科技创新指数报告》显示,中国海洋科技创新指数逐年上升,2017 年指数达到 67.3,成功由第三梯队跃升至第二梯队。2019 年,中国海洋科技创新指数位列第 5,其中,创新产出和创新应用两项跻身世界前二。2016

年，海洋科研机构科技经费总计达249.88亿元，北京、上海、山东的海洋科研机构的经费收入位居全国前三（见表3）。

表3 2016年我国沿海地区海洋科研机构经费收入

单位：亿元

地区	北京	天津	河北	辽宁	上海	广西	海南
经费收入总额	65.06	15.92	2.39	17.73	37.77	1.42	1.59
地区	江苏	浙江	福建	山东	广东	其他	合计
经费收入总额	12.28	12.91	7.82	36.07	29.19	9.73	249.88

资料来源：《中国海洋统计年鉴》（2017）。

3. 海洋高新技术发展环境

海洋高新技术研发基础环境显著改善。近年来，我国逐步形成海陆空多方位、立体化的海洋高新技术研发基础格局。海洋方面，海洋科考船的建设极大地提高了我国海洋观测、探测和预测的能力，深潜装备的不断突破让我国的深海开发成为可能。在南北两极，我国拥有长城站、中山站、昆仑站以及黄河站等多个科考站，它们对我国进行气候环境、矿产资源和生物资源的研究具有重大意义；在太空，5颗海洋一号系列卫星和1颗中法海洋卫星实时监测着海洋环境，为海洋权益维护、海洋资源开发、海洋环境保护、海洋科学研究以及国防建设等提供支撑。

海洋高新技术政策指引方向明确。近年来，国家高度重视海洋高新技术产业的发展，先后批准8个国家高技术产业基地，打造海洋高端装备制造、海洋医药与生物制品、海洋生物育种与健康养殖、海水利用及海洋高技术服务等多个海洋高新技术产业。

海洋高新技术金融支持力度大。2018年2月，《关于改进和加强海洋经济发展金融服务的指导意见》要求积极探索海洋领域投融资体制机制和模式创新，加大金融支持力度，提升金融服务水平，"十三五"期间，力争向海洋经济领域提供约1000亿元的意向性融资支持。

海洋高新技术国际合作不断增强。近年来，我国与共建"一带一路"国家建设了中国—印尼、中国—斯里兰卡、中国—巴基斯坦等多个国家级海外联合研究中心和实验室，建设了巴比、比通等海洋联合观测站，合作领域涵盖了海洋环境监测和精细化预报、海洋防灾减灾、海洋生态保护、海水养殖、海水淡化等多个方面。这些国际合作极大地提升了我国海洋科技的创新力和国际影响力。

三 2019~2020年中国海洋经济发展问题分析

（一）海洋经济发展模式亟待优化

我国海洋经济发展取得了显著进步，但长期以来形成的粗放掠夺式开发、先污染后治理的发展模式使海洋环境污染、海洋资源浪费、海洋生态退化等问题突出。在海洋产业发展的同时，海水养殖业废水、陆地废水大量排放，产生了日益严重的水体富营养化问题，2019年我国海域共发现赤潮38次，累积面积1991平方千米；海洋捕捞监管体系不完善、措施不到位，过度捕捞导致渔业资源持续衰退；海产品加工流程粗糙，资源利用效率低下；海洋可再生能源开发、海水综合利用、海洋生物医药等行业关键核心技术创新性不足、稳定性不高、产能相对较低，国家和行业标准建设滞后；海洋矿产资源开发效率低下，效益不高，大型油轮和石油平台不断增多，碰撞、溢油等水上交通事故风险加大。为大力拓展蓝色经济空间，实现海洋经济的绿色可持续发展，必须优化海洋经济发展模式，推动海洋经济高质量发展。

（二）海洋经济调控管理能力有待提升

随着沿海各省市海洋意识的逐渐增强，我国海洋经济建设不断取得新进展，但在发展过程中也凸显出存在的缺陷，一是传统产业发展受阻，粗放发展以及关键技术落后等问题突出，现有条件已难以完全满足传统海洋产业创新实践的要求，导致传统海洋行业增加值占海洋生产总值的比重在2001~2019年整体呈波动下降趋势；二是传统产业与新兴产业发展不对等，2019年传统海洋行业增加值占海洋生产总值的比重为34.66%，而新兴海洋产业增加值占比只有5.29%，远远低于传统产业的增加值占比；三是我国海洋重工业发展缓慢，轻重工业发展不平衡的情况严峻；四是区域海洋产业缺乏核心竞争力。此外，受新冠肺炎疫情影响，各国矛盾更加突出，我国所处的经济环境更趋复杂，贸易保护主义愈演愈烈，中美贸易摩擦不断升级，海洋经济发展面临多重

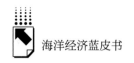

挑战。我国海洋经济发展存在的不平衡、不协调、不可持续以及抗风险性和创新性不足等问题严峻，进一步提升海洋经济的产业结构调控、风险管控、涉海主体矛盾协调以及创新驱动引领能力，是创新发展海洋经济新产业、打造增长新引擎、构建可持续发展新屏障的必由之路。

（三）海洋经济数据统计亟须完善

近年来，我国海洋经济统计工作通过制度统计、调查统计、企业直报、大数据分析等途径不断拓展范围、补充内容、提高效率，但实际统计工作中仍存在许多问题，如经济统计数据分类不够细致，统计指标不够全面，海洋经济统计数据更新较慢，时效性不强，数据质量控制工作较为滞后等。此外，国家数据和各省（区、市）的海洋经济统计指标、统计方法不统一，导致数据可比性差。海洋产业的全球统计覆盖率较低，尤其是 21 世纪"海上丝绸之路"沿线国家的海洋产业统计数据亟须补充完善。海洋经济统计数据的探索、监测、评估与集成在未来海洋决策中将发挥至关重要的作用，应不断完善海洋经济数据统计体系，提高其完整性、时效性、可比性和准确性。

（四）海洋经济金融支持亟须增进

金融是海洋经济发展的重要支撑，新时代海洋经济迅速发展，海洋经济发展模式、产业结构的改变和效率的提高对资金投入量的需求不断增加，对金融支持发展提出了新的挑战。一是涉海企业因资金需求上金额大、周期长、风险大的特点使相关金融机构在审批信贷资金时存在顾虑，此外选择在主板市场上市、发行企业债等进行直接融资的涉海企业数量较少，导致涉海企业资金不足，产业发展金融支撑力度不够；二是如海洋知识产权等相关海洋抵押品的评估缺乏依据，多数海洋科研型企业具有高昂的劳动力成本和科研成本，此外还存在科技成果转化效率低的问题，无法进行合理评估加剧了融资的难度；三是资本市场制度不完善，海洋企业成长较慢，风险较大，一些财务指标难以满足现行的上市标准，从而使海洋企业进入证券市场更加困难；四是目前海洋保险提供的保障无法满足涉海劳动人员的需求，覆盖面不够广泛，多数局限于海洋交通运输产业和渔业，保险产品的种类也缺乏多样性。海洋经济的发展离不开金融的支持，加快建设海洋强国需要金融的有力支撑，大力发展海洋经济必须增强金融服务功能。

（五）新冠肺炎疫情应对亟须加强

新冠肺炎疫情给全球经济造成巨大冲击。受疫情影响，国际贸易投资萎缩，大宗商品市场动荡，海洋经济发展受创。滨海旅游业因其高敏感性首先受到影响，新冠肺炎疫情发生后，政府对滨海旅游采取了严格的管控，导致旅游危机；海洋交通运输业也受到极大冲击，各国封城、停工、隔离政策使海洋运输订单大量减少，班轮数量增加了空白航行的数量，增加了海洋运输成本，且各个港口更加严格的检验检疫，大大降低了全球海运效率；疫情发生后，全国范围内企业延长假期、推迟复工时间，高速公路限行、公共交通停运，导致国内成品油市场消费量急剧下降，使我国海洋油气业产值下降；我国水产养殖业亦未能幸免，海鲜消费量急剧下降，进出口海鲜数量骤减，水产养殖业遭受重创。新冠肺炎疫情给我国海洋经济各个产业带来巨大冲击，须加强疫情应对，妥善处理防疫与发展的关系，以维持海洋经济平稳健康运行。

四 中国海洋经济发展形势预测

通过对海洋经济统计数据的研究分析，课题组分别运用趋势外推法、指数平滑法、灰色预测法、联立方程组模型、神经网络法、贝叶斯向量自回归模型组合优化预测等方法，根据组合预测法原理通过 Matlab 软件编程，对 2020～2022 年我国海洋经济发展形势进行分析预测，预测结果如表 4 所示。

表 4　2020～2022 年中国海洋经济主要指标预测

单位：亿元，%

预测指标		全国海洋生产总值	海洋产业总增加值	海洋相关产业增加值	海洋主要产业增加值	海洋科研教育管理服务业增加值
2020 年预测	预测区间	（90426，91675）	（58325，59130）	（32101，32545）	（36132，36631）	（22193，22499）
	名义增速	1.1～2.5	1.8～3.2	0～1.4	1.1～2.5	2.8～4.2
2021 年预测	预测区间	（99613，101400）	（63943，66180）	（35260，35670）	（39922，39940）	（24022，26240）
	名义增速	9.3～11.3	8.8～12.6	9～10.2	9.6～9.7	7.4～9.6
2022 年预测	预测区间	（105110，107400）	（67734，70610）	（36840，37372）	（42050，42057）	（25678，28560）
	名义增速	5.5～5.6	5.9～6.7	4.5～4.8	5.2～5.3	6.9～8.8

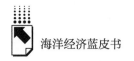

2019～2020 年，我国海洋经济面临严峻的国际国内形势，给海洋经济发展带来极大的不确定性。国际上，新冠肺炎疫情在全球蔓延，政治经济摩擦冲突不断上升，国际贸易投资萎缩，全球的产业链和供给链循环受阻；国内，经济增速放缓，消费、投资、出口下滑，而新冠肺炎疫情进一步使我国国民经济下行压力增大。根据对国际宏观经济形势和我国经济实际发展的分析，预计 2020 年我国海洋生产总值在 91000 亿元左右，增速在 2% 左右；五大经济区的海洋生产总值增速均放缓，甚至可能会出现负增长，其中对环渤海经济区和长三角经济区冲击较大；对于传统产业来说，疫情将会对海洋交通运输业、海洋渔业、滨海旅游业产生较大冲击，对于新兴产业来说，海洋船舶业、海水利用业将受到较大影响。

新冠肺炎疫情发生后，我国在较短时间内有效控制疫情，及时促进复工复产，稳步推动中国经济复苏。疫情短期对我国海洋经济带来较大冲击，海洋渔业运输效率下降，滨海旅游业受挫，同时也通过影响海上贸易等方面对我国海洋经济的长远发展带来不确定性。尽管疫情短期对我国海洋经济冲击较大，但是我国海洋经济近年来保持稳定增长，经济发展基础牢固，产业结构不断升级，新兴海洋产业增加值占比不断上升。未来一段时间我国海洋经济工作的重点，应是努力保持当前我国海洋经济的发展势头，尽快将疫情对供需的短期影响释放，使得未来的发展回到先前的正常水平，国家海洋产业间以及产业内优势得到充分发挥，区域一体化水平得到进一步提高。在这一前提下，预计 2021 年我国海洋生产总值将突破 99000 亿元，海洋经济增速达到 9%，2022 年我国海洋生产总值将突破 100000 亿元；各经济区均会回到正常增长水平，海峡西岸经济区增长速度更快。对于传统产业来说，滨海旅游业、海洋矿业、油气业发展将会更快，而海洋化工业、海洋生物医药业以及海水利用业增速将领先于其他海洋新兴产业。不可忽视的是，全球经济仍面临较大不确定性，这将给我国海洋经济发展带来不可预估的影响。

五　中国海洋经济发展政策建议

（一）创新海洋经济发展模式，加快海洋产业结构转型升级

为解决我国日益凸显的海洋生态环境问题，需要改变落后的发展模式，适

应当前科技创新、可持续发展的大环境，优化产业结构，形成符合我国海洋经济发展特点的绿色发展模式。推动实现从拘泥于增速的单一目标到追求高质量可持续发展的转变，将海洋经济发展重心由劳动密集型转移到知识密集型产业；提高海洋资源开发利用的科学性，改变粗放式的资源开发路线；用海洋新能源替代不可再生海洋能源，实现发展方式的改变；协调海洋产业布局，优化产业结构，培育绿色产业，解决海洋产业结构不平衡、布局不合理的问题，继续巩固"三、二、一"的产业格局；推动海洋产业发展向新兴海洋产业倾斜，加大政府扶持力度，加强海洋相关人才培养，推动产学研资介一体化体系建设；发展海水养殖良种培育，提高海洋第一产业的科技含量，推动传统产业走向高端化，实现科技兴渔兴农；促进海洋产业集群化，鼓励地区依托自身海洋特色建设临海产业园区，形成完整产业链条，推进海洋第一、二、三产业向高端环节迈进，实现陆海产业对接。

（二）创新海洋经济管理体制，提高海洋经济调控管理能力

海洋经济管理体制是海洋经济发展的重要保障，只有适应当前海洋经济发展的管理体制才能推动海洋经济的可持续发展。健全海洋经济法律法规体系，加强海洋立法，结合地区实际情况设立海洋管理准则，使海洋管理职能分散化与集中分层管理相结合；加强海洋资源环境保护，发展绿色海洋管理理念，完善海洋资源开发管理与污染惩治的相关制度，利用"互联网""大数据"加强海洋管理监测能力，探索建立海洋污染治理与资源恢复奖励机制；建立健全海洋经济管理协调机制，提高海洋行政主管机构的权威性，对海洋有关部门的职能权限进行明确划分，设立相应的监督管理机构，构建科学合理的决策体系，实现信息共享，提高海洋经济调控管理能力。

（三）提升海洋经济统计水平，发挥海洋大数据决策支撑作用

海洋经济统计是我国进行海洋经济评估监测、开展学术研究以及进行国际发展对比的基础，在海洋设施建设、政策制定实施等方面具有重要参考价值。政府各部门和相关海洋机构应加大对海洋经济数据统计体系建设的重视力度。重视海洋监测基础设施建设，引进高技术设备，提高所得数据的准确性，推动海洋大数据平台建设，强化海洋数据整合，构建"智慧海洋数据大脑"；加强

政府机构与海洋研究部门、行业协会等相关海洋机构之间的合作，共同构建科学的海洋经济运行评估系统，扩大海洋数据包含范围，精细化海洋数据，逐步建立完善的海洋经济统计系统，形成"数字海洋"意识；提高我国海洋数据的国际认可度，各国之间的海洋经济统计口径、变量名称不同，应以国家海洋经济发展需要为出发点，以数据的准确性、全面性和整体性为导向，提高海洋经济统计水平，形成完善高效的海洋经济数据统计体系，促进海洋信息化建设；推进与国际海洋组织的合作，开展海洋经济国际可比性研究项目，定期发布全球性的海洋经济统计产品，提高海洋数据的国际影响力，利用有效、可比的数据提高决策制定的正确性。

（四）完善金融支持方式，提升海洋科技成果转化效率

海洋产业一直以来发展资金来源渠道较为单一，且资金投入量无法满足海洋经济发展的需求，未能形成完备的融资网络，尤其是在海洋科技方面，资金欠缺使海洋科技成果转化水平无法得到有效提升。应充分发挥政府主导作用，推动融资渠道多样化发展，设立金融租赁公司提供支持，规范推广政府和社会资本合作（PPP）模式；银行等金融机构应加强海洋经济金融服务，设立专门的海洋经济金融服务事业部，加大对海洋新兴产业的信贷支持力度，通过信息共享建立海洋产业投融资公共服务平台；加大对海洋科技方面的资金投入，通过政府支持建立专门的政策性担保公司，引导更多的资金进入海洋科技领域。通过资金投入推动传统海洋产业向高精尖方向发展，促进科研成果转化为实际生产力，提高企业的国际知名度，吸引外资，进一步提高海洋科技成果转化效率。

（五）严防严控新冠肺炎疫情，促进海洋经济安全有序发展

新冠肺炎疫情对世界经济带来了严重影响，严防严控、抗击疫情是促进经济发展的必要条件，是做好"六稳"、落实"六保"的基础，也是当前发展海洋经济工作的首要任务。要积极构筑防疫海上"安全线"，切断病毒输入链。根据不同地区的情况增加防疫人员的数量，对各类码头和船舶实行分类管控，标注地区危险等级，货运船舶尽量减少船上人员与岸上人员的不必要接触，监督境外入境人员自觉做好入境前预申报、入境时配合查验和入境后隔离观察工

作，确保对上下船人员的登记检测，做好消毒工作。除了对人员进行防控外，也要注意海洋进口产品的安全性，尤其是水产品，要对进口产品的来源、处理进行监督记录，加大对相关产品的检测力度，防止被新冠肺炎病毒污染的产品进入市场。针对新冠肺炎疫情，海洋相关部门应出台一定的优惠政策，适当提高海洋经济专项资金补助比例，加快海洋生产生活秩序的全面恢复。积极关注海洋经济发展情况，每月汇总调度，解决存在的问题；根据新冠肺炎疫情经验扩大渔业等险种覆盖面，降低疫情带来的生产经营风险，促进海洋经济安全有序发展。

参考文献

刘康：《创新发展路径推进我国海洋经济高质量发展》，《民主与科学》2020 年第 1 期。

林香红：《面向 2030：全球海洋经济发展的影响因素、趋势及对策建议》，《太平洋学报》2020 年第 1 期。

孙才志、郭可蒙、邹玮：《中国区域海洋经济与海洋科技之间的协同与响应关系研究》，《资源科学》2017 年第 11 期。

王宏：《着力推进海洋经济高质量发展》，《学习时报》2019 年 11 月 22 日。

李华、高强：《科技进步、海洋经济发展与生态环境变化》，《华东经济管理》2017 年第 12 期。

郑莉、彭星：《海洋经济统计数据质量控制方法探讨与实践》，《海洋经济》2019 年第 3 期。

郑莉、付瑞全、刘少博、赵执、彭星：《统计数据质量评估方法在海洋经济领域引入研究》，《海洋经济》2019 年第 1 期。

李秀辉、张紫涵：《新中国成立 70 年海洋金融政策的回顾与展望》，《浙江海洋大学学报》2020 年第 1 期。

王宏杰、夏凡、潘琪、杨龙：《金融支持海洋经济发展：粤沪等 6 省市的主要实践及其对琼启示》，《中共南京市委党校学报》2020 年第 1 期。

李宇航、王文涛、李晓敏、揭晓蒙、韩鹏、孙清、汪航、孙洪：《中国海洋科技发展与"一带一路"国家合作研究》，《海洋技术学报》2019 年第 3 期。

殷克东：《中国沿海地区海洋强省（市）综合实力评估》，人民出版社，2013。

殷克东：《中国海洋经济周期波动监测预警研究》，人民出版社，2016。

产 业 篇

Industry Reports

B.2
中国传统海洋产业发展形势分析

刘培德　朱宝颖*

摘　要： 传统海洋产业已成为我国海洋经济快速增长的主要动力，对海洋经济的发展具有全局性影响。本报告首先分析了传统海洋产业的发展现状，探讨了传统海洋产业的制约因素，然后综合运用指数平滑法、神经网络等数学模型，对我国传统海洋产业未来的发展前景进行了合理预测。预测结果表明，对于传统海洋产业，其产业结构丰富，受新冠肺炎疫情冲击后恢复力强，具有良好的发展前景。最后从发展传统海洋优势产业、增加海洋科技投入等方面提出了对策建议。

关键词： 传统海洋产业　海洋渔业　滨海旅游业

---

* 刘培德，山东财经大学管理科学与工程学院院长，教授，山东财经大学海洋经济与管理研究院研究员，主要研究方向为决策理论与方法、海洋经济高质量发展评价等；朱宝颖，山东财经大学管理科学与工程学院博士生。

传统海洋产业是海洋经济的重要组成部分，近年来，依靠我国区位、劳动力和市场等方面的优势，传统海洋产业实现了跨越式发展。本报告将我国传统海洋产业界定为滨海旅游业、海洋交通运输业、海洋渔业、海洋盐业、海洋油气业和海洋矿业六大产业门类。

一 传统海洋产业发展现状分析

我国传统海洋产业增加值在海洋经济中的占比大，对海洋经济的整体发展影响深，是近些年海洋经济快速增长的主要动力。如图1所示，自2001年以来，传统海洋产业增加值稳定增长，尤其是2012年以后，发展迅猛。《2019年中国海洋经济统计公报》的数据显示，我国传统海洋产业增加值突破30994亿元，较上年增长6.9%，总体上看，我国传统海洋产业的发展前景十分广阔。

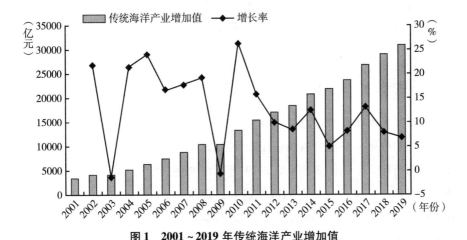

图1　2001～2019年传统海洋产业增加值

资料来源：《中国海洋统计年鉴》（2001～2016）、《中国海洋经济统计公报》（2017～2019）。

滨海旅游业在传统海洋产业中规模最大，2019年滨海旅游业增加值占传统海洋产业增加值的58.4%。如图2所示，滨海旅游业从2009年开始呈现了快速增长的态势，增长率常年保持在10%以上。2019年滨海旅游业增加值达到18086亿元，同比增长12.5%，逐步形成了"规模大"、"增速快"和"效益好"的发展格局。《国务院办公厅关于进一步激发文化和旅游消费潜力的意见》指出，文化和旅游市场有巨大的消费潜力，应以市场为导向，加大政策扶持力度，促进旅游业的进一步发展。我国滨海旅游业处于发展的关键时期，相关配套基础设施不断完善，各地政府陆续出台促进旅游消费的政策，将为滨海旅游业的发展增添新的动能。

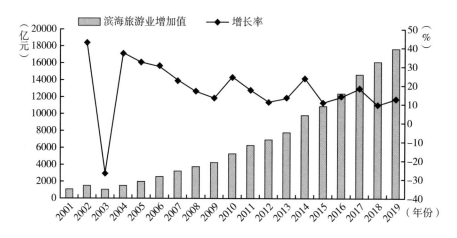

图2　2001～2019年滨海旅游业增加值情况

资料来源：《中国海洋统计年鉴》(2001～2016)、《中国海洋经济统计公报》(2017～2019)。

中美贸易摩擦使外部市场不确定性增大，但在国内经济总体稳定、市场多元化战略积极落实、稳外贸政策显效等因素的共同带动下，海洋交通运输业总体发展保持稳定。如图3所示，2019年海洋交通运输业增加值为6427亿元，国家发展和改革委员会发布的数据显示，2019年，全国港口完成货物吞吐量139.51亿吨，比2018年同期增长5.7%，集装箱吞吐量2.61亿标准集装箱，比上年同期上升4.4%，旅客吞吐量8713万人，比上年同期下降6.7%。面对复杂的国际经济状况，交通运输部联合国家发展改革委、工业和信息化部、财政部、商务部、海关总署和税务总局印发了《关于大力推进海运业高质量发展的指导意见》，旨在分阶段建成海运业高质量发展体系，加强海运强国建设。

我国是世界上最大的渔业生产国，海洋渔业增加值从2001年的966亿元增加至2019年的4715亿元，实现了跨越式发展。但我国海洋渔业在发展中也出现了一些问题，如过度捕捞、产业结构单一、粗放式加工以及技术创新不

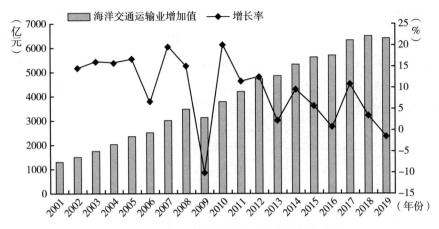

图3　2001～2019年海洋交通运输业增加值情况

资料来源:《中国海洋统计年鉴》(2001～2016)、《中国海洋经济统计公报》(2017～2019)。

足。如图4所示,2013年以后,海洋渔业增加值增速明显放缓,2019年海洋渔业增加值同比下降1.8%。为促进海洋渔业的转型升级,各地政府也出台了一系列政策。如威海市海洋发展局出台了《关于支持海洋渔业转型升级的政策措施》,指出应提升海洋牧场发展水平,降低海域使用金征收标准,壮大海洋种业,并鼓励深海养殖和建设海洋示范牧场。

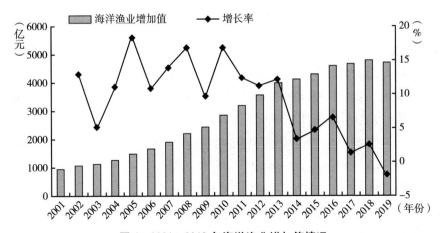

图4　2001～2019年海洋渔业增加值情况

资料来源:《中国海洋统计年鉴》(2001～2016)、《中国海洋经济统计公报》(2017～2019)。

2001 年以来，我国海洋盐业增加值占传统海洋产业增加值的比重不断降低，《2019 年中国海洋经济统计公报》显示，2019 年海洋盐业增加值 31 亿元，同比下降 20.5%，仅占传统海洋产业增加值的 0.1%，图 5 为 2001~2019 年海洋盐业发展情况。但海洋盐业对于保障国计民生有重要意义，在传统海洋产业中也有重要地位。

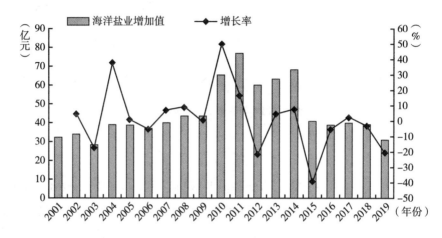

图 5　2001~2019 年海洋盐业增加值情况

资料来源：《中国海洋统计年鉴》（2001~2016）、《中国海洋经济统计公报》（2017~2019）。

海洋油气业是高新技术产业，海洋油气勘探与开发是系统的、高度集成的、跨学科的和多学科的，涉及材料、船舶、通信、海洋工程、机电设备和运输等行业。这决定了离岸的油气开发成本是传统土地油气开发成本的 6~10 倍。如今，海洋油气业是能源领域的投资重点产业，全球已进入深水油气开发阶段。如图 6 所示，海洋油气业 2019 年全年实现增加值 1541 亿元，比上年增长 3.3%。随着对能源需求的增加，我国海洋油气业的发展前景十分广阔。

我国陆架区海域辽阔，在滨海及陆架有丰富的海洋固体矿产资源。目前，海洋矿业的总体规模偏小，增加值在传统海洋产业中所占的比重不大，此外，我国海洋矿业科学研究与技术开发落后，装备相对较差，国际竞争力有待提高。

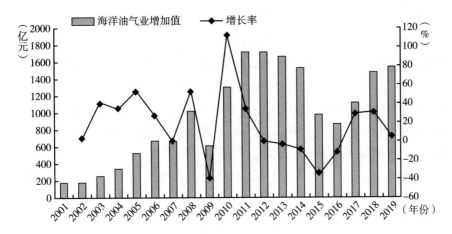

图6 2001~2019年海洋油气业增加值情况

资料来源:《中国海洋统计年鉴》(2001~2016)、《中国海洋经济统计公报》(2017~ 2019)。

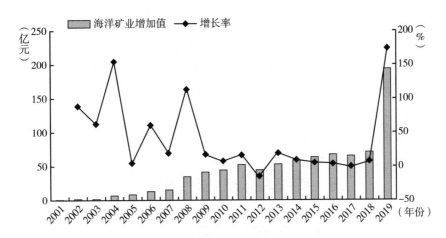

图7 2001~2019年海洋矿业增加值情况

资料来源:《中国海洋统计年鉴》(2001~2016)、《中国海洋经济统计公报》(2017~ 2019)。

二 传统海洋优势产业发展战略分析

我国传统海洋产业增加值占海洋经济生产总值的比重大,加快培育传统海

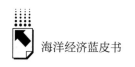

洋优势产业，对促进我国海洋经济以及国民经济的增长有重要意义。

滨海旅游业作为传统海洋产业的支柱产业，2019年滨海旅游业增加值同比增长12.5%。海岛旅游业作为滨海旅游业的重要组成部分，近年来实现了快速发展。海岛及周边海域旅游资源丰富，大力发展海岛旅游业对滨海旅游业的进一步发展有重要推动作用。此外，应借鉴国外滨海旅游的成功经验，如美国加州黄金海岸带和法国蔚蓝海岸，提高我国滨海旅游的功能层次，坚持市场导向与科学规划，打造国际滨海旅游示范区。

海洋交通运输业是传统海洋产业中第二大产业，2019年海洋交通运输业增加值占传统海洋产业增加值的20.7%。《2019年中国海洋经济统计公报》显示，海洋货运量比上年增长8.4%。21世纪海上丝绸之路的建设将进一步推进海洋交通运输业的发展，为传统海洋产业的发展增添动力。

2019年海洋渔业增加值为4715亿元。在海洋捕捞方面，升级捕捞工具，对渔业资源科学勘测，合理捕捞，对受到污染的海域及时进行修复治理，对渔业环境实施动态监测与预警。在海水养殖方面，建设优质海洋牧场，提高选苗育苗技术水平，合理布局养殖规模，妥善处理养殖过程中产生的废弃物，并提高海洋渔业资源的增殖放流技术水平。在产品加工方面，加强产品质量管理，创新保鲜加工技术，实现对渔业产品的精细化加工，提高产品附加值。在远洋渔业方面，利用现代化信息技术实现对远洋渔业资源的收集，合理规划远洋航行捕捞路线，降低远洋捕捞成本。

三 传统海洋产业制约因素分析

近些年，我国的海洋经济取得了巨大的发展。然而，在取得巨大物质财富的同时，粗放型发展、过度开发、生态污染和海洋产品附加值低等因素都制约了传统海洋产业的进一步发展。

（一）海洋生态环境污染严重

在传统海洋产业快速发展的同时，诸多不合理的生产方式造成了海洋生态环境污染。排入海的工业废水和固体废物对近海岸的生态环境造成了严重破坏，对滨海旅游业造成冲击；含有农药和重金属元素的污水影响渔场的鱼类生长，影响海盐质量，对人类的食品安全也造成巨大危害；油气开采或运输造成的石油泄漏也是海洋生态污染的一大因素，造成一片海域内大量海洋生物的死亡，影响海产品的价值。

《2019 年中国海洋生态环境状况公报》指出，近岸海域仍有 23.4% 的水质被污染。海洋生态环境污染对我国传统海洋产业带来的制约影响不容忽视。

（二）海洋科技资源配置失衡

我国传统海洋产业面临海洋科技资源配置失衡等问题。一方面，海洋科技人才主要分布在经济较为发达的地区，经济欠发达地区的海洋科技人才储备明显不足，这在一定程度上阻碍了传统海洋产业的技术进步，影响传统海洋产业的进一步发展。另一方面，我国对传统海洋产业的科技资金投入明显不足，主要资金用来扶持海洋新兴产业等高新技术产业，忽视了传统海洋产业在产业结构升级中对科技资金的需求。

（三）受外部复杂环境影响较大

滨海旅游业和海洋交通运输业作为传统海洋产业的两大支持产业，近年来发展迅速，产业规模逐渐壮大。但其受外部环境的影响较大，如滨海旅游业在 2020 年初新冠肺炎疫情的冲击下，几乎遭遇停摆，尽管随着新冠肺炎疫情的有效控制，滨海旅游相关产业链运行逐渐恢复，但仍不可避免遭受巨大损失。此外，海洋交通运输业也面临诸多不确定性因素，这也是制约海洋交通运输业发展的主要原因之一。

此外，海洋渔业和海洋盐业相关产业链条短、海洋产品深度加工不够及附加值低等问题依然突出。一方面是因为传统海洋产业的技术投入不高，基础研究支出占比过低，另一方面是创新程度不高，海洋科技成果应用转化率低。

四 传统海洋产业发展前景展望

本部分基于 2001～2019 年的各传统海洋产业的数据，综合运用阻尼趋势模型、自回归移动平均模型、趋势外推法、神经网络法、指数平滑法对 6 个传统海洋产业的增加值进行了预测。然后，运用定性和定量分析相结合的方法，预测新冠肺炎疫情影响下的各传统海洋产业的增加值，最后运用加权组合模型预估 2020 年、2021 年我国传统海洋产业发展情况。

预测结果如下：2020 年，滨海旅游业增加值为 20011 亿元，海洋交通运输业增加值为 6927 亿元，海洋渔业增加值为 4618 亿元，海洋盐业增加值为 34 亿元，海洋油气业增加值为 1547 亿元以及海洋矿业增加值为 217 亿元。然而，在 2020 年初，疫情对国民经济带来的冲击也波及传统海洋产业，尤其是对于滨海旅游业的冲击更大。游客数量以及规模远不及 2018 年同期，预计疫情影响下的 2020 年滨海旅游业增加值为不考虑疫情影响下增加值的 40%，为 8004 亿元。另外，由于中美两国是世界上主要的进出口国，在全球贸易中占有重要地位，中美贸易争端不可避免地对海上交通运输业产生相关影响，预计图 8 中 2020 年海洋交通运输业增加值将减少 10%，为 6234 亿元。海洋渔业、海洋盐业、海洋油气业以及海洋矿业预计保持稳定。

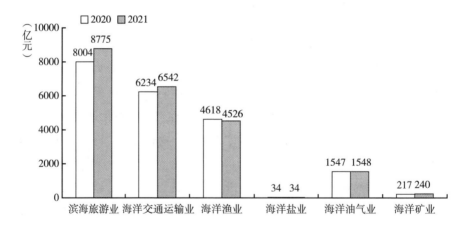

图 8　2020 年与 2021 年各传统海洋产业增加值预测

综合上述分析，2020 年和 2021 年传统海洋产业增加值预测区间和名义增速如表 1 所示。尽管在疫情冲击下，未来两年我国传统海洋产业增加值相较于 2019 年明显降低，但对于传统海洋产业，其产业结构丰富，恢复力强，仍具有良好的发展前景。

表1　2020年与2021年中国传统海洋产业增加值预测

单位：亿元，%

指标	2020年		2021年	
	预测区间	名义增速	预测区间	名义增速
传统海洋产业增加值	(20575,20735)	-33.6 ~ -33.1	(21585,21745)	4.5 ~ 5.3

随着国内疫情得到有效控制，国内旅客出游人次明显增多，众多滨海旅游景区陆续开放，海岛旅游将迎来新一轮的热潮，滨海旅游业将继续发挥其引领作用，持续促进海洋经济增长；国家继续深化改革开放格局，有效应对中美贸易争端，打造良好的贸易环境，且我国船舶制造取得重大突破，远洋航行能力大幅度提高，海洋交通运输业将继续保持良好的增长势头；科技兴渔战略、可持续捕捞理念以及技术创新为海洋渔业的发展增添新的动力，随着相关政策的落地，海洋渔业精加工、高附加值产业链逐步形成，未来几年海洋渔业仍有较大发展潜能；海洋盐业作为保障国计民生的重要产业，将继续保持稳定规模；随着市场对能源需求的增加以及开采技术水平的提高，海洋油气业作为能源领域的热点产业将继续保持高增长率；海洋矿业的发展与技术水平息息相关，随着我国海洋矿业资源勘测和开采能力的提升，海洋矿业具有巨大的发展潜能。为了使我国传统海洋产业转为高质量发展，应从以下几个方面着手。

（一）发展传统海洋优势产业

形成以海洋油气业、海洋盐业和海洋矿业为新兴业态的现代海洋产业体系，有力推动传统海洋产业的整体发展。对于滨海旅游业，以重点旅游城市为依托，将海岛旅游作为重点发展支撑，加快配套基础设施建设，打造国际级滨海旅游胜地，培育海洋文化创意产业。对于海洋交通运输业，着力构建综合运输体系，推进信息化和智能化建设，科学规划港口布局，因地制宜，发挥区位优势。对于海洋渔业，坚持科技兴渔战略，坚持可持续发展战略，合理捕捞，生态优先，促进海洋渔业由粗放型向集约型转变。

（二）增加海洋科技投入

利用物联网、云计算、大数据、人工智能、5G等技术，建设数字化景区，

为游客出行的各个环节提供个性化、多元化、品质化的服务，打造滨海旅游特色产业。实行科技兴渔战略，在海洋捕捞、海水养殖和海洋渔业加工三个领域研究发展关键技术，实现以资源养护型捕捞业、高效健康养殖业、高附加值精深加工业和休闲渔业为支柱的现代海洋渔业。同时，应提升装备制造水平，实现对海洋矿产资源的高效开采和利用。

（三）落地传统海洋产业发展相关政策

近年来，各地针对海洋经济的高质量发展出台了一系列政策，缓解了传统海洋产业政策支持力度不足的问题。各有关部门和沿海地方需要共同努力，坚持统一的科学规划，坚持市场导向，严格规范管理，积极探索破解传统海洋产业发展过程中的瓶颈和问题。

（四）加强海洋生态文明建设

传统海洋产业的发展也要坚持合理、安全和有度的原则，坚持走可持续发展道路。在海洋资源保护层面，加强对现有海洋保护区的管理和保护工作，健全管理组织机构，加大保护区执法力度；要增加保护投入，解决由资金投入不到位导致的部分海洋生态保护工程进展缓慢的情况。在项目整治上，要积极推进"蓝色海湾""南红北柳""生态岛礁"等重大生态修复工程落实到地方规划基础上，推动更多的专项修复工程计划落实。

参考文献

王永生：《海洋矿业：亟待走向可持续发展》，《矿产保护与利用》2006 年第 1 期。

高金田、邢文秀、董培根、薛婧：《基于 SCP 范式的山东省海洋盐业组织分析》，《海洋经济》2012 年第 5 期。

苗德霞、张得银、于平：《基于生态文明建设的江苏海洋经济高质量发展研究》，《海洋经济》2020 年第 2 期。

崔野：《蓝与绿：中国海洋强国建设的底色》，《海洋开发与管理》2020 年第 8 期。

姜昳芃、蔡静：《辽宁滨海旅游业可持续发展对策研究》，《资源节约与环保》2018 年第 6 期。

沈金生、姚淑静：《我国传统海洋优势产业技术创新驱动能力研究》，《中国渔业经济》2015 年第 1 期。

沈满洪、毛狄：《习近平海洋生态文明建设重要论述及实践研究》，《社会科学辑刊》2020 年第 2 期。

胡红江、杜丽华：《振兴海洋盐业 发展海洋化工 促进海洋经济发展》，《中国盐业》2011 年第 12 期。

沈金生、郁威：《中国传统海洋优势产业创新驱动能力研究——以海洋渔业为例》，《中国海洋大学学报》（社会科学版）2014 年第 2 期。

胡红江：《中国海洋盐业现状、发展趋势以及面临的挑战》，《海洋经济》2012 年第 4 期。

姜旭朝、李奇泳：《中国海洋盐业演化机制研究》，《产业经济评论》2010 年第 4 期。

金雪、殷克东、张栋：《中国陆海经济协同关系测度研究》，《中国渔业经济》2016 年第 1 期。

殷克东、金雪：《我国陆海经济发展现状、问题及对策分析》，《中国渔业经济》2016 年第 6 期。

刘春琳、程玉超、孙艺、乔延龙：《天津海洋生态环境综合治理对策研究》，《资源节约与环保》2020 年第 6 期。

侯晓静：《我国传统海洋优势产业发展战略及国际借鉴》，中国海洋大学硕士学位论文，2012。

姚淑静：《我国传统海洋优势产业技术创新能力研究》，中国海洋大学硕士学位论文，2015。

威海市海洋发展局：《〈关于支持海洋渔业转型升级的政策措施〉政策解读》，2019 年 6 月 12 日。

刘杨：《自然资源部、中国工商银行联合印发〈关于促进海洋经济高质量发展的实施意见〉》，《经济日报》2018 年 8 月 30 日。

国家统计局：《中国海洋统计年鉴》（2001～2016），海洋出版社。

B.3
中国新兴海洋产业发展形势分析

刘政敏*

摘　要： 新兴海洋产业对于海洋经济发展具有全局性的影响和强大的拉动效应，培育和发展新兴海洋产业已经成为推动我国海洋经济高质量发展的重要引擎。本报告对我国新兴海洋产业的发展现状和制约因素进行了系统梳理和详细分析，并组合运用自回归移动平均模型、趋势外推法等预测方法，对我国新兴海洋产业未来发展进行合理预测和展望。同时，从强化海洋科技创新和转化能力建设、加强海洋科技专业人才培养与储备等多个角度提出建议。

关键词： 新兴海洋产业　科技创新　优化升级

新兴海洋产业是依托海洋科技创新，以海洋科技成果产业化为核心，以新模式、新应用、新业态为主要特征的海洋产业群体。本报告将我国新兴海洋产业界定为海洋化工业、海洋电力业、海洋生物医药业、海洋工程建筑业、海水利用业和海洋船舶工业六大产业门类。

一　新兴海洋产业发展现状分析

近年来，随着海洋高新技术群的形成，新兴海洋产业的发展已由形成期迈入快速成长期。《中国海洋经济统计公报》显示，2019年我国海洋生产总值已

----
* 刘政敏，山东财经大学管理科学与工程学院教授，山东财经大学海洋经济与管理研究院研究员，研究方向为海洋资源管理、决策理论与优化分析。

达 89415 亿元，其中，新兴海洋产业增加值达到 4731 亿元（见图 1）。海洋船舶工业、海洋生物医药业等产业继续保持高速增长态势，比上年增长均超过7%，尤其是海洋船舶工业增长迅速，产业增加值大幅增长 11.3%，达到 1182亿元（见图 2）。

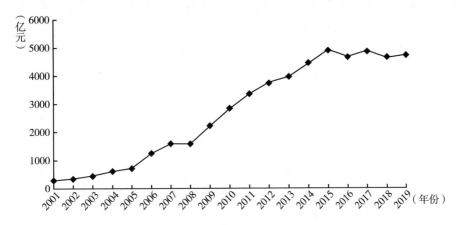

图 1   2001～2019 年我国新兴海洋产业增加值

资料来源：《中国海洋统计年鉴》（2001～2016）、《中国海洋经济统计公报》（2017～2019）。

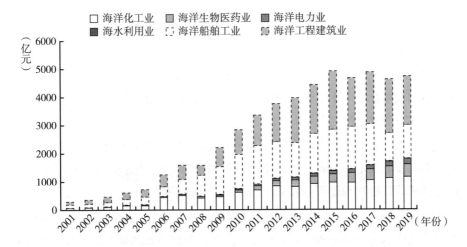

图 2   2001～2019 年我国各新兴海洋产业增加值

资料来源：《中国海洋统计年鉴》（2001～2016）、《中国海洋经济统计公报》（2017～2019）。

新兴海洋产业增加值占海洋生产总值的比重从 2001 年的 7.57% 增长到 2019 年的 13.24%。新兴海洋产业的快速增长推动了我国海洋经济结构的优化调整和转型升级。

海洋工程建筑业是我国海洋经济基础建设的重点产业，2019 年《中国海洋经济统计公报》的数据显示，海洋工程建筑业实现快速稳定增长，产业增加值为 1731 亿元，相比 2011 年增长了 59.37%。

海洋化工业是新兴海洋产业的中坚力量。近两年，在海洋化工科技不断创新的支撑下，一批海洋化工实用技术得以突破，促进了海洋化工业的升级改造，为海洋化工业的快速发展注入新的活力。2019 年，我国海洋化工业实现增加值 1157 亿元，比上年增长 7.3%，尤其是乙烯、纯碱等海洋化工产品产量快速增长。

海洋船舶工业是为水上交通、海洋资源开发及国防建设提供技术装备的现代综合性和战略性产业。目前，我国海洋船舶工业在全球船舶市场占有重要地位，我国成为全球最重要的造船中心之一。英国克拉克松公司统计数据显示，我国造船订单量和完工量均已超过韩国，排名世界第一。2019 年《中国海洋经济统计公报》的数据显示，海洋船舶工业全年实现增加值 1182 亿元，比 2018 年增长 11.3%。

海洋生物医药业具有绿色高效、高附加值、社会效益好等特点，成为世界海洋强国争相竞争的高新技术产业之一。近些年来，该产业增加值平均增速达到 30%，成为海洋经济产业中增长最快的领域之一。2019 年，我国海洋生物医药业实现增加值 443 亿元，相比 2018 年增长 8%，并且海洋生物医药自主研发成果不断涌现。

海洋电力业利用海洋能进行电力生产活动，包括海上风电、潮汐风电、海流发电、波浪发电等形式，为海洋经济的发展注入新动力。2019 年《中国海洋经济统计公报》数据显示，我国海洋电力业实现增加值 199 亿元，比 2018 年增长 7.2%。海洋电力业的快速发展得益于国家可再生能源政策、节能减排和清洁能源政策的支持和引领，江苏、山东、福建等地区加大了对海洋能源利用的投资力度，海上风电项目和沿海风电场建设项目稳步推进，带动了海洋电力业的快速发展。但是，我国目前仅有海洋风电完全实现产业化，波浪发电、温差风电、潮汐发电等由于技术难度大、建设成本高等，尚未实现全面产业化。

海水利用业是海洋经济的重要组成部分，也是发展海洋循环经济的重要选择。2019 年，海水利用业继续保持良好发展态势，多个海水淡化工程投入使用，实现产业增加值 18 亿元，比 2018 年增长 7.4%。

二 新兴海洋产业发展优势分析

基于上述对新兴海洋产业发展现状的综合分析，我国新兴海洋产业的迅速发展得益于以下优势。

（一）国家领导人高度重视海洋经济发展，政策环境得到显著改善，为新兴海洋产业的快速发展提供了政策红利和发展空间

党的十九大报告提出了"坚持陆海统筹，加快建设海洋强国"的重大战略部署，这不但体现了党和国家的战略思想和战略信念，而且对我国在海洋生产力布局上的优化与调整有重大影响。国家涉海政策法规和地方发展专项规划的陆续推出，明确了我国新兴海洋产业的发展方向，优化了新兴海洋产业的发展环境，对于我国新兴海洋经济的高质量发展提供了政策保障。

（二）海洋科技原始创新能力稳步提升，创新机制不断健全完善，为新兴海洋产业的持续发展提供了科技支撑和动力源泉

我国在海洋基础科学研究和新技术研发等方面逐渐取得巨大进步和突破，海洋科研基地平台、人才队伍体系基本建成，与国际先进水平的差距逐渐缩小。我国初步具备了海洋高新技术自主创新能力，部分领域的技术水平已经接近国际领先水平。在海洋生物育种、海洋潮流能发电、海洋遥感技术等方面，我国取得明显的技术突破。

（三）新兴海洋产业金融支持体系逐渐完善，产业融资渠道不断丰富，为新兴海洋产业的健康发展提供强有力的资金保障

新兴海洋产业是技术和资金密集型产业，资金支持是产业快速发展的重要保障。涉海高新技术的研发和转化都需要大量的资金投入，资金保障在很大程度上影响着新兴海洋产业的发展速度和发展质量。国家财政投入、地方投入、

金融信贷、上市融资、风险投资、海洋产业基金等多元化投入机制也有效保障了新兴海洋产业的快速发展。

三　新兴海洋产业发展制约因素分析

近年来，虽然我国新兴海洋产业增加值逐年稳定增长，但新兴海洋产业的发展仍然存在一些制约因素。

（一）海洋科技自主创新能力不足

相比传统海洋产业，我国新兴海洋产业发展仍然处于起步阶段，受到研发经费不足、高端人才缺乏等因素的限制，海洋科技研发总体上仍然以模仿为主，原始自主创新能力明显不足，部分领域与世界先进水平还有较大差距，这些因素制约了新兴海洋产业的高质量发展。

海洋生物医药业和海洋电力业虽然处于快速发展阶段，但较多行业高科技产品仍处于产业链末端，领域所需的高端精密原材料、仪器设备、芯片以及配套技术缺乏自主知识产权，产业核心竞争力不强；海洋工程建筑领域，许多高端设备和核心取件依赖于长期进口；尽管我国海洋科技创新成果总量较多，但能够真正推动行业发展且实现产业转化的科技成果较少。

（二）海洋科技高端人才储备不足

高科技人才是我国新兴海洋产业发展的主导力量。目前，我国海洋科技创新型人才队伍的建设取得较大进步，但是具有国际水平的复合型科技创新人才较少，难以满足我国海洋强国建设的高端科技人才需求。

海洋人才技术结构失调，从事基础性研究和海洋生物医疗领域研究的人数较多，但是从事工程技术研究的数量相对较少，使新兴海洋产业的发展后劲不足。

（三）新兴海洋产业引领作用薄弱

近年来，沿海地区不断加大对新兴海洋产业的政策支持和投资力度，极大地推动了新兴海洋产业的快速发展，同时也导致了区域间的过度竞争和恶性竞争。同时，部分沿海地区存在短视行为，片面追求短期增长率，出现了低水平的重复建设现象；部分新兴海洋产业的龙头企业依然追求以规模取胜，海洋产品科技含量低，大部分创新成果集中在低端产业链，难以对产业发展形成引领和带动作用。

（四）海洋资源环境承受压力加剧

近年来，我国加大了对海洋生态环境的保护和修复力度，生态环境整体稳中趋好，海水环境质量总体有所改善。但是，我国仍有大量化工业分布在东部沿海地区，而且海水养殖业、海洋旅游业存在管理不规范等问题，致使我国近岸海域的整体污染状况仍然不容乐观，辽东湾、渤海湾、杭州湾、珠江口等近岸海域仍然存在较为严重的污染状况。此外，突发海洋污染事件也对海洋生态环境造成难以估量的严重破坏。

工业排污严重，绿潮、赤潮等海洋生态环境灾害频繁，这些不利因素将会严重影响海洋生物医药、海水利用业等依赖海洋生态环境为发展基础的新兴海洋产业的建设进程和发展速度。

四　新兴海洋产业发展前景展望

首先，本报告分别运用趋势外推法、贝叶斯向量自回归模型、神经网络法、指数平滑法、自回归移动平均模型预估 2020 年、2021 年我国新兴海洋产业发展情况；其次，将多种预测方法加权合成集成预测模型；最后，得到我国新兴海洋产业发展综合预估结果，如表 1 所示。

表 1　2020 年与 2021 年中国新兴海洋产业增加值预测

单位：亿元，%

指标	2020 年预测		2021 年预测	
	预测区间	名义增速	预测区间	名义增速
产业增加值	(4543,4612)	－ 3.97% ~ － 2.52%	(4467,4512)	－ 2.17% ~ － 1.19%

根据模型的预测结果，同时考虑到新冠肺炎疫情对我国新兴海洋产业发展的负面影响，尤其是海洋船舶工业、海洋工程建筑业等受到疫情影响较大，预

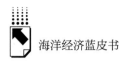

测 2020 年我国新兴海洋产业增加值为 4566 亿元，同比下降 3.49%。虽然预测 2020 年我国新兴海洋产业全年增加值有所下降，但是，新兴海洋产业作为我国海洋经济的重要增长极和海洋经济转型升级的新动能，正面临向海洋经济高质量发展的新机遇、新阶段，新兴海洋产业未来仍将保持稳定增长态势，发展前景依然向好。

经过多年高速和稳健的发展，我国已经成为世界第一造船大国。近年来，在全球经济贸易增长放缓、新船需求大幅下降的背景下，升级优化船舶结构、推进智能化转型，已经成为我国海洋船舶工业发展的主要方向。一方面，政府和大型船舶企业不断加大科研投入力度，提高船舶工业科技创新能力，持续优化船型结构，LNG 船、豪华游轮等高附加值船成为船舶业重点发展方向。另一方面，军工船舶订单的增加推动了民用船舶业的发展，军民融合、需求改善等使得船舶行业继续保持增长态势。

我国海洋化工的产业形态不断延伸扩展，未来将更加注重海洋化工产品的精细化和差异化，以及海洋资源的精深加工及综合利用。海藻纤维方面的科技研发取得较大突破，海藻纤维、微藻制油、藻制化肥等海藻类化学品成为国内海洋化工企业的重点研发领域。无机硅化物产品中高质量、高附加值产品的产业链条逐渐形成和完善，高模数硅酸钠、高端硅溶胶、功能性特种二氧化硅等高质量、高精细的海洋化工产品有望得到进一步发展。此外，我国在深海油气开发技术和装备的突破也将推动海洋石油化工业的进一步发展。

海洋生物医药业已经成为新兴海洋产业中增速最快的行业。近年来，我国以青岛、上海、厦门、广州为中心构建了多个海洋生物技术和医药研发与孵化中心，产业配套措施不断完善。我国海洋生物医药业逐渐进入深度规模化开发的阶段，在海洋创新药物、海洋生物制品和海洋现代中药等领域取得重大突破，自主研发的甘露特纳胶囊成为全球第十四种海洋创新药物，有条件获批上市。未来，在国家政策和市场需求的双重推动下，我国海洋医药生物业的市场前景广阔。

"海上丝绸之路"为我国海洋工程建筑业的国际化发展带来了广阔的市场和前所未有的机遇，海洋工程建筑业应当抓住这次历史机遇，打造国际领先的工程技术体系，培养高层次海洋科技创新人才队伍，推动海洋工程建筑业的优化升级和高质量发展。虽然受到全球经济衰退的不利影响，但是新冠肺炎疫情过后，我国海洋工程建筑业有望快速反弹并保持稳定的发展态势。

"十三五"以来，我国海洋能科技水平显著提升，海洋电力业一直保持较快发展速度，我国成为少数掌握规模化开发利用海洋能技术的国家之一。其中，我国风电产业技术水平显著提高，风电产业链基本实现国产化，风电设备的技术水平基本达到世界先进水平。2019 年，海上风电并网装机容量达 593 万千瓦，同比增长 63.4%。潮汐能、波浪能等海洋能的产业化和商业化趋势也越发明显。在国家对可再生能源产业政策的支持下，沿海地区和大型企业不断加大对海洋能产业的投入力度，海洋能技术装备逐渐走向成熟，未来，海洋电力业的发展有望突破商业化应用瓶颈，实现跨越式发展。

我国海水利用业发展速度较快，《2019 年全国海水利用报告》数据显示，我国已经建成海水淡化工程 121 个，最大日产水 20 万吨，海水淡化水的 67% 用于沿海地区的工业用水。未来，在国家对可再生能源产业政策的支持下，随着技术的进步和规模的增长，海水淡化效率有望进一步提升，淡化成本有望继续下降。

为了进一步提高我国新兴海洋产业的国际竞争力，促进我国新兴海洋产业的健康稳步发展，应从以下几个方面着手。

（一）强化海洋科技创新和转化能力建设

针对新兴海洋产业关键技术存在高度复杂性和不确定性的特点，积极构建"五位一体"的科研机构，集中优势科研力量，加大海洋生物医药、海洋淡化与综合利用以及深海领域关键技术与核心技术的研究开发力度，共同开展新兴海洋产业共性关键技术研发，构建以市场为导向的新兴海洋产业科技成果转移转化机制，鼓励包括高等学校、科研院所、社会团体、中介组织和各类企业在内的不同主体参与成果的推广应用，打通科技创新与成果产业化应用通道。

（二）加强海洋科技专业人才培养与储备

实现新兴海洋产业的科学发展必须有充足的人才储备作为支撑，尤其是掌握关键核心技术的高层次人才。紧扣国家新兴海洋产业发展的战略需求，做好海洋专业人才培养的顶层设计，制定系统性的新兴海洋产业人才发展规划。积极扩大涉海高校和科研机构的招生规模，根据产业发展的实际需求调整涉海专

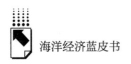

业设置，加大重点涉海学科和专业建设力度；鼓励探索校企合作办学、国际合作培养、定向培训教育等多种途径联合培养专业人才的途径，有针对性地培养产业发展急需的高层次专业人才；建设具有区域优势特色的海洋科技创新体系和具有国际影响力的海洋科技创新中心，开展国际海洋科技合作，打造开放创新合作平台和科技人才创新创业平台。

（三）加大投入并积极发展新兴海洋产业

必须加大新兴海洋产业的资金投入力度，创新发展新兴海洋产业的投融资制度，综合运用银行贷款、社会融资、企业自筹等多种方式，建立起发达的、稳定可靠的海洋产业投融资体系；建立多元化的海洋科技研发投入机制，完善海洋科技创新成果的产业转化体系；安排新兴海洋产业发展专项资金，重点支持新兴海洋产业共性和关键性技术攻关及重大科技项目研发，在透明海洋、智慧海洋等领域取得更大突破，提升海洋科技成果率和贡献率。

（四）加强海洋生态环境保护与综合治理

针对陆源污染和生态破坏是导致海洋生态环境恶化的主要原因，严格管控沿海污染物排放和建设项目占用自然岸线；以大数据、人工智能、5G 等为支撑，构建监测与预警功能一体化的海洋环境质量监测体系，强化近岸海域生态环境监控预警能力；加大对海洋生态环境保护的宣传力度，形成科学认知海洋、保护海洋以及利用海洋的社会氛围。

参考文献

国家海洋局：《中国海洋统计年鉴》，海洋出版社，2001～2017。

郑贵斌：《海洋新兴产业发展趋势、制约因素与对策选择》，《东岳论丛》2002 年第3 期。

韦结余、薛澜、周源：《"十三五"我国战略性新兴产业逐渐成为重要经济增长点》，《中国战略新兴产业》2017 年第 33 期。

魏远竹、林源昌、谢艺环、周俪：《国外海洋战略性新兴产业的发展经验及其对福建的启示》，《宁德师范学院学报》2015 年第 3 期。

蒋以山、谢维杰、高正、陈鲁宁：《发展海洋化工业　振兴蓝色经济》，《海洋开发与管理》2013 年第 30 期。

于婧、陈东景：《海洋新兴产业研究进展综述》，《价格月刊》2012 年第 4 期。

刘洪昌、张华：《江苏战略性海洋新兴产业突破性创新发展思路与策略选择》，《当代经济》2018 年第 13 期。

仲雯雯：《国内外战略性海洋新兴产业发展的比较与借鉴》，《中国海洋大学学报》2013 年第 3 期。

胡婷、宁凌：《我国海洋新兴产业发展现状、问题与对策》，《中国渔业经济》2013 年第 6 期。

陈相堂等：《我国战略性海洋新兴产业发展特征、现状与对策》，载《海洋开发与管理第二届学术会议论文集》，2018。

迟泓：《加快培养海洋新兴产业　推动海洋经济高质量发展》，《中国海洋报》2018 年 9 月 27 日。

李彬、王成刚、赵中华：《新制度经济学视角下的我国海洋新兴产业发展对策探讨》，《海洋开发与管理》2013 年第 30 期。

耿相魁：《海洋新兴产业发展面临人才缺口》，《中国人才》2013 年第 23 期。

郑贵斌：《新兴海洋产业可持续发展机理与对策》，《海洋开发与管理》2003 年第 6 期。

刘明、汪迪：《战略性海洋新兴产业发展现状及 2030 年展望》，《当代经济管理》2012 年第 34 期。

刘春琳、程玉超、孙艺、乔延龙：《天津海洋生态环境综合治理对策研究》，《资源节约与环保》2020 年第 6 期。

姚瑞华、王金南、王东：《国家海洋生态环境保护"十四五"战略路线图分析》，《中国环境管理》2020 年第 3 期。

谢伟、殷克东：《深海海洋生态系统与海洋生态保护区发展趋势》，《中国工程科学》2019 年第 6 期。

戴科峰、韩立民：《基于解释结构模型的我国海洋生物医药产业发展影响因素分析》，《海洋开发与管理》2017 年第 8 期。

B.4
中国海洋科研教育管理服务业形势分析

陈晔 聂权汇*

摘　要： 近年来，中国海洋科研教育管理服务业展迅速，2019年生产总值达到21591亿元，中国海洋科研教育管理服务业步入快速发展时期，在中国海洋经济产业中的重要性逐渐显现。本报告选取中国海洋科研教育管理服务业的发展状况，应用因子分析法，提取相关指标，对全国沿海地区海洋科研教育管理服务业进行实证研究，通过计算发现，全国沿海地区中，山东、辽宁和上海在海洋科研教育管理服务业综合发展水平位列前三。中美贸易摩擦和新冠肺炎疫情给海洋科研教育管理服务业发展带来更大的不确定性。中国海洋科研教育管理服务业发展虽然快速，但是目前仍存在一些问题，建议海洋科技实效化，海洋教育普及化，海洋环保制度化，海洋行政管理规范化。

关键词： 海洋科研教育　管理服务业　因子分析

一　海洋科研教育管理服务业发展现状分析

伴随我国经济实力的稳步提升，我国海洋科研教育管理服务业得到较快发展。根据最新《中国海洋经济统计公报》，2019年我国海洋科研教育管理

* 陈晔，上海海洋大学经济管理学院、海洋文化研究中心讲师，博士，研究方向为海洋经济及文化；聂权汇，上海海洋大学经济管理学院。

服务业生产总值达到 21591 亿元（见图 1），比 2018 年增长 8.3%。我国海洋科研教育管理服务业已经步入快速发展时期，在海洋经济产业中的重要性及其地位逐步显现。

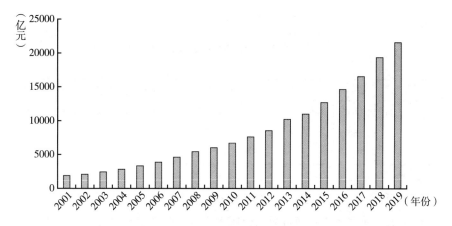

图 1　2001~2019 年海洋科研教育管理服务业生产总值

资料来源：2001~2016 年数据源自《中国海洋统计年鉴》（2017），2017~2019 年数据源自《中国海洋经济统计公报》（2017~2019）。

（一）海洋科学技术

作为海洋大国，发展海洋科技对于"海洋强国"建设意义非凡。在党中央、国务院和各级政府高度重视之下，以及几代海洋科技工作者的前赴后继艰苦奋斗，我国海洋科技事业成绩斐然。

我国在重大海洋科技基础设施建设领域取得重大突破。2018 年，我国相继研发并成功发射中国海洋一号 C 卫星（HY-1C）、海洋二号 B 卫星（HY-2B）和中法海洋卫星（CFOSAT），组建完成国内首个海洋民用业务卫星星座，成功建成全球首个海洋动力环境监测网。

极地科考和深渊领域亦取得丰硕成果。2018 年 9 月 10 日，我国第一艘自主建造的"雪龙 2 号"极地考察船（H2560）下水，并于 2019 年 7 月 12 日在上海顺利交付，该船在全球范围内首次采用船艏、船艉双向破冰技术，使我国在极地考察能力领域实现新的突破。

海洋科学研究基础设施逐步建成和不断完善。海洋信息共享平台和数据

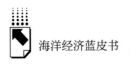

库、海洋微生物菌种资源保藏中心、极地标本资源共享平台、国家海洋博物馆、中国大洋样品馆等相继建成。

得益于我国海洋事业和教育事业的发展，我国海洋科研队伍得到大幅改善。

表 1　海洋科技活动人数

单位：人，%

年份	2011	2012	2013	2014	2015	2016	2017	2018	2019
科技活动人员	30642	31487	32349	34174	35860	25946	29323	28905	28487
博士生	6252	6983	7499	8277	8749	7724	8646	8991	9336
博士生占比	20.4	22.18	23.18	24.22	24.4	29.77	29.49	31.11	32.77

资料来源：《中国海洋统计年鉴》（2012～2017）。

近年来，我国海洋科研成果取得较大进步，除个别年份外，课题数目、发表科研论文数量、发明专利授权数量都呈现不断增加态势。

2019 年 6 月 18 日，2018 年度海洋科学技术奖通过评审委员会评审及奖励委员会审核确定海洋科学技术奖获奖项目 38 项、海洋优秀科技图书 17 项。

（二）海洋教育事业

为了满足我国海洋经济快速发展的需要，解决对海洋人才的短缺，我国海洋教育事业经历较快的发展。

我国海洋教育主体由海洋高校、海事高校、海洋高职院校、海洋学科特色高校以及综合型大学及其他高校设立的与海洋相关的二级院（系、所、中心）组成。海洋高校如中国海洋大学、上海海洋大学等，海事高校有大连海事大学和上海海事大学等；海洋高职院校如厦门海洋职业技术学院、浙江国际海运职业技术学院等；海洋学科特色高校以及综合型大学有集美大学、厦门大学；综合型大学及其他高校设立的与海洋相关的二级院（系、所、中心）如复旦大学大气与海洋科学系、上海交通大学船舶海洋与建筑工程学院。

进入 2011 年后，除个别年份外，中国海洋专业博士、硕士研究生专业点以及毕业人数保持较平稳的发展（见表 2）。

表2　中国海洋专业博士、硕士研究生教育情况

单位：个，人

年份	2011	2012	2013	2014	2015	2016	2017	2018	2019
博士点数	125	131	137	140	140	138	141	143	146
硕士点数	294	327	345	332	322	316	317	317	316
博士毕业生数	601	615	673	672	630	712	700	716	733
硕士毕业生数	3034	3217	3356	3031	2961	3168	3020	2995	2970

资料来源：《中国海洋统计年鉴》（2012～2017）。

（三）海洋环境保护业

海洋经济的发展离不开海洋环境。没有适宜的环境，我国海洋经济不可能持续良好发展，近年来，我国海洋环境保护业取得较快发展，海洋环境总体状况得到显著改善。2018年中国海洋生态环境状况整体稳步提升。近岸海域优良水质点位比例增至74.6%，同比上升6.7个百分点。海水环境质量得到提升，第一类水质海域面积占管辖海域面积的96.3%；海洋保护区保护对象和典型海洋生态系统健康状况基本保持稳定。监测的入海河流劣Ⅴ类水质断面同比下降6.1%。

表3　2018年我国管辖海域未达到第一类海水水质标准的各类海域面积

单位：平方千米

海区	第二类水质海域	第三类水质海域	第四类水质海域	劣四类水质海域	合计
渤海	10830	4470	2930	3330	21560
黄海	10350	6890	6870	1980	26090
东海	11390	6480	4380	22110	44360
南海	5500	4480	1950	5850	17780
管辖海域	38070	22320	16130	33270	109790

资料来源：中华人民共和国生态环境部《2018年中国海洋生态环境状况公报》，2019年5月。

2018年，对453个直排海工业和生活污染源、综合排污口实施监测，污水排放总量约为866424万吨，其中综合排污口排放量均最大（见表4）。

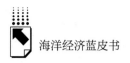

表4 2018年各类直排海污染源污水及主要污染物排放总量

污染源类别	排口数（个）	污水量（万吨）	化学需氧量（吨）	石油类（吨）	氨氮（吨）	总氮（吨）	总磷（吨）	六价铬（千克）	铅（千克）	汞（千克）	镉（千克）
工业	188	387643	32078	92.7	915	5984	124	435.42	2095.45	19.15	18
生活	63	83641	15318	69.5	921	6657	207	482.89	1382.08	42.5	128.38
综合	202	395140	100229	295.4	4381	38232	949	3053.74	4760.35	215.29	260.49
合计	453	866424	147625	457.6	6217	50873	1280	3972.05	8237.88	276.94	406.87

资料来源：中华人民共和国生态环境部《2018年中国海洋生态环境状况公报》，2019年5月。

在四大海区中，污水排放量最小的是渤海，最大的为东海。其中，总磷、铅和镉为南海排放量最大，六价铬和汞为黄海排放量最大，其余均为东海排放量最大（见表5）。

表5 2018年各海区直排海污染源污水及主要污染物受纳总量

海区	排口数（个）	污水量（万吨）	化学需氧量（吨）	石油类（吨）	氨氮（吨）	总氮（吨）	总磷（吨）	六价铬（千克）	铅（千克）	汞（千克）	镉（千克）
渤海	64	68720	7227	12.9	464	3717	59	297.1	215.77	28.41	68.06
黄海	81	117183	33034	116.4	1313	9961	252	2007.29	3325.41	133.12	90.1
东海	179	556800	79800	282.7	2282	26533	458	1283.82	1120.51	62.91	116.21
南海	129	123722	27563	45.7	2158	10662	511	383.84	3576.19	52.51	132.5

资料来源：中华人民共和国生态环境部《2018年中国海洋生态环境状况公报》，2019年5月。

在沿海地区中，直排海污染源污水排放量，前三者分别为福建、浙江和广东。直排海污染源化学需氧量排放量，前三者分别为浙江、山东和福建（见表6）。

表6 2018年沿海省（自治区、直辖市）直排海污染源污水及主要污染物排放总量

沿海地区	排口数（个）	污水量（万吨）	化学需氧量（吨）	石油类（吨）	氨氮（吨）	总氮（吨）	总磷（吨）	六价铬（千克）	铅（千克）	汞（千克）	镉（千克）
辽宁	30	48548	12151	43	493	3023	98	233.19	3.03	4.74	—
河北	10	52510	2448	—	231	2191	24	87.12	38.64	20.51	—
天津	12	1866	615	1.1	41	208	5	33.22	28.99	0.01	0.05
山东	72	77735	23271	75.9	938	7777	170	1945.12	3377.69	132.86	157.55

续表

沿海地区	排口数（个）	污水量（万吨）	化学需氧量（吨）	石油类（吨）	氨氮（吨）	总氮（吨）	总磷（吨）	六价铬（千克）	铅（千克）	汞（千克）	镉（千克）
江苏	21	5244	1777	9.2	74	479	15	5.73	92.82	3.41	0.56
上海	10	24640	4667	23.5	235	2120	34	143.57	254.33	17.04	35.09
浙江	85	206736	56207	189.1	1445	19307	301	910.39	750.7	16.89	63.31
福建	84	325424	18926	70	602	5106	123	229.86	115.48	28.98	17.81
广东	74	84815	16053	22.1	1507	6849	293	383.62	2722.57	46.08	115.1
广西	30	10109	2875	12.4	125	1337	136	—	678.3	4.41	4.39
海南	25	28798	8635	11.1	526	2476	83	0.22	175.32	2.02	13

资料来源：中华人民共和国生态环境部《2018 年中国海洋生态环境状况公报》，2019 年 5 月。

（四）海洋行政管理业

在海洋行政管理业中，2018 年初的国家海洋局改革为最重要的事件。2018 年，我国对国家海洋局职责进行整合，组建自然资源部，对外保留国家海洋局牌子，我国海洋行政管理进入新的历史时期。

2018 年，全国海洋倾倒量为 20067 万立方米，较上年有所增加，倾倒物质除少量惰性无机地质材料外，其余均为清洁疏浚物。所使用的倾倒区及其周边海域海水质量和沉积物质量基本满足海洋功能区环境保护要求。

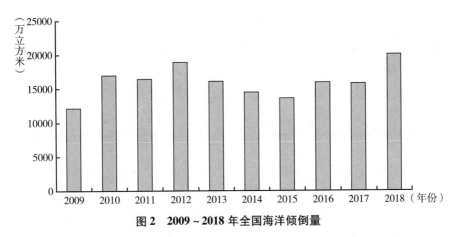

图 2　2009～2018 年全国海洋倾倒量

资料来源：中华人民共和国生态环境部《2018 年中国海洋生态环境状况公报》，2019 年 5 月。

2019 年 12 月 17 日，自然资源部全面实施海砂采矿权和海域使用权"两权合一"招标拍卖挂牌出让制度，由沿海省级自然资源主管部门将海砂采矿权与省级政府法定权限内的海域使用权出让，纳入同一招拍挂方案并组织实施，出让应当确定同一位置和同一期限，期限一般不超过 3 年。

二 海洋科研教育管理服务业地区发展状况

海洋科研教育管理服务业，主要包括科技、教育、海洋环境保护和海洋行政管理，对全国沿海地区海洋科研教育管理服务业进行综合评价，已成为值得关注的问题。本报告选取 2016 年我国海洋科研教育管理服务业的发展情况，应用多元统计分析方法，提取相关指标（见表 7），对全国沿海地区海洋科研教育管理服务业进行实证研究，更好地为我国海洋科研教育管理服务业发展提供建议。

（一）样本选取与指标体系构建

本报告所涉及的全部数据来源于《中国海洋统计年鉴》（2017），涉及省（区、市）为北京、天津、河北、辽宁、上海、江苏、浙江、福建、山东、广东、广西和海南。

表 7　海洋科研教育管理服务业评价指标体系

评价内容	海洋科技		海洋教育			海洋环境保护	海洋行政管理	
指标名称	海洋科研机构数	经费收入总额	博士点数	硕士点数	本科点数	工业废水处理量	海域使用权证书	确权海域面积
变量	x_1	x_2	x_3	x_4	x_5	x_6	x_7	x_8
单位	个	千元	个	个	个	万吨	本	公顷

海洋科技通过海洋科研机构数（单位：个）、经费收入总额（单位：千元）两个指标衡量。海洋教育通过海洋专业博士点数（单位：个）、硕士点数（单位：个）和本科点数（单位：个）三个指标衡量。海洋环境保护通过工业废水处理量（单位：万吨）衡量。海洋行政管理主要通过海域使用权证书（单位：本）和确权海域面积（单位：公顷）衡量。

（二）实证过程

采用 SPSS20.0 对 2016 年我国海洋科研教育管理服务业做因子分析，采用 KMO （Kaiser-Meyer-Olkin）和 Bartlett 球形度检验，判断其是否适合进行因子分析，计算表明 KMO = 0.650，Bartlett 球形度检验值为 56.216 通过检验，适合做因子分析。

由特征值与选择的因子个数制作碎石图（见图 3），发现选择两个因子来综合评价我国沿海省份海洋科研教育管理服务业发展状况是可行的。结果显示，第一主成分的方差累计贡献率为 47.232%，特征值为 3.779；第二主成分的方差累计贡献率为 76.187%，特征值为 2.316（见表 8）。因此可以使用这两个因子表示 8 个指标的信息。因子权重分别为 3.779/（3.779 + 2.316）= 0.620016% 与 2.316/（3.779 + 2.316）= 0.379984%。

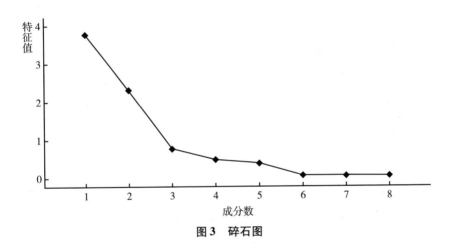

图 3 碎石图

表 8 公因子特征根及贡献率选择

成分	初始情况			旋转后情况		
	特征值	方差贡献率（%）	累计方差贡献率（%）	特征值	方差贡献率（%）	累计方差贡献率（%）
1	3.779	47.232	47.232	3.206	40.074	40.074
2	2.316	28.956	76.187	2.889	36.113	76.187

第一因子 F_1 是海洋科研机构数、经费收入总额、博士点数、硕士点数等，称为理论成长因子。第二因子 F_2 是工业废水处理量、海域使用权证书、确权

海域面积、本科点数等，称为实践成长因子。具体表达式如下。

$$F_1 = 0.234x_1 + 0.306x_2 + 0.298x_3 + 0.248x_4 + $$
$$0.029x_5 - 0.173x_6 - 0.025x_7 + 0.015x_8$$

$$F_2 = 0.029x_1 - 0.135x_2 - 0.048x_3 + 0.068x_4 + $$
$$0.257x_5 + 0.309x_6 + 0.306x_7 + 0.292x_8$$

根据上面的实证过程，计算各地区综合评价得分函数。

$$F = 0.620F_1 + 0.380F_2$$

表9　旋转因子分析载荷矩阵

指标名称	成分		指标名称	成分		指标名称	成分	
	1	2		1	2		1	2
海洋科研机构数	0.234	0.029	硕士点数	0.248	0.068	海域使用权证书	-0.025	0.306
经费收入总额	0.306	-0.135	本科点数	0.029	0.257	确权海域面积	0.015	0.292
博士点数	0.298	-0.048	工业废水处理量	-0.173	0.309			

（三）实证结果

通过计算可以得出，在 2016 年沿海地区海洋科研教育管理服务业中，山东、辽宁和上海分列前三位，北京虽然不是沿海城市，但是北京为中国的教育科研中心，海洋科研实力并不弱，故排名仍然靠前。

表10　2016 年沿海地区海洋科研教育管理服务业排名

排名	地区	综合得分	排名	地区	综合得分	排名	地区	综合得分
1	山东	1.41	5	广东	0.31	9	天津	-0.55
2	辽宁	0.59	6	浙江	0.2	10	河北	-0.84
3	上海	0.44	7	江苏	0.17	11	广西	-0.89
4	北京	0.37	8	福建	-0.11	12	海南	-1.08

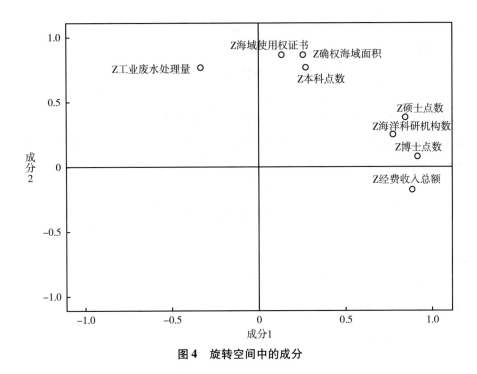

图4 旋转空间中的成分

三 海洋科研教育管理服务业发展前景展望

近年的国际环境发展，对海洋科研教育管理服务业发展带来新的挑战，其中最主要的是中美贸易摩擦和新冠肺炎疫情。

（一）中美贸易摩擦的影响

特朗普政府组建以来，中美贸易摩擦逐步升级。美国对我国相关人员的正常交往加以限制，从短期而言，不利于海洋科研教育管理服务业发展，但是从长期而言，我国海洋科研教育管理服务业仍将保持高速发展。进入新时代，我国科技创新能力进一步提升，从无法生产到生产成本高，再到具有比较优势，只是时间问题，中国高铁的发展历程就最好的例证。

（二）新冠肺炎疫情的影响

海洋科研教育管理服务业国际性强，新冠肺炎疫情暴发后，国际人员往来

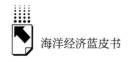

数量减少，势必影响相关行业的发展，尤其是海洋科技中那些需要国际合作的项目。但是从长期而言，在特殊时期的研发投入，在未来也可能发挥积极作用。

新冠肺炎疫情对海洋教育的影响具有两面性。为了防止疫情的传播，全国很多学校停止线下教学活动，转为网络授课，涉海专业往往需要做实验，网络授课效果欠佳。网络课程使得优质的教育资源的快速传播成为可能，有利于海洋教育事业的发展，相关"云端"活动，也有利于提升海洋科研教育管理服务业的知晓度。

四 海洋科研教育管理服务业发展政策建议

近年来，我国在海洋科研教育管理服务业领域已经取得较快发展，但目前仍然存在一些问题，建议海洋科技实效化，海洋教育普及化，海洋环保制度化，海洋行政管理规范化。

（一）海洋科技实效化

我国当前涉海企业获得的专利数量虽然多，但是质量并不高。国家对科技型企业有政策上的倾斜，而科技型企业对专利申请数量又有一定要求，使部分涉海企业"为了专利而专利"，只关注专利的数量，而不重视专利的质量，我国海洋科技发展应该走实效化发展的道路。

（二）海洋教育普及化

我国海洋教育尚处于起步阶段，相关认知和投入还不足，海洋教育需要进一步普及。在全国范围内，充分利用公共教育资源，尤其是网络平台传播海洋知识，在"慕课"平台增加海洋通识课程。积极创造条件，培养构建具有海洋意识的高级人才队伍。对高校中相关涉海专业进行重点扶持，配给优秀的教学资源，改变只求总量而不求人均的教育评价做法。

（三）海洋环保制度化

进一步完善海洋环境保护法制建设，明确海洋在宪法中的地位，制定海洋基本法，积极推进海洋资源保护法制度化，积极推进法规的完善和执行；以人类命运共同体思想指导中国的海洋环境保护法制，牢记以国家利益为前提，积极参与全球海洋综合治理；完善海洋防灾减灾制度，提高预警能力，完善防灾减灾工程建设。

（四）海洋行政管理规范化

2020 年 5 月 28 日第十三届全国人民代表大会第三次会议通过《中华人民共和国民法典》（以下简称《民法典》）。《民法典》第 395 条明确将海域使用权列为可抵押财产，可以设置抵押权。

鼓励海域使用的多元化，完善价值评估体系，建立专门的机构，明确相关职责，开展"一条龙服务"，减少交叉管理，精简机构，政商分离，开发与保护并重。

参考文献

陈连增、雷波：《中国海洋科学技术发展 70 年》，《海洋学报》2019 年第 10 期。

刘建江：《特朗普政府发动对华贸易战的三维成因》，《武汉大学学报》（哲学社会科学版）2018 年第 5 期。

李巍：《从接触到竞争：美国对华经济战略的转型》，《外交评论》（外交学院学报）2019 年第 5 期。

陈诗一主编《经济战"疫"：新冠肺炎疫情对中国经济的影响与对策》，复旦大学出版社，2020。

寇宗来：《新冠肺炎疫情冲击下的产业动态和社会治理》，载陈诗一主编《经济战"疫"：新冠肺炎疫情对中国经济的影响与对策》，复旦大学出版社，2020。

寇宗来、刘学悦：《中国企业的专利行为：特征事实以及来自创新政策的影响》，《经济研究》2020 年第 3 期。

宁波、郭靖：《中国海洋高等教育 70 年回顾与展望》，《宁波大学学报》（教育科学版）2019 年第 5 期。

马英杰、赵敬如：《中国海洋环境保护法制的历史发展与未来展望》，《贵州大学学报》（社会科学版）2019 年第 3 期。

杨立新：《民法典物权编规定的抵押权新规则解读》，《法学论坛》2020 年第 4 期。

周彦彤、王涵、杨佳欣、陈红霞：《海域使用权市场化所面临的现状、问题及对策研究》，《中国集体经济》2019 年第 22 期。

B.5
中国海洋相关产业发展形势分析

滕飞　沈梦姣*

摘　要： 海洋相关产业对海洋经济增长具有辅助作用，是推动我国海洋经济高质量发展的重要因素。本报告对我国海洋相关产业的发展现状和制约因素进行了系统梳理和详细分析，并运用阻尼趋势模型、自回归移动平均模型、趋势外推法、神经网络法、指数平滑法等进行预测；利用加权平均模型将五种预测方法的预估结果组合，运用指数平滑法、神经网络法等数学模型，对我国海洋相关产业的发展提出了合理预测和分析，从提高资源利用率、改善环境质量、增加科技投入、培养高素质海洋人才、完善政策和落实等方面提出了相关建议。

关键词： 海洋相关产业　海洋经济　模型预测

一　海洋相关产业发展现状分析

近年来，海洋相关产业作为海洋经济外围层次的组成部分，随着海洋经济的增长实现了快速发展。2018 年海洋相关产业增加值突破 3 万亿元，2019 年海洋相关产业增加值达到 3.21 万亿元（见图 1）。由此可见，2001～2019 年我国海洋相关产业的发展蓬勃向上，实现了跨越式发展。

---

* 滕飞，山东财经大学管理科学与工程学院预聘制副教授，研究方向为信息集成理论和聚类算法、决策理论与技术、模糊数学与优化算法；沈梦姣，山东财经大学管理科学与工程学院在读博士。

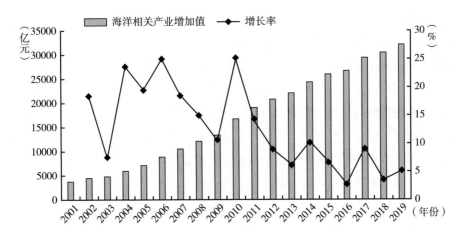

图1 2001～2019年海洋相关产业增加值及增长率

资料来源:《中国海洋统计年鉴》(2001～2019)、《中国海洋经济统计公报》(2001～2019)。

表1 中国海洋相关产业构成

领域	构成
海洋农林业	依托海洋环境,利用海水灌溉或栽培来种植的经济盐生植物和盐生作物,包括海涂农业、海涂林业等
海洋设备制造业	海洋渔业专用设备制造、海洋船舶设备及材料制造、海洋石油生产设备制造、海洋矿产设备制造、海盐生产设备制造、海洋化工设备制造、海洋制药设备制造、海洋电力设备制造、海水利用设备制造、海洋交通运输设备制造、海洋环境保护专用仪器设备制造、海洋服务专用仪器设备制造等
涉海产品及材料制造业	海洋渔业相关设备制造、海洋石油加工产品制造、海洋化工产品制造、海洋药物原药制造、海洋电力器材制造、海洋工程建筑材料制造、海洋旅游工艺品制造、海洋环境保护材料制造等
涉海建筑与安装业	港口码头的建设、海底光缆的铺设等
海洋批发与零售业	海洋渔业批发与零售、海洋石油产品批发与零售、海盐批发、海洋化工产品批发、海洋医药保健品批发与零售、滨海旅游产品批发与零售、海水淡化产品批发与零售等
涉海服务业	海洋餐饮服务、海洋渔港经营服务、滨海公共运输服务、海洋金融服务、涉海特色服务、涉海商务服务等

改革开放以来,我国海洋相关产业不断发展,对国民经济的健康发展发挥了重要作用。我国海洋相关产业为沿海地区提供了诸多工作岗位。

海洋设备制造业为海洋经济的发展提供了有力支撑，随着海洋经济发展的不断深化，海洋设备制造业也显得尤为重要。目前一些海洋设备制造已经达到我国的先进水平，比如海洋声学探测技术、遥感技术等。我国海洋工程装备和设计水平呈现不断上升趋势。海洋气田勘察和开发行动也将逐步回升，呈现相对缓慢上涨趋势。目前来看，海上钻井、海上作业等海洋设备建造和市场化逐渐步入正轨。海洋设备制造业为海洋相关产业的发展提供了动能，对海洋事业来说，势必会对海洋装备相关制造业和整个产业链都起到积极的作用。

海洋药物原药制造和生物制造是涉海产品制造业中的一个重要方面。我国海域辽阔，海洋微生物资源丰富，为生物制品提供了丰富的原料。我国海洋药物原药制造近年来发展迅速，但由于我国涉海产品生产，特别是海洋药业领域起步晚，发展相对较慢。但是随着我国人口的不断增加和对医药需求的增加，对海洋药物的需求量和质量也有了越来越严格的要求。海洋生物中许多活性物质具有独特的价值，具备较好的发展前景。

涉海建筑与安装业包括港口码头的建设、海底光缆的铺设等相关海洋工程，以及用于海洋生产、交通、娱乐、防护等的海洋建筑工程。2008～2019年，我国海洋工程建筑增加值呈现波动增长。

海洋经济发展的不断深化给海洋相关产业的发展带来更多关注，海洋产业结构升级推动了海洋相关产业的发展，取得了显著的成果。2018～2019年，我国海运和涉海产品的进出口贸易总额相较于上年取得了较大的增长，增长幅度均大于10%。除此之外，区域海洋经济的不断平稳发展，使海洋产业集聚，导致海洋相关产业的发展趋势也日益明显。在海洋相关产业的各类产业中，涉海产品的利用和开发程度及水平不断提升，涉海产业基地、园区等也不断扩大，对涉海企业和涉海产品的重视程度也日趋上升。由此，我国现在聚集了一批海洋相关产业的高技术企业，包括海洋设备制造业以及涉海产品的开发和制造业等，在各个区域内相关重点海洋产业发展趋势明显，涉海产业和其他海洋相关产业的企业逐渐向前进步。

二　海洋相关产业制约因素分析

在海洋经济外围环境的不断变化过程中，海洋相关产业的发展也面临一些困难。对海洋资源的不合理开发利用带来了严重的海洋生态污染，也限制了海洋相关产业的进一步发展。以下因素是海洋相关产业需要努力突破的制约因素。

（一）海洋资源利用低效

在我国的海洋资源问题中，海域资源的匮乏主要包括两方面，一是海洋资源的开发利用不合理；二是对海洋资源的不珍惜和故意破坏。海洋资源的利用效率关系到整个海洋相关产业的发展，包括海洋农林业、涉海产品的开发利用、海洋批发与零售等相关产业。缺乏科学的整体布局造成了部分区域出现过度开发，而另一部分区域则出现资源闲置，从而对海洋相关产业的发展造成一定的影响。

（二）海洋生态环境压力大

随着对海洋资源的开发和海洋环境的利用程度增加，海洋生态环境压力逐渐上升，首先，近海的养殖业对海洋生态环境的破坏和威胁。其次，工业废水和固体废物直接排入海，对近海岸的生态环境造成了严重破坏。最后，一些滨海旅游项目的开发对海岸和海洋环境也造成了不可忽视的影响。滨海旅游项目和房地产业的发展，占用了海洋近海岸的空间，开发项目的增加会造成污染物的排放，对海洋生态环境造成负面影响。

另外是我国近海域的环境污染问题。由于一些河流和排污问题会造成污水排量大，局部近海海域会出现污染问题。同时一些近海的涉水工程建设和许多大型海上项目以及大规模的围海造田等，都会造成海洋生态环境的压力。海水养殖的废水问题也是造成海洋生态环境被破坏的原因之一。

（三）科技支撑能力不足，相关高端人才欠缺

我国海洋相关产业的起步相对较晚，发展相对较慢，科技投入相对不足，以及海洋相关产业人才的培养还不到位，造成了目前科技支撑力量相对不足，海洋相关产业人才相对紧缺的情况。现阶段，我国海洋经济领域的人才主要集中在海洋相关产业的设备制造、涉海产品等相关领域，相对于此，相关产业的投入力度不够，高素质人才十分匮乏，因此，对这方面的海洋人才需要加大培养力度。培养海洋相关产业的高端人才，应该注重理论与实践的结合，提高创

新水平和开发能力，同时要强调实践的重要性。

随着海洋科技整体水平不断提升，但对于海洋相关产业的发展，科技水平相对不高，科技投入相对不够。因此在海洋相关产业的开发方面，科技滞后于生产的矛盾比较突出。因此，海洋相关产业技术水平大多数仍停留在初级阶段，技术含量和附加值不高；科研与市场脱节的状况比较明显。目前，我国海洋相关产业的发展取得了一定的进步，但科技的落后和人才的缺失会对海洋相关产业以及整体海洋经济的发展造成制约。

（四）相关制度保障和政府引导政策的缺失

随着我国对海洋经济的重视程度提高，国家在海洋领域出台了相应的一系列海洋专项规划。但由于海洋产业的进步发展和我国海域的辽阔性以及海洋产业的复杂性不断增加，一部分海洋政策法规在完整性和实施过程中并不够完善和有效。制度的不完善和相关措施的欠缺对海洋相关产业造成阻碍，比如对海洋农林业发展的影响。在发展海洋农林业的同时，如果相关政策的制定和落实不够及时和完善，将会严重制约我国海洋农林业的进步和发展。因此，应该制定和完善海洋法律法规以及各项制度，加强政府引导和强化落实，使其成为海洋产业发展中的保障。

三 海洋相关产业发展前景展望

首先，分别运用阻尼趋势模型、自回归移动平均模型、趋势外推法、神经网络法、指数平滑法预估 2020 年、2021 年我国海洋相关产业发展情况；其次，利用加权平均模型将五种预测方法的预估结果加权成组合预测模型；最后，得到我国海洋相关产业增加值预估结果，如表 2 所示。

表 2　2020 年与 2021 年中国海洋相关产业增加值预测

单位：亿元，%

指标	2020 年预测		2021 年预测	
	预测区间	名义增速	预测区间	名义增速
海洋相关产业增加值	(32275,32615)	0.5~1.6	(34991,35832)	7.8~10.4

2018年，我国海洋相关产业增加值首次突破3万亿元，取得了海洋相关产业增加值的重大突破；2019年，我国海洋相关产业增加值已经达到3.21万亿元，增长率为5.14%，相比上一年，取得了较大的发展。根据模型的预测结果，如表2所示，2020年我国海洋相关产业增加值区间为（32275，32615），通过运用阻尼趋势模型、自回归移动平均模型、趋势外推法、神经网络法等多种方法对海洋相关产业的实际增加值进行了预测，为32445亿元，增速约为1.1%。同时，2021年海洋相关产业增加值的预测区间为（34991，35832），经过模型模拟计算，可以得到海洋相关产业的增加值为35411亿元，增速约为9.1%，通过对2001~2019年海洋相关产业增加值和增速的分析，可以得到海洋相关产业在这19年间呈现不断增长的态势。经过对前19年的海洋相关产业增加值的分析，我们利用一系列相关预测工具和预测模型，对2020年和2021年的海洋相关产业的增长情况进行了预测，通过以上预测结果，可以看出，我国海洋相关产业增加值在2020年和2021年依旧保持不断增长趋势。

我国的海洋资源丰富，海洋经济整体发展向好，带动了海洋相关产业的不断发展。作为一个海洋大国，不仅在海洋主要产业方面不断发展，相关产业也不断扩大和向外延伸。随着海洋设备和海洋仪器制造业的不断发展，海洋开发程度也不断提升，因此海洋相关产业的发展持续加速，发展前景良好。从现阶段数据情况来看，我国海洋相关产业在未来一段时间内仍然快速发展。海洋相关产业会成为海洋主要产业的辅助，共同促进我国海洋经济的发展。为了进一步提高我国海洋相关产业的竞争力，促进海洋产业的发展，应从以下几个方面着手。

（一）加强海洋资源的保护

在开发利用海洋资源的同时，制定合理开发策略，不滥用和浪费资源，保护好海洋资源，是我们首要的责任。在建设海洋强国的同时，更要加强对海洋生态环境的保护。中国政府应高度重视海洋事业发展，要把保护海洋资源放在重要位置，将发展海洋产业与海洋资源的开发和利用结合在一起。

（二）加强海洋生态环境保护

首先，加大对海洋生态保护的宣传力度，将保护海洋生态环境看作一个大

工程，将海洋各个子系统之间的相互作用考虑在内，从整体规划海洋生态保护工作。另外，海洋生态环境的保护要具有全局性和前瞻性，各项活动都要按照相关政策和海洋环保法律法规进行，将我国的海洋生态环境保护提升到战略层面。其次，保护海洋生态环境要注重过程控制，学会统筹规划、区域治理，以改善环境质量为核心，从源头控制，确保环境保护从源头做起。海洋环境和生态的安全对发展海洋经济和发展海洋相关产业至关重要，海岸线对海洋的使用和海洋活动意义重大。最后，注重监督的力量，及时反馈，加大监管力度，健全监管机制，严格遵守海洋环保法律法规。

（三）加大科技投入，培养科技人才

我国应确立明确的海洋教育目标，加大海洋教育投资。通过各种途径比如财政拨款、政府补贴等，加大海洋教育投入，突出海洋人才培养的重要性。增强涉海专业的人才建设，强调与实践结合的海洋人才综合计划，培养海洋事业相关的人才。海洋科技的投入和人才的培养工作要从长远看，不仅要为解决现在的海洋发展问题而投资，也要为我国未来的海洋事业而制定长远坚定的计划。培养海洋涉海专业高精尖技术型人才，培养海洋事业社会科学人才，同时为他们获得新的技能和新的海洋知识提供机会。

（四）完善海洋相关制度政策

首先，结合现阶段我国现有的海洋政策，在此基础上进行完善。将海洋经济和海洋产业的长久发展考虑在内，根据现阶段我国海洋发展面临的实际形势和现实问题，研究和补充现有的海洋法律法规，包括海洋资源开发、海洋环境保护方案以及海洋人才培养等各个方面的法规和制度。另外，对于现有海洋法规缺失的部分进行相关的研究，必要时做出补充和完善，确保海洋法律法规的完整性，不放过任何漏洞。同时，在海洋法律法规建设的基础上，制定相关实施策略，保障制定的法规切实有效地得到实施。要加强监督，增加对海洋法律法规制度实施的重视程度，将实际落实到相关负责的部门，加大执行力度，增强执法能力，提高效率。

参考文献

王健：《海水利用与相关产业发展浅探》，《宁波经济（三江论坛）》2015 年第 6 期。

平瑛、徐洁、王鹏：《休闲渔业产业与相关产业的灰色关联度分析》，《中国农学通报》2015 年第 31 期。

孙吉亭：《世界海水利用产业现状与我国发展相关产业的对策》，《中国海洋大学学报》（社会科学版）2013 年第 4 期。

何广顺、王晓惠：《海洋及相关产业分类研究》，《海洋科学进展》2006 年第 3 期。

李京京、任东明：《东海海洋资源潜力及相关产业的发展》，《国土与自然资源研究》2000 年第 3 期。

王崇锋、张月明、张晴晴、胡传浩：《基于创新合作模式的中国海洋主导产业选择研究》，《中国海洋大学学报》（社会科学版）2016 年第 5 期。

邓俊英、张继承、李晓燕：《对我国海洋可持续发展的政策建议》，《海洋开发与管理》2014 年第 31 期。

刘红丹、金信飞、高瑜：《论如何促进海洋资源的开发与保护》，《中国资源综合利用》2019 年第 37 期。

宋建军：《以制度创新引领海洋经济高质量发展》，《中国国土资源经济》2020 年第 8 期。

胡平等：《广东省海洋生态环境现状及保护对策建议》，《海洋开发与管理》2020 年第 37 期。

韦有周、杜晓凤、邹青萍：《英国海洋经济及相关产业最新发展状况研究》，《海洋经济》2020 年第 10 期。

吴瑞：《海南典型海洋生态系统保护与绿色经济发展对策》，《热带农业工程》2019 年第 43 期。

郑珍远、刘婧、李悦：《基于熵值法的东海区海洋产业综合评价研究》，《华东经济管理》2019 年第 33 期。

国家统计局：《中国海洋统计年鉴》，海洋出版社，2001～2016。

区 域 篇

Regional Reports

B.6
中国沿海地区海洋强省发展水平分析

"中国沿海地区海洋强省发展水平分析"课题组*

摘 要： 党的十八大以来，建设"海洋强国"正式上升到国家战略高度，而"海洋强省"作为"海洋强国"战略的延伸，已经成为沿海地区海洋发展的目标，因此，一套客观、科学、全面的海洋强省发展水平评价体系至关重要。本报告以"海洋强国"战略为背景，在沿海地区海洋发展形势分析的基础上，从海洋经济、海洋科技等五个方面建立海洋强省发展水平评价指标体系，从时间和空间两个维度对沿海地区海洋强省发展水平进行评价，发现部分沿海地区海洋发展过程中存在区域发展不平衡、科技创新体系不完善、环境保护力度不足等问题，针对这些问题，给出沿海地区海洋发展的政策建议，包括加强多区域多主体合作、优化科技资源配置、开展海洋污染区域综合治理等，为建设海洋强省、推进海洋强国进程

---

* 课题组成员：殷克东、孙丰霖、王怀震、常远扬、周仕炜、张恩浩、吕欣曼、刘慧超。

提供参考。

关键词： 海洋强省　发展指数　指标体系

一　沿海地区海洋事业发展回顾

近年来，随着"海洋强国"战略以及"21世纪海上丝绸之路"的实施，沿海地区海洋事业发展迎来了新的契机。本部分通过回顾沿海地区海洋经济、海洋科技等五个方面的发展历程，明晰沿海地区海洋事业发展的差异性，对实现海洋经济高质量发展具有重要意义。

（一）海洋经济

进入21世纪，我国海洋经济持续发展，全国海洋生产总值（GOP）由2001年的9518亿元增加至2019年的89415亿元，部分海洋产业领跑全球，但地区间海洋资源分布差异、海洋科技水平悬殊等因素使我国沿海地区海洋经济发展存在显著差距。

山东省和广东省的陆域经济为海洋经济发展提供了支撑，山东省和广东省GOP居于前列，海洋产业结构呈现"三、二、一"的局面，海洋经济发展保持高位稳定发展的状态。

河北省、广西壮族自治区和海南省GOP在沿海省份中排名位于后部，海洋经济发展水平较低，主要原因在于海洋资源综合开发利用水平低，海洋新兴产业发展动力不足，海洋科技人才短缺等。

（二）海洋科技

海洋科技水平是影响海洋强省建设的关键因素。由于地区间经济水平、海洋科技发展基础等方面差异，我国沿海地区间海洋科技实力悬殊。

山东省和广东省是我国海洋科技力量的主要聚集地，涉海科研机构数以及海洋领域高端人才数居全国前列，海洋科技和教育实力国内领先，为海洋科技发展提供了良好的基础。

（三）海洋资源与环境

我国沿海地区拥有丰富的矿产、生物、旅游等资源。受海洋资源地理分布差异较大以及近年来海洋环境污染压力日趋增大的影响，各省份海洋资源产出水平大相径庭。

广东省的大陆海岸线、岛屿面积、海域面积均位列全国前两名，加上其雄厚的科技实力、显著的区位优势、优厚的政策条件，极大地促进了海洋资源开发水平的提升。此外，广东省积极提高海洋环境保护水平，近两年近海海域优良水质比显著提高，保障了海洋事业的可持续发展。

上海市与天津市大陆海岸线长度和海域面积排名全国后两名，资源相对匮乏，但两地区的单位产出却包揽前两名，这源于两地区经济发达，营造了良好的人才、政策、创新环境。但是，两地区海洋环境污染较为严重，其中，上海市2019年近海海域优良水质比仅有20.5%。

（四）海洋文化

我国拥有漫长的海岸线，地理特征的差异造就了我国沿海地区众多风格迥异、影响深远的海洋文化。近年来，海洋文化与海洋经济相互促进、协调发展，逐渐呈现一体化发展的趋势。

近年来，山东省高度重视海洋文化软实力的提升，《山东海洋强省建设行动方案》明确提出了"繁荣发展海洋文化，提升海洋文化软实力"的海洋文化发展路线，使海洋文化发展水平进一步提升。

广西壮族自治区海洋文化具有浓郁的民族特色。近年来，广西凭借独特的渔村人文景观，着力发展渔村节庆会等民俗文化，带动了海洋文化相关产业的发展。

（五）海洋行政管理

近年来，我国对防灾减灾的重视程度不断提高，《国家综合防灾减灾规划（2016～2020年)》《国家"十三五"海洋经济发展规划》等都明确提出加强海洋环境保护与生态修复力度，提高海洋防灾减灾能力。

山东省海洋事业起步较早，海洋法律法规的制定也早于其他沿海省份，经过多年的改革创新实践，山东省海洋行政管理体系已经基本完备。

二 沿海地区海洋事业发展形势研判

（一）国际与国内海洋发展环境分析

1. 国际海洋发展环境

世界对海洋事务的重视促进了海洋经济的发展。以欧美为首的海洋强国把进一步实现经济发展的目光投向了蓝色海洋领域，将海洋经济发展作为国家战略，并从此角度出发规划海洋经济发展蓝图，出台了一系列海洋发展的政策法规并设立专门机构保障政策的落实。自 21 世纪以来，全球 GOP 几乎每 10 年翻一番，世界海洋经济生产总值占全世界生产总值的比例也从 20 世纪的 0.73% 增长到 21 世纪的 4%。

2. 国内海洋发展环境

近年来，我国海洋经济稳定、高效发展，海洋经济总产值和海洋各产业增加值连创新高。现如今，中国经济已逐渐发展成高度依赖海洋的外向型经济，2019 年我国海洋经济生产总值已达 89415 亿元，同比增长 6.2%，占国内生产总值的 9.0%，成为我国国民经济体系中不可或缺的组成部分。

（二）沿海地区海洋发展环境分析

1. 沿海地区海洋政策法规环境

为推进区域海洋经济的高质量发展，2018 年我国发布了《关于建设海洋经济示范区的通知》，制定海洋经济发展示范区建设规划。2019 年，我国在山东、江苏等六省份设立自由贸易示范区，至此，中国沿海地区都已设立了自贸试验区，形成了"1+3+7+1+6"的格局，为沿海地区海洋经济高质量发展提供了保障。

2. 沿海地区海洋经济发展环境

自 2018 年以来，受宏观经济的影响，沿海地区 GOP 的增速逐年放缓。在严峻的宏观经济背景下，沿海地区相继出台各种措施，以应对更加复杂的宏观环境，实现海洋经济的稳定增长。

2019 年，广东省的 GOP 达 21059 亿元，同比增长 9.0%，约占全国的 23.6%，已连续 25 年居全国首位。广东省主要海洋产业构成中，第三产业占

主导地位，海洋产业结构相对合理。近年来，广东省海洋现代服务业在海洋经济发展中的贡献持续增强，海洋新兴产业进一步迈向高端化、智能化，海洋经济发展环境得到不断优化。

3. 沿海地区海洋科技发展环境

近年来，随着我国不断加大对海洋科技领域的投入，我国海洋科技水平迅速提高。《2019 全球海洋科技创新指数》报告显示，我国海洋科技指数位居全球第五，其中，创新产出和创新应用两个指标在全球位居第二。

广东省的海洋科技发展水平相对较高，截至 2018 年，全省共建成 24 个涉海科研机构，并启动了南方海洋科学与工程广东省实验室，形成了以企业为主体、产学研紧密结合的海洋科技创新体系。此外，自 2018 年以来，广东省每年安排 3 亿元专项资金支持海洋六大产业创新发展，提升海洋产业技术创新力。2019 年，广东省继续提高海洋科技创新的重视程度，加大创新投入力度，取得了显著的成果，在全国名列前茅。

4. 沿海地区海洋资源开发环境

海洋产业的发展主要以开发和利用海洋资源为依托，因此沿海地区海洋资源的种类和数量在很大程度上决定了该地区海洋产业的发展程度，沿海 11 个省（区、市）的海洋产业竞争力也受到地区海洋自然资源和地理区位的影响。

山东省海域面积辽阔，丰富的海洋生物资源、海洋油气资源和海洋旅游资源促进了山东省海洋相关产业的发展，海洋渔业和滨海旅游业的发展较快，其中海洋渔业增加值位居全国首位。但随着资源的不断开发和利用，海洋资源过度开发导致的海洋环境问题也逐渐得到政府的重视。近年来，山东省不断修订《山东省海洋环境保护条例》，提升海洋产业发展的可持续性。

（三）沿海地区海洋发展问题分析

1. 沿海地区海洋经济发展不均衡

"十三五"以来，我国沿海 11 个省（区、市）的海洋经济取得了显著进步，但我国的海洋经济发展起步晚，经济基础较弱且缺乏有效的区域协调机制，导致区域海洋经济在海洋经济规模和海洋经济结构方面还存在发展不均衡的现象，部分沿海省（区、市）虽然拥有丰富的海洋资源，但海洋经济规模相对较小，海洋经济结构不合理。

2. 沿海地区海洋科技创新体系不完善

目前，我国的科技创新水平与世界海洋强国仍有较大的差距，不同沿海省（区、市）的科研能力差距也较为明显。部分省份的科技创新综合水平仍相对落后，如河北、广西在科研经费投入和海洋专业技术人才等方面落后于其他省份。

三　海洋强省发展形势预判与展望

（一）海洋强省发展水平评价

1. 海洋强省发展水平指标设计

根据指标选取的原则和方法，确定评价指标体系一级指标 5 个、二级指标 13 个（见表 1）。各个指标数据主要来自海洋统计年鉴、环境统计年鉴、统计年鉴、海洋经济统计公报、海洋灾害统计公报以及各省份海洋管理部门以及信息网站公布的数据。对于部分不可得数据，采用高度相关的指标进行技术替代或通过指数平滑模型进行估计。

表 1　海洋强省发展水平评价指标体系

	一级指标	二级指标
	海洋经济发展水平	海洋经济发展规模
		海洋经济结构化水平
		海洋经济发展质量水平
	海洋科技综合实力	海洋科技基础水平
		海洋科技投入水平
		海洋科技产出水平
		海洋科技转化水平
海洋强省发展水平	海洋资源与环境发展水平	海洋资源储备水平
		海洋环境可持续发展能力
	海洋文化建设水平	海洋物质文化建设水平
		海洋精神文化建设水平
	海洋行政管理能力	海洋政策法规完备水平
		海洋事务管理与服务能力

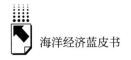

2. 海洋强省发展水平测评

首先，对指标数据进行标准化处理，分别利用 AHP、主成分分析法、熵值法、理想点法、Electre 法等方法对 2001～2019 年沿海地区海洋强省发展水平进行测评，对各个方法结果取平均值得到最终排名，对 2010～2019 年部分结果进行展示（见表 2、表 3、表 4、表 5、表 6）。

表 2　海洋强省海洋发展水平排名

年份	天津	河北	辽宁	山东	江苏	上海	浙江	福建	广东	广西	海南
2010	3	10	8	1	7	4	5	6	2	11	9
2011	4	10	8	1	7	3	5	6	2	11	9
2012	3	10	8	2	7	4	5	6	1	11	9
2013	4	10	9	1	7	3	5	6	2	11	8
2014	3	10	8	1	7	4	5	6	2	11	9
2015	5	10	8	2	7	3	6	4	1	11	9
2016	6	10	8	2	7	4	5	3	1	11	9
2017	3	10	8	2	7	4	5	6	1	11	9
2018	4	10	8	2	7	3	6	5	1	11	9
2019	5	10	8	2	7	3	6	4	1	11	9

表 3　海洋强省海洋经济发展水平排名

年份	天津	河北	辽宁	山东	江苏	上海	浙江	福建	广东	广西	海南
2010	1	10	9	4	7	2	6	5	3	11	8
2011	1	10	7	5	8	2	6	4	3	11	9
2012	1	10	9	4	8	2	6	5	3	11	7
2013	1	10	8	5	9	2	6	4	3	11	7
2014	1	10	8	4	7	2	6	5	3	11	9
2015	1	10	9	5	7	2	6	4	3	11	8
2016	3	10	9	5	8	1	6	4	2	11	7
2017	1	10	8	5	7	2	6	4	3	11	9
2018	2	10	9	5	7	1	6	4	3	11	8
2019	2	10	9	5	7	1	6	4	3	11	8

表4　海洋强省海洋科技综合实力排名

年份	天津	河北	辽宁	山东	江苏	上海	浙江	福建	广东	广西	海南
2010	4	11	7	1	5	2	6	8	3	10	9
2011	4	10	7	1	5	2	6	8	3	11	9
2012	4	11	7	1	5	3	6	8	2	10	9
2013	4	11	7	1	6	2	5	8	3	10	9
2014	4	11	7	1	5	3	6	8	2	10	9
2015	4	11	5	1	6	3	7	8	2	10	9
2016	4	10	7	1	5	3	6	8	2	11	9
2017	5	10	4	1	6	3	7	8	2	11	9
2018	4	10	5	2	6	3	7	8	1	11	9
2019	4	10	5	2	6	3	7	8	1	11	9

表5　海洋强省海洋资源与环境发展水平排名

年份	天津	河北	辽宁	山东	江苏	上海	浙江	福建	广东	广西	海南
2010	8	11	6	2	5	10	3	7	1	9	4
2011	7	9	8	2	4	11	3	6	1	10	5
2012	6	10	7	2	5	11	3	8	1	9	4
2013	7	9	6	1	5	11	3	8	2	10	4
2014	8	9	4	1	5	11	3	7	2	10	6
2015	8	10	7	2	3	11	4	6	1	9	5
2016	7	11	8	2	3	10	4	5	1	9	6
2017	7	10	8	2	5	11	3	6	1	9	4
2018	6	10	8	2	5	11	3	7	1	9	4
2019	7	10	8	2	6	11	3	5	1	9	4

表6　海洋强省海洋行政管理能力排名

年份	天津	河北	辽宁	山东	江苏	上海	浙江	福建	广东	广西	海南
2010	9	2	10	1	8	7	5	4	3	11	6
2011	11	4	10	1	6	2	7	5	3	9	8
2012	5	4	8	2	7	3	6	9	1	11	10
2013	8	10	6	3	7	1	5	2	4	11	9
2014	9	8	5	2	6	1	7	4	3	11	10
2015	7	5	8	2	10	3	9	1	4	11	6
2016	6	5	7	2	11	4	8	1	3	10	9
2017	6	3	4	5	9	7	8	2	1	10	11
2018	9	6	3	5	7	4	8	2	1	10	11
2019	10	8	4	6	5	1	7	3	2	9	11

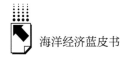
3. 典型海洋强省发展水平分析

根据 2015～2019 年海洋强省发展水平，通过聚类分析可以将这些地区分为三个梯队：第一梯队包括广东、山东、上海；第二梯度包括福建、天津、浙江、江苏、辽宁；第三梯队包括海南、河北、广西。下面将选取典型省份对其海洋发展水平及影响因素进行分析。

（1）广东省

2019 年，广东省的海洋强省发展水平在 11 个沿海省份中排名第 1，在五个方面均处于领先地位。海洋经济方面，广东省人均海洋生产总值排名前列，海洋产业结构为"三、二、一"结构，产业结构合理，在海洋经济的区域协调发展和金融支持等方面进行积极探索，使海洋经济逐步演化为经济发展的重要组成部分。海洋科技方面，科技综合实力在 2019 年升至第 1 名，主要原因在于广东省日益重视海洋科技的发展，其海洋科技基础水平、投入水平以及转化能力逐年提升。

（2）山东省

2015 年之前，山东省的海洋强省发展水平与广东省交替排名第 1，但自 2015 年至今，山东省排名一直稳定在第 2。海洋经济方面，2019 年山东省 GOP 预计达到 1.7 万亿元，仅次于广东省，但是人均海洋生产总值约为 1.7 万元，明显低于上海、天津、福建、广东等沿海省份，并且涉海从业人员占地区从业人员比例不高，单位资源的经济产出较少，海洋产业结构存在第三产业占比稍低、第二产业占比偏高的问题，海洋产业偏向于资源利用型，对于海洋资源依赖程度较大，产业结构以及发展模式有待转变。海洋科技方面，山东省重视海洋科技的发展，海洋科技基础水平较高，对于科技的投入较大。海洋资源与环境方面，山东拥有丰富的海洋自然资源，对于海洋资源的开发利用水平较高，促进了海洋经济的发展。

（3）海南省

海南省四面环海，海洋资源丰富，但海洋强省发展水平不高。海洋经济方面，海南人均海洋生产总值达到 1.82 万元，GOP 增长率常年保持在 10% 水平上，但是海南省海洋经济发展总量水平较低，这也是其经济发展水平排名低的主要原因。2018 年，海南自由贸易试验区成立，为未来海南海洋经济持续向好发展带来新的机遇。海洋资源方面，海南对于海洋资源的开发利用程度不平衡，特别是海洋生物、矿产资源开发水平较低。海洋科技方面，海南对海洋科技发展重视程度不够，海洋人才数量、海洋科研经费投入金额等科研投入水平较低，相应的海洋科技产出能力、科技转化能力较差。

（二）海洋强省发展指数测算

1. 海洋强省个体指数测算

海洋强省个体指数包括海洋经济、海洋科技、海洋资源与环境、海洋文化和海洋行政管理能力等5个方面的发展指数。通过德尔菲法和熵值法确定指标权重，以2001年为基期，利用公式（1）对个体指数进行测算，并对2010～2019年部分结果进行展示（见表7、表8、表9和表10）。

$$I_j = \frac{\sum_i W_{ij} Z_{ij}}{\sum_i W_{ij}} \quad (j = 1,2,3,4,5) \tag{1}$$

其中，I_j 表示某省份在某一年的个体指数，W_{ij} 代表权重，Z_{ij} 代表经过指数功效函数无量纲化方法处理后的二级指标数据。

表7 海洋经济发展指数

年份	天津	河北	辽宁	上海	江苏	浙江	福建	山东	广东	广西	海南
2010	113.1	102.9	103.5	111.0	104.6	104.3	105.6	106.1	108.2	101.3	104.1
2011	111.8	103.2	104.9	110.0	104.1	104.8	105.9	105.7	107.4	100.0	104.3
2012	112.1	102.0	102.8	110.2	103.4	104.3	104.8	105.9	108.3	101.4	104.1
2013	113.6	101.7	103.5	110.7	102.9	104.3	105.6	105.8	108.0	101.1	104.2
2014	114.1	102.9	103.5	109.7	103.9	104.1	107.2	107.1	109.7	100.8	103.1
2015	112.2	101.7	102.0	111.2	103.7	105.0	108.0	107.3	109.5	100.7	103.9
2016	108.7	100.8	102.3	112.3	103.9	105.3	108.1	107.4	110.3	100.7	104.3
2017	114.6	103.0	104.0	113.7	104.5	105.7	108.9	108.6	111.7	101.0	104.3
2018	113.7	102.5	103.6	114.5	104.4	105.9	109.4	109.1	112.0	101.2	104.4
2019	112.2	102.6	103.7	116.1	104.6	106.2	110.0	109.6	112.9	101.3	104.6

表8　海洋科技综合实力发展指数

年份	天津	河北	辽宁	上海	江苏	浙江	福建	山东	广东	广西	海南
2010	112.9	103.2	108.5	113.5	109.4	108.9	107.4	117.4	113.0	103.5	105.7
2011	113.1	103.7	109.4	114.2	110.1	109.8	107.9	118.7	114.0	103.6	105.7
2012	113.1	103.6	109.6	114.0	110.6	110.3	108.2	119.8	114.9	103.6	105.9
2013	113.0	103.6	109.7	114.6	110.3	110.4	108.0	119.7	114.4	103.7	105.7
2014	113.4	103.8	110.6	115.3	111.5	111.0	109.4	121.6	116.9	105.1	105.5
2015	113.3	103.9	112.5	115.4	111.7	111.5	109.3	122.1	120.9	105.2	105.8
2016	112.2	104.1	110.7	113.5	111.6	111.2	109.5	121.7	120.3	103.9	106.8
2017	112.3	104.5	112.2	115.5	112.2	111.9	110.1	123.1	122.3	104.3	106.9
2018	114.0	104.7	112.8	115.9	112.6	111.5	109.8	121.6	123.2	104.3	107.3
2019	114.4	104.9	113.6	117.1	112.9	112.1	110.5	122.8	125.7	104.8	107.5

表9　海洋资源与环境发展指数

年份	天津	河北	辽宁	上海	江苏	浙江	福建	山东	广东	广西	海南
2010	101.0	103.8	109.3	100.1	103.8	110.0	104.4	105.8	104.7	104.9	101.3
2011	101.3	104.9	109.0	100.3	103.8	110.4	105.0	106.1	104.8	104.8	100.9
2012	100.7	105.1	109.3	100.4	105.0	110.5	104.8	105.5	105.7	105.1	101.3
2013	101.3	105.5	109.7	99.7	104.4	110.1	103.5	107.5	105.0	105.6	101.3
2014	101.6	105.8	108.5	99.8	104.3	109.8	103.6	108.2	105.4	105.6	100.9
2015	101.9	105.9	109.9	99.8	100.3	109.8	102.0	106.6	106.1	106.1	101.5
2016	101.8	105.5	109.6	99.8	100.7	109.8	102.8	106.3	106.1	106.0	101.3
2017	102.3	105.2	108.9	100.0	103.4	109.4	104.5	106.7	104.3	105.9	101.3
2018	102.2	104.6	108.8	100.3	103.4	109.1	102.9	106.0	104.7	105.9	101.2
2019	102.3	104.6	108.8	99.1	103.3	109.1	103.9	105.2	104.8	105.9	101.1

表10　海洋行政管理能力发展指数

年份	天津	河北	辽宁	上海	江苏	浙江	福建	山东	广东	广西	海南
2010	107.0	112.2	106.7	108.0	107.8	108.3	108.4	113.0	111.6	106.4	107.8
2011	104.5	107.8	105.6	108.6	107.4	107.0	107.5	109.6	108.5	106.5	106.6
2012	107.6	108.2	106.6	109.5	106.6	107.1	106.6	109.5	110.8	104.6	105.7
2013	105.5	105.1	105.7	111.0	105.6	107.2	110.5	108.4	107.8	104.9	113.9
2014	106.5	106.6	107.6	111.1	106.9	106.9	108.3	109.8	109.2	104.5	105.2

续表

年份	天津	河北	辽宁	上海	江苏	浙江	福建	山东	广东	广西	海南
2015	108.3	110.9	108.1	114.5	105.8	106.5	115.4	114.7	111.8	105.2	108.7
2016	114.4	115.6	112.7	116.6	109.1	110.4	121.9	118.9	116.7	109.8	110.2
2017	117.3	113.2	120.1	110.1	121.3	114.0	109.2	111.5	116.8	113.9	106.4
2018	107.9	106.5	109.2	109.6	109.3	108.3	110.2	106.9	109.3	106.9	105.4
2019	106.8	107.7	109.0	114.1	110.6	109.5	113.2	110.3	110.2	107.5	106.6

2. 海洋强省发展指数测算

利用德尔菲法确定 5 种个体指数对总指数的重要性，加权求和得到海洋强省发展指数（见表11）。

表 11　海洋强省发展指数

年份	天津	河北	辽宁	上海	江苏	浙江	福建	山东	广东	广西	海南
2010	108.6	104.2	106.2	108.3	105.9	108.3	106.6	110.7	110.1	103.2	104.5
2011	108.0	104.2	106.8	108.3	105.9	108.8	106.9	110.4	110.0	102.8	104.4
2012	108.3	103.8	106.4	108.4	106.0	108.9	106.7	110.6	111.0	103.2	104.4
2013	108.7	103.5	106.6	108.8	105.6	108.7	107.2	110.7	110.0	103.2	105.2
2014	109.1	104.2	107.0	108.8	106.4	109.0	107.8	112.3	111.7	103.5	104.0
2015	108.7	104.3	107.3	109.7	105.4	109.5	108.7	112.6	113.2	103.7	104.8
2016	108.0	104.5	107.5	109.9	105.9	110.0	109.7	113.0	113.9	103.9	105.4
2017	110.4	105.2	109.2	110.2	108.2	109.1	109.1	112.9	114.5	104.6	105.1
2018	109.5	104.0	107.9	110.7	106.4	109.8	109.1	112.0	114.1	103.8	105.1
2019	109.0	104.3	108.2	111.9	107.2	110.2	110.1	112.7	115.2	104.0	105.4

3. 典型海洋强省发展指数分析

2001～2019 年，我国沿海省份海洋强省发展指数整体上呈现波动上升的特征，部分省份增长趋势明显，如广东、上海、辽宁等，部分省份虽然也存在一定的上升趋势，但短期内震荡特征更为显著，如河北、广西和海南等。

（1）广东省、山东省、上海市

广东省、山东省、上海市属于海洋强省发展水平第一梯队，从图1可见，3 个省份海洋强省发展指数整体上呈现上升趋势，但上升幅度存在明显差异。

在 2015 年以后，广东省与山东省之间的差距逐渐加大，广东省反超山东省，主要原因在于广东海洋科技投入与产出水平逐年提高。同时，上海与山东的差距正在逐渐减小，依靠地理区位优势以及经济优势，上海市吸引科技人才的能力更强，海洋科技高速发展，带动海洋资源开发利用水平的提高，进而促进海洋经济的发展，2018 年《上海市海洋"十三五"规划》的颁布，促进了上海在海洋产业结构、海洋科技、海洋综合管理等方面的进步。

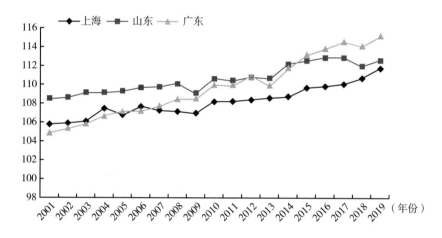

图 1　上海、山东、广东海洋强省发展指数趋势

（2）福建省、江苏省

福建省和江苏省虽同处于海洋强省发展水平第二梯队，但从 2017～2019 年的发展趋势来看（见图 2），两省差距逐年扩大，虽然整体上江苏省海洋强省发展指数的走势弱于福建省，但其在海洋科技方面具有显著优势，这得益于近些年江苏海洋科技投入、产出水平以及科技转化能力有了显著提升。2017 年，福建省开展了《福建省"智慧海洋"工程区域综合试点实施方案》征集与评选，更科学地分析市场需求，增强海洋资源开发利用的合理性以及资源在企业之间的合理配置，"智慧海洋"工程的建设促进了福建海洋事业的发展，发展指数也随之上升。

（3）河北省、海南省、广西壮族自治区

河北省、海南省、广西壮族自治区属于第三梯队，三个省份历年海洋强省发展指数均没有超过 106，海洋强省发展水平较低，且波动性较大（见图 3），

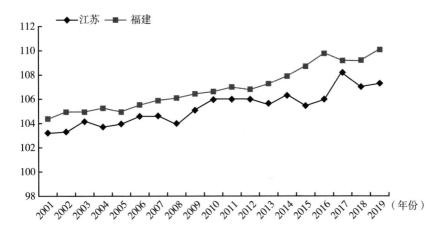

图2　福建、江苏海洋强省发展指数趋势

说明海洋发展的稳定性较差，不利于海洋经济对于地区经济的稳定贡献。这种发展稳定性差的主要原因包括海洋科技投入、海洋资源利用程度和海洋环境保护力度波动较大，没有持续加大科研投入力度，对于资源开发的稳定性较低，环境保护程度不足。2017年，党的十九大指出"加快建设海洋强国"，河北、广西、海南积极响应，借助其沿海区位优势，全方面推进海洋事业发展，2018~2019年指数呈上升趋势。

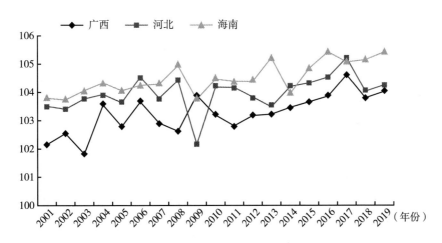

图3　河北、广西、海南海洋强省发展指数趋势

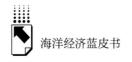

（三）海洋强省发展形势展望

2020 年，受新冠肺炎疫情影响，各个海洋强省发展指数预计会出现不同程度的下降，并在 2021 年得到一定程度的恢复，这种影响主要来自海洋经济方面。目前，绝大多数沿海省份海洋第三产业在 GOP 中比重超过 50%，而海洋第三产业恰恰是受疫情影响最大的部分，例如，滨海旅游业作为部分省份（如海南、广东、山东等）海洋经济的支柱产业，对疫情灾害的抵御力最低，所受冲击和影响最大，随着国内疫情得到控制，预计这种影响在下半年逐步减轻。疫情对海洋交通运输业的影响主要体现在海洋运输的规模和效率明显下降，包括上海、浙江、广东等港口资源丰富的省份所受影响较大，由于国际疫情仍处于上升阶段，这种影响依然会持续。疫情导致全球石油需求与消费下降，会对辽宁、天津、河北和山东等海洋油气开采大省产生一定影响。疫情对海洋渔业的影响主要体现在消费、物流、劳动力等方面，近期北京、大连等地的新冠肺炎疫情与进口水产品受到污染有关，这对海洋渔业比较发达的山东、福建和广东等省份而言，既是一个挑战，也是一个机遇。

海洋科技方面，上海市海洋科技发展指数预计 2020～2021 年依然保持上升趋势，主要原因在于"十三五"以来，上海市海洋科研投入不断加大，效果逐渐显现。目前，上海已成为全国船舶海工研发设计中心，为"十四五"实现海洋经济高质量发展奠定基础。

海洋资源与环境方面，福建省海洋污染压力近几年存在明显上升趋势。部分区域（如厦门、宁德）污水处理能力不足，大量污水直排海洋，严重影响近岸海域水质，一些地区仍然存在重发展、轻保护的观念，擅自改变用海方式，对重要海洋功能区保护不力，这些问题难以在短时间内得到明显改善，因此，福建 2020～2021 年海洋环境可持续发展水平预计产生一定程度的下降。近年来，随着浙江省"5211"海洋强省战略、"四大"建设以及《浙江省海洋生态环境保护工作要点》不断贯彻落实，所产生的积极效果正在逐步展现出来，因此浙江省海洋资源与环境发展指数预计保持一定的上升趋势。

四　海洋强省海洋事业发展政策建议

（一）优化海洋产业结构，协调区域经济均衡发展

我国沿海省份应以当前国内、国际经济整体发展形势与环境为基础，结合自身海洋经济发展优势，巩固海洋优势产业，扶持海洋新兴产业，改进海洋夕阳产业、落后产业，以实现地区海洋产业结构布局不断优化。为实现区域海洋经济均衡发展，要分步骤、分层次构建并完善海洋产业区域协调体系，建立由整体决策层、区域协调层、具体执行层组成的海洋产业跨区域合作机制，促进不同区域海洋产业优势互补，实现海洋产业发达地区向欠发达地区的辐射帮扶效果，推动国家海洋经济整体全面发展。

（二）完善海洋科技创新体系，提高科技投入产出效率

海洋资源开发和环境保护对海洋科技具有高度依赖性，并且当前我国沿海各省份在进行海洋资源开发利用、海洋环境保护时仍存在诸多技术困难，因此，沿海省份应重视海洋科学技术的发展，根据自身海洋经济发展需求建立相应的海洋科技创新体系，集中资金、人才、技术力量，不断优化海洋科技、海洋教育资源配置效率，提高海洋科技投入水平，加快对重点领域的人才培养，通过建立示范性海洋高新技术园区，积极推进海洋科技产业化，在实践中积累经验、储备人才、带动海洋经济滚动式的快速发展。

（三）强化海洋资源和环境领域多主体合作，提高海洋资源利用效率

沿海省份应该加强与不同主体在海洋资源开发和环境保护领域的合作，包括海洋相关企业、海洋研究所、海洋高校之间的"产学研合作"、沿海省份之间的合作、与其他海洋强国之间的合作。"产学研"合作主要是政府同海洋相关企业、海洋研究所、海洋高校之间的合作，彼此相互合作、互惠互利，形成"政府政策支持、企业资金支持、科研机构技术支持"的海洋资源开发和环境保护领域合作。沿海省份之间在海洋资源可持续利用以及海洋环境保护的通力合作，可以避免资源开发过程中相互争夺、海洋环境保护责任相互推诿的现

象。与其他海洋强国的合作是指沿海省份应积极同其他海洋强国在海洋资源开发管理经验、开发技术领域的合作。

参考文献

王颖：《山东海洋文化产业研究》，山东大学博士学位论文，2010。

林巧仙：《海洋文化助推福建文化强省建设研究》，福建农林大学硕士学位论文，2015。

徐胜、张宁：《世界海洋经济发展分析》，《中国海洋经济》2018 年第 2 期。

王龙：《环境约束下中国海洋经济增长绩效评价与影响因素研究》，浙江财经大学硕士学位论文，2014。

殷克东：《中国沿海地区海洋强省（市）综合实力评估》，人民出版社，2013。

殷克东：《中国海洋经济周期波动监测预警研究》，人民出版社，2016。

自然资源部：《中国海洋统计年鉴》，海洋出版社，2001～2017。

国家统计局、生态环境部：《中国环境统计年鉴》，中国统计出版社，2005～2018。

国家统计局：《中国统计年鉴》，中国统计出版社，2001～2019。

自然资源部：《中国海洋经济统计公报》，2001～2019。

自然资源部：《中国海洋灾害统计公报》，2001～2019。

B.7
北部海洋圈海洋经济发展形势分析

狄乾斌　高广悦*

摘　要： 随着经济高质量发展的提出，以工业为主的北部海洋经济圈海洋经济发展模式亟须改革，规模经济向高质量经济发展。本报告在分析北部海洋经济圈海洋经济现状的基础上构建高质量发展模型，运用定性与定量的手段，根据面板模型和耦合协调模型等探索海洋经济基础以及各个角度下海洋经济高质量实现路径——创新驱动、结构优化、效率提升、市场环境对海洋经济高质量发展最终目的的影响，考虑中美贸易摩擦和新冠肺炎疫情的现状，对北部海洋经济高质量发展进行预测，并根据结果提出建议。

关键词： 北部海洋经济圈　经济高质量　海洋经济

北部海洋经济圈由辽东半岛、渤海湾和山东半岛沿岸及海域组成。辽东半岛是东北地区对外开放的重要平台，渤海湾是全国科技创新与技术研发基地，山东半岛拥有具有较强国际竞争力的国家海洋经济改革开放先行区，产业结构较为稳定，海洋经济发展态势好，海洋科研教育发展好，拥有较为强大的海洋科技创新能力和较为领先的海洋服务基地。

---

* 狄乾斌，辽宁师范大学海洋经济与可持续发展研究中心教授，主要研究领域为经济地理；高广悦，辽宁师范大学海洋经济与可持续发展研究中心硕士研究生。

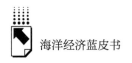
一 北部海洋经济圈经济发展现状分析

（一）北部海洋经济圈经济发展规模分析

1. 海洋生产总值（GOP）分析

如图 1 所示，自 2007 年以来，北部海洋经济整体持续增长，由 2007 年的 9071.5 亿元上升到 2015 年的 23002.7 亿元。但随着传统产业优势的减弱，区域工业产品需求大幅减少，故天津和辽宁 GOP 在 2015 后产生了衰退性生长。由统计公报可知，北部海洋经济圈海洋经济生产总值 2017～2019 年回暖，上升到 2019 年的 26360 亿元。从增长速度来看，2008 年海洋生产总值增速为 19.1%，2009 年后，金融危机滞后效应显现，增速下降为 4.4%，由于全球性经济的紧张和北部海洋经济圈的供给劣势，整体恢复后也有下降态势，到 2016 年下降为 -1.5%。

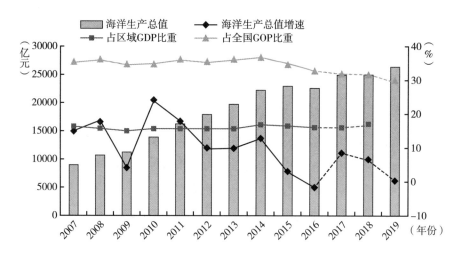

图 1 2007～2019 年北部海洋经济圈海洋生产总值发展趋势

资料来源：《中国海洋统计年鉴》（2008～2017），虚线和虚化部分数据来自《中国海洋统计公报》（2017～2019）。

从北部海洋经济圈 GOP 占全国海洋区域 GOP 的比重来看，2007～2015 年在 34.7%～36.7% 小幅度波动，较为稳定，2016 年下降为 32.5%。区域 GOP

占 GDP 比重很稳定，稍有上升趋势，在 15.1% ~ 16.7% 波动。

2. 涉海就业人员

自 2007 年以来，北部海洋经济圈的涉海就业人员人数稳定增长，但增长速度整体呈下降趋势。占区域就业人口比重在 8.0% ~ 8.3% 波动。占全国涉海就业人口比重在 32.4% 左右稳定。北部海洋经济圈涉海就业人数发展较稳定，但占全国人口数比重一直较低。从预测数据可以看出，整体北部海洋经济圈涉海就业人口增长幅度较小。

（二）北部海洋经济圈海洋产业结构分析

总体来看，北部海洋经济圈海洋第一产业产值稳定上升，海洋第二产业产值整体呈上升趋势，海洋第三产业产值稳定上升，第三产业产值在不断升高，海洋经济结构在向高级化发展。从对北部海洋经济圈海洋经济三次产业的预测可以看出，海洋第三产业产值逐渐升高，海洋经济结构向着更高级的方向发展。

自 2007 年以来，北部海洋经济圈海洋的三次产业变化程度较大。选择时间段内海洋第一产业产值下降趋势明显，海洋第二产业产值增速波动较大，海洋第三产业增速振幅较小，2007 ~ 2016 年在 7.6% ~ 25.4% 波动，发展较为稳定。由预测数值可知三次产业产值均有下降趋势。

从北部海洋经济圈海洋三次产业产值占全国份额来看，海洋第一产业产值和第二产业产值占全国份额较大，第三产业产值占比较小。第一产业产值和第二产业产值下降趋势明显，第三产业产值占比在 30.7% ~ 34.4% 波动，第三产业的发展较平稳。由预测数值可知三次产业产值占比都有下降趋势。

（三）2018 ~ 2020 年北部海洋经济圈分省市海洋经济发展布局与规划

1. 天津市

天津市海洋经济的发展主要依靠临港地带，"十三五"规划中，天津市海洋经济发展着力建设以临港经济区、高新区塘沽海洋科技园等为代表的海洋特色产业园区。其中，海工装备、海水淡化及氢能产业为天津市海洋产业发展较为突出的产业，奠定了天津市海洋经济发展的产业基础，天津特色海洋产业初步形成。同时"十四五"规划期间，预期大力发展海洋文化，向更高级海洋

经济结构发展。

在空间布局上，以天津市最重要的海洋经济发展区域滨海新区为核心，将其打造为依托京津冀、服务环渤海、辐射"三北"、面向东北亚的交汇区域。

2. 河北省

河北省沿海区域较少，只有三市。河北省陆地经济以制造业为主，且具有一定的基础，海洋经济的发展应与陆地经济相匹配，目前海洋经济致力于发展港口物流等基础性产业，已经开展海洋新兴产业和海洋服务业。但由于天津和河运的竞争以及海洋资源的有限性，海洋经济发展基础较差，发展现状较不积极。

在空间布局上，"十三五"过程中，河北打造"一带""三区""两极""多园"模式。近几年河北省坚持以海岸带为经济建设主要载体，构建沿海经济隆起带，大力发展海洋制造业，加强产业集聚，带动岸上区域发展。

3. 辽宁省

辽宁省海洋经济较为发达，资源较为丰盛，是东北区域唯一的临海省份，以海洋捕捞业、交通运输业和船舶制造业为主，滨海旅游业也有一定的基础，是东北亚重要的国际航运中心，是东北作为老工业基地与外界贸易的重要窗口。

从空间布局上，"十三五"期间辽宁省海洋经济按照"五点一线"布局，即以大连、营口、锦州、葫芦岛、丹东城市的临港产业园区为五点，沿岸建设滨海路将"点"连接成"线"，以交通加速海洋经济发展，发挥海洋经济内路辐射作用。

4. 山东省

山东省海洋经济发达，资源丰富，基础好，海洋产业集聚明显，已经由规模经济向高质量经济过渡，拥有具有引领作用的国家海洋经济改革开放先行区和较为先进的海洋生态文明示范区，是海洋产业高级化的重要区域。

在空间布局上，"十三五"期间，山东省积极建设青岛西海岸新区和蓝色硅谷两大海洋经济发展和科技创新引擎，目前已经初见成效，是未来新时代下海洋经济高质量发展的重要区域，模式领先。

二　北部海洋经济圈海洋经济发展特征分析

在经济新常态下，我国经济已由高速增长阶段转向高质量发展阶段。根据海洋经济高质量实现途径构建海洋经济高质量发展模型，如图 2 所示。

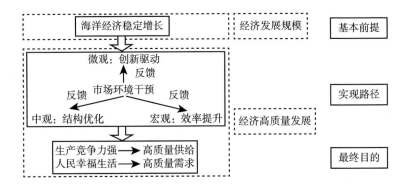

图2　路径选择角度海洋经济高质量发展机理

根据海洋经济高质量发展机理构建海洋经济高质量发展指标体系。构建被解释变量为海洋经济高质量实现程度——实现目的（Q_3），解释变量为海洋经济高质量发展程度——实现前提（Q_1）和实现路径（Q_2）下各级指标的面板数据。以 AIC 标准为准则，判断（Q_1）和（Q_2）中各可直接获得指标，即三级指标 $X_1 \sim X_{21}$ 的时空滞后效应，将其标准定为滞后性——一致性——先行性。

表1　海洋经济高质量发展评价指标体系

目标层	二级指标	三级指标	时空性
实现前提 Q_1	海洋经济基础 B_1	海洋 GDP(万元) X_1	滞后性
	海洋人员基础 B_2	海洋从业人员人数(人) X_2	先行性
实现路径 Q_2	海洋人员创新能力 B_3	海洋硕士以上学历毕业人数(人) X_3	一致性
	海洋科研能力 B_4	地区海洋科研课题数(项) X_4	一致性
		地区海洋当年专利申请数(项) X_5	一致性
	海洋产业动能转换程度 B_5	R&D 经费内部支出企业资金与政府资金比(%) X_6	先行性
	产业结构 B_6	海洋经济增长速率(%) X_{12}	先行性
		海洋经济结构变化度公式①(指数) X_{13}	先行性
		海洋经济结构高级化公式②(指数) X_{14}	先行性
	产业升级 B_7	知识密集型产业增加值占 GDP 比重(%) X_{15}	一致性
	海陆联系程度 B_8	陆海间交通基础设施密集程度(指数) X_{16}	一致性

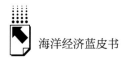

续表

目标层	二级指标	三级指标	时空性
实现路径 Q_2	资本效率 B_9	海洋生产总值/地区全社会固定资产投资(%)X_7	一致性
	劳动效率 B_{10}	海洋生产总值/地区涉海就业人员数量(万元/人)X_8	一致性
	能源效率 B_{11}	海洋生产总值/万吨天然气(万元/千瓦·小时)X_9	一致性
	土地效率 B_{12}	海洋生产总值/沿海地区水养殖面积(万元/公顷)X_{10}	一致性
	生态效率 B_{13}	海洋生产总值/工业主要废气、废水、废物排放量(万元/万吨)X_{11}	先行性
	市场稳定性 B_{14}	规模以上企业资产负债率(政府债务余额与GDP之比)(%)X_{17}	一致性
		进出口总额/海洋区域总GDP(%)X_{18}	先行性
		居民海洋产品价格消费指数(指数)X_{19}	一致性
	政策管理 B_{15}	制度优势程度(打分)X_{20}	先行性
		海岸线密度(海滨观测台站台分布情况)(个/千米)X_{21}	滞后性
实现目的 Q_3	高质量产品供给 B_{16}	港口货物流通量(万吨)X_{22}	
		海产品养殖量(吨)X_{23}	
		远洋捕捞量(吨)X_{24}	
	人才供给 B_{17}	海洋经济产业就业人员硕士学历以上人数占总就业人数比重(%)X_{25}	
	服务供给 B_{18}	海洋科研教育管理服务业增加值(亿元)X_{26}	
	消费高级 B_{19}	沿海旅行社数(个)X_{27}	
		人均海洋自然保护区占地面积(平方米/人)X_{28}	
	区域人民富裕度 B_{20}	恩格尔系数(指数)X_{29}	
		城镇化指数(指数)X_{30}	
	海洋就业 B_{21}	海洋就业人数增长率(%)X_{31}	

资料来源:《中国海洋统计年鉴》(2008~2017),《中国能源统计年鉴》(2008~2017),辽宁、河北、山东省、天津市统计局统计年鉴(2008~2017),《中国高技术产业统计年鉴》(2008~2017)。

本报告分别对北部海洋经济圈四个省市的海洋经济高质量发展程度和海洋经济高质量实现程度进行测量。

如图 3 所示，从海洋经济高质量发展程度来看，北部海洋经济圈四个省市发展都较为平稳，在一定范围内波动发展。山东发展最好且最平稳，2007～2016 年山东省发展程度在 0.406～0.442 波动；其次是天津市，2007～2016 年天津市发展程度在 0.363～0.440 波动；较山东省和天津市，辽宁省和河北省海洋经济高质量发展程度较低，且波动较大，但都有略微上升的趋势，2007～2016 年辽宁省在 0.181～0.245 波动，河北省在 0.095～0.199 波动。

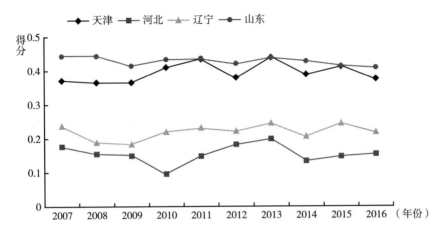

图 3 2007～2016 年北部海洋经济圈四省市海洋经济高质量发展程度计算结果

如图 4 所示，从海洋经济高质量实现程度来看，北部海洋经济圈四个省市间差异较大。山东发展得最好，2007～2016 年山东省实现程度虽有波动，但有明显的上升趋势，2007～2011 年在 0.416～0.444 波动，2012 年后开始下降到 0.371，随后又缓步上升到 2016 年的 0.487；其次是辽宁省，虽然辽宁省海洋经济高质量发展程度较差，但实现程度良好，有稳定的上升趋势，从 2007 年的 0.268 一直波动上升到 2016 年的 0.405；之后是天津市和河北省，波动较大，天津市在 2007～2011 年波动大，在 0.205～0.352 波动，2012～2016 年发展较为平稳，在 0.225～0.256 波动，有较小上升趋势，河北省波动最大且发展较差，且整体有轻微下降趋势，2007～2016 年在 0.114～0.216 波动。

根据 AIC 检验结果，对相应指标 X_n 进行滞后 $X_n(-1)$ 先行 $X_n(+1)$ 和一致性 $X_n(0)$ 的处理，构建动态面板模型。对本文数据进行 Hausman 检验时，P 值为 0.000，采用 OLS、TSLS 和 GMM 模型进行比较，最后选择最适合

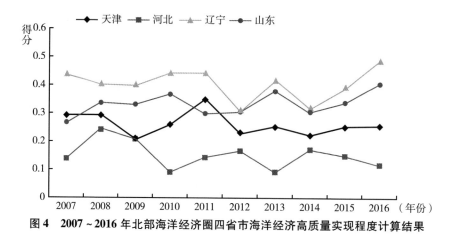

图4 2007~2016年北部海洋经济圈四省市海洋经济高质量实现程度计算结果

的GMM模型。在对北部海洋经济圈整体进行动态系统GMM的基础上，进行门槛分析，如表2所示。

表2 2007~2016年北部海洋经济圈影响因素门槛模型结果

模型	被解释变量	解释变量	门槛变量	门槛数	临界值			
					P值	1%	5%	10%
模型1	海洋经济发展高质量度（Q_2）	主要相关指标（X_1、X_2）	海洋经济规模A_1	单一门槛	0.000 ***	13.627	9.761	8.302
				双重门槛	0.940	14.150	12.281	10.411
				三重门槛	0.683	13.633	9.367	7.169
模型2	海洋经济发展高质量度（Q_2）	主要相关指标（X_3~X_6）	创新驱动A_2	单一门槛	0.0267 **	10.041	7.659	5.557
				双重门槛	0.003 ***	9.120	7.169	5.294
				三重门槛	0.823	18.297	12.262	9.611
模型3	海洋经济发展高质量度（Q_2）	主要相关指标（X_7~X_{11}）	海洋经济发展结构A_3	单一门槛	0.233	12.106	8.110	5.541
				双重门槛	0.007 ***	14.717	12.757	10.721
				三重门槛	0.263	11.912	3.378	0.318
模型4	海洋经济发展高质量度（Q_2）	主要相关指标（X_{12}~X_{16}）	海洋经济发展效率A_4	单一门槛	0.250	12.057	9.938	8.058
				双重门槛	0.400	9.934	7.905	6.537
				三重门槛	0.004 ***	12.551	6.761	5.562
模型5	海洋经济发展高质量度（Q_2）	主要相关指标（X_{17}、X_{21}）	海洋经济市场环境A_5	单一门槛	0.280	1566.900	12.039	10.502
				双重门槛	0.023 **	11.765	9.667	9.104
				三重门槛	0.857	37.289	31.469	24.685

注：***、**、*分别表示在1%、5%、10%的水平下显著。

对模型 1~5 分别进行单一门槛、双重门槛、三重门槛的原假设检验，并计算门槛相应区间。根据显著性和门槛区间合理性的双重选择，选择最合适的门槛模型并整理，如表 3 所示。

表 3　2007~2006 年北部海洋经济圈影响因素门槛模型系数计算结果

模型	c	A_n_1	A_n_2	A_n_3	A_n_4	F 值	R^2
模型 1	0.985	0.712	0.007			5.61	0.909
模型 2	0.421	−0.421	−0.239	0.513		6.00	0.914
模型 3	−0.323	0.562	−0.654	0.488		7.87	0.889
模型 4	−0.222	−0.291	−0.047	0.466	0.125	4.30	0.718
模型 5	−0.656	−0.656	−0.147	0.408		2.98	0.518

模型结果表明：海洋经济规模（A_1）对海洋经济高质量发展实现目的影响仍然很大，适合单门槛模型，到达门槛结点前影响系数较大（0.712），到达节点后，影响系数较小（0.007）；创新驱动（A_2）对实现目的的影响适合双门槛模型，呈"U"形走势，先抑制（−0.421）（−0.239），最后较大程度促进（0.513），潜力较大；海洋经济发展结构（A_3）对海洋经济高质量发展实现目的的影响门槛数最多，适合三重门槛效应，起到系数先减小的抑制作用（−0.291）（−0.047），后起到系数减小的促进作用（0.466）（0.125），结构优势红利效果会随着发展变小；海洋经济发展效率（A_4）对海洋经济高质量发展实现目的影响波动性较强，适合双门槛模型，起到先促进（0.562）后抑制（−0.654）之后再促进（0.488）的"N"形作用，需要合理掌控；海洋经济市场环境（A_5）对海洋经济高质量发展实现目的影响适合双重门槛模型，呈现后抑制（−0.656）（−0.147）后促进（0.408）的"U"形作用，发展潜力较大。

分别对北部海洋经济圈四个省市进行动态系统 GMM 分析。

如表 4 所见，海洋经济发展规模是影响海洋经济高质量发展实现目的的重要因素，四个省市在海洋经济高质量实现路径过程中各有差异。天津市海洋经济是创新驱动引导型发展，在海洋经济高质量发展路径中对实现程度中影响最大的是创新驱动（0.513），剩下分别依次为海洋经济发展结构（0.466）、海洋经济发展效率（0.150）、海洋经济市场环境（−0.083）。2007~2016 年海洋人员创新能力在 0.102~0.362 波动，海洋科研能力下两个指标都有轻微波动上升的趋势，分别在 0.259~

0.539、0.236～0.0412 波动，海洋产能转换程度波动较大，在 0.047～0.737 波动；在海洋经济结构发展的情况下，天津市已经跨越结构影响第三个门槛，结构的优化对实现程度起正向作用，产业结构指标在区域内最高，海洋经济增速有下降趋势，产业结构变化度和产业结构高级化都有明显的上升趋势，分别从 0.251 上升到 1.0，从 0.289 上升到 0.480；海洋产业效率对实现程度影响较小，天津市海洋经济资本效率、劳动效率、能源效率、土地效率、生态效率都在区域内最高，基础好，潜力较小。海洋经济市场环境对实现程度有轻微的负向影响，证明海洋经济市场环境还没有跨越到对实现程度起正向影响的门槛之后，需要发展跨越。天津海洋经济高质量发展现状较好，未来有较大的潜力。

表 4　2007～2016 年四省市海洋经济高质量模型系统 GMM 计算结果

A_1	1.195 *** (0.542)	1.076 ** (2.1321)	1.033 ** (0.751)	1.182 * (0.0749)
A_2	0.513 *** (0.163)	0.378 * (2.130)	0.722 * (1.004)	0.888 *** (0.404)
A_3	0.466 (6.254)	0.271 *** (0.398)	−0.293 ** (0.283)	0.221 *** (0.0842)
A_4	0.150 *** (8.568)	−0.326 *** (0.9988)	0.982 ** (0.648)	0.434 (1.177)
A_5	−0.083 ** (0.033)	0.363 *** (0.208)	0.467 ** (0.398)	0.659 (0.452)
_cons	0.312 *** (0.052)	0.137 ** (0.226)	0.282 (4.064)	−0.057 *** (0.192)

注：***、**、* 分别表示在 1%、5%、10% 的水平下显著。

河北省海洋经济是创新驱动引导型发展，2007～2016 年，在海洋经济高质量发展路径中对实现程度中影响最大的是创新驱动（0.378），剩下分别依次为海洋经济市场环境（0.363）、海洋经济发展结构（0.271）、海洋经济效率（−0.325）。2007～2016 年河北省海洋人员创新能力在 0.010～0.002 波动，海洋科研能力下两个指标都有轻微波动上升的趋势，分别在 0.010～0.004、0.010～0.289 波动，在 0.078～0.115 波动，是区域内创新驱动发展最差的，海洋产能转换程度在 0.079～0.115 波动；海洋经济市场环境对实现程度也起到很大的作用，市场稳定性评分低，制度优势在 0.134～0.464 波动，市场风险较低，在 0.01～0.130 波动，区域消费水平低，在 0.01～0.09 波动，河北省结构优化对实现程度正向影响，海洋经济发展增速较为稳定，在 0.144～0.487 波动，有轻微上升趋势，产业结构变化度和产业结构高级化波动较大，有上升趋势，分别在 0.01～0.570、0.336～1 波动，等级产业发展较低，较为稳定，在 0.001～0.124 波动；海洋经济效率对实现程度有轻微的负向影响，证明海洋产业效率没有跨越到对实现程度起正向影响的门槛后。河北省海洋经济高质量发展现状差，潜力较差。

辽宁省海洋经济是效率引导型发展，2007～2016 年，在海洋经济高质量发展路径中对实现程度中影响最大的是海洋经济效率（0.982），剩下依次为创新驱动（0.722）、海洋经济市场环境（0.467）、海洋经济结构（-0.293）。2007～2016 年辽宁省海洋经济效率对实现程度影响最大，但海洋经济效率水平较差，经济效率、资本效率、劳动效率、能源效率、土地效率分别在 0.137～0.419、0.157～0.221、0.001～0.480、0.010～0.040、0.019～0.026 波动；创新驱动对实现程度也起到很大的作用，海洋人员创新能力较强，有上升趋势，从 2007 年的 0.591 上升到 2016 年的 1，海洋科研能力下两个指标都有明显的上升趋势，分别从 2007 年的 0.050、0.112 上升到 2016 年的 0.303、0.788，海洋产能转换程度较低，在 0.010～0.013 波动；海洋经济市场环境对实现程度正向影响，市场稳定性评分低，市场风险有明显的上升趋势，从 2007 年的 0.283 上升到 2016 年的 0.466，制度优势较小，在 0.064～0.136 波动，进出口额比重发展平稳，在 0.119～0.201 波动；海洋经济结构对实现程度有轻微的负向影响。辽宁省目前海洋经济高质量发展实现程度较好，未来需要注意创新和效率，有一定的发展潜力。

山东省海洋经济是创新驱动引导型发展，海洋经济高质量实现路径中影响最大的是创新驱动（0.888），剩下依次为海洋经济市场环境（0.659）、海洋经济发展效率（0.271）、海洋经济发展结构（-0.326）。2007～2016 年山东省创新驱动发展最好，海洋人员创新能力在 0.598～1 波动，海洋科研能力下两个指标波动也很大，分别在 0.617～0.888、0.484～1 波动，海洋产能转换程度波动较小，在 0.063～0.135 波动；海洋经济市场环境对实现程度正向影响，且影响较大，海洋经济市场环境总体较好，海洋经济制度优势有明显上升趋势，从 2007 年的 0.502 上升到 2016 年的 0.761，市场风险较低，消费比数较高，市场稳定性强；海洋经济结构对实现程度正向影响，产业结构指标在区域内较低，海洋经济增速和海洋结构高级化较高，有轻微上升趋势，分别从 2007 年的 0.478、0.400 上升到 2016 年的 0.711 和 0.420，海洋产业变化度和产业升级能力低，在 0.020～0.468 和 0.010～0.047 波动；海洋经济效率对实现程度正向影响，但影响度最小，海洋经济效率下各指标分别在 0.197 ～ 0.511、0.327 ～ 0.654、0.482 ～ 0.655、0.029 ～ 0.057、0.194 ～ 0.276 波动。山东省海洋经济高质量发展现状好，潜力大。

为了判断北部海洋经济圈海洋经济高质量发展整体耦合协调情况，选取北部海洋经济圈海洋经济高质量发展程度下 $A_1 - A_5$ 进行耦合计算。

如表5所示，天津海洋经济高质量发展动态耦合度高，最平稳，2007 ～ 2015 年，耦合度在 0.823 ～ 0.927 波动；河北省海洋经济高质量发展耦合度波动较大，有轻微的下降趋势，2007 年耦合度最高，为 0.940，2009 ～ 2013 年，耦合度呈下降趋势，从 2009 年的 0.940 下降到 2013 年的 0.799，2014 ～ 2016 年在 0.829 ～ 0.639 波动，呈下降趋势；辽宁省海洋经济高质量发展耦合度最高，且较为稳定，2007 ～ 2009 年，耦合度在 0.939 ～ 0.951 波动，2010 ～ 2011 年耦合度突然跌至 0.719、0.629，2013 ～ 2015 年耦合度恢复，在 0.869 ～ 0.914 波动；山东省海洋经济耦合度较高，但波动较大，2007 ～ 2015 年，耦合度在 0.790 ～ 0.944 波动。对区域内四个省市整体进行耦合协调分析。

表5　2007 ～ 2016 年北部海洋经济圈海洋经济高质量发展耦合程度

耦合类型	2007	2008	2009	2010	2011	2012	2013	2014	2015	2016
天津耦合度	0.927	0.890	0.888	0.848	0.831	0.837	0.900	0.848	0.844	0.823
河北耦合度	0.940	0.930	0.856	0.810	0.830	0.799	0.821	0.829	0.731	0.639
辽宁耦合度	0.951	0.939	0.942	0.719	0.629	0.893	0.869	0.810	0.908	0.914
山东耦合度	0.901	0.886	0.906	0.790	0.804	0.878	0.861	0.933	0.920	0.944

如表6所示，整体来看，2007 ～ 2016 年北部海洋经济高质量发展过程中，耦合协调度最好的是天津市区域，海洋经济高质量发展程度最高，实现程度较高，未来有很大的潜力。辽宁省和山东省海洋经济高质量发展都是初级协调程度，辽宁省海洋经济高质量发展各项指标较低，海洋经济高质量发展程度较差，但实现程度较高，海洋经济高质量发展的提高需要从路径改革进行根本提升。山东省海洋经济高质量发展海洋经济规模和创新驱动特别高，但剩下的影响因素发展较差，所以协调度不高，海洋经济高质量发展程度最高，实现程度较高，未来有很大的发展潜力，但是也要注意海洋经济结构、效率、市场环境

的发展。河北省海洋经济高质量发展协调度最差，且高质量发展程度和呈现程度也最差，海洋经济发展需要进行全方面的改变。

表6　北部海洋经济圈四省市海洋经济高质量发展耦合协调程度

区域	A_1	A_2	A_3	A_4	A_5	发展程度	实现程度	综合耦合度	耦合协调度	耦合协调类型
天津	0.039	0.094	0.152	0.181	0.099	0.561	0.345	0.689	0.622	高级协调
河北	0.020	0.035	0.028	0.082	0.047	0.194	0.128	0.749	0.381	轻微失调
辽宁	0.069	0.055	0.027	0.076	0.046	0.273	0.329	0.821	0.474	初级协调
山东	0.179	0.175	0.060	0.10	0.003	0.509	0.485	0.356	0.426	初级协调

三　北部海洋经济圈海洋经济发展趋势预测

构建海洋经济高质量发展过程中各影响因素的时间序列，推算$A_1 \sim A_5$指标2017～2020年数据。由于北部海洋经济圈海洋经济以渔业、海洋先进制造业、工业、交通运输业等为主，除了受本国经济和政策影响，受国际整体经济和政策影响也很严重，中美贸易摩擦和疫情事件数据暂时无法获得，但可以通过对国内外政策及经济发展趋势对我国北部海洋经济高质量发展的影响进行间接预测，故分别选取主要影响国（中国、美国、英国、日本、韩国、俄罗斯）的CPI指数（消费价格）和EPU（经济不确定性）指数作为解释变量，$A_1 \sim A_5$作为被解释变量，构建面板模型，分别做2007～2016年的系统GMM预算，并分别预测$A_1 \sim A_5$指标2017～2020年数据，将三份指标按权重新计算，获得新的预测指标，并根据系统GMM结果推算出Q_1和Q_2值。

表7　预测2007～2020年海洋经济高质量发展各指标结果

年份	A_1	A_2	A_3	A_4	A_5	Q_1	Q_2
2017	0.036	0.047	0.087	0.251	0.319	0.286	0.318
2018	0.049	0.061	0.034	0.192	0.283	0.308	0.346
2019	0.043	0.055	0.028	0.200	0.339	0.289	0.321
2020	0.106	0.113	0.059	0.142	0.117	0.403	0.441

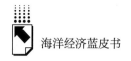

由于海洋经济高质量发展程度和其影响因素的波动性，在 3δ 预警方法的基础上进行时间序列发展的校正，每年预警标准由 P_n 变为 $P_n + t\Delta\alpha$（t 为时间，$\Delta\alpha$ 为指标时间系列计算结果），根据每年实际或预测值（S_n）和其标准差对北部海洋经济区 2007～2020 年海洋经济发展程度和其影响因素进行预警分析，预警级别分为稳定 △（$S_n = P_n \pm \delta$）、偏冷 □（$P_n - 3\delta \le S_n \le P_n - \delta$）、过冷 ■（$S_n < P_n - 3\delta$）、偏热 ○（$P_n + \delta \le S_n \le P_n + 3\delta$）、过热 ●（$S_n > P_n + 3\delta$）。

表 8 2007～2020 年北部海洋经济圈海洋经济高质量发展预警评价结果

年份	A_1	A_2	A_3	A_4	A_5	Q_1	Q_2
2007	△	△	△	○	●	○	△
2008	△	△	△	○	○	△	△
2009	△	△	△	△	○	△	△
2010	□	△	△	△	△	△	△
2011	△	△	○	△	△	△	△
2012	△	○	△	△	○	△	□
2013	△	△	△	△	●	△	△
2014	△	△	△	△	○	△	□
2015	△	□	△	△	○	△	△
2016	△	□	△	△	○	□	△
2017	△	□	△	□	○	□	△
2018	△	□	△	□	○	□	△
2019	△	□	△	■	○	□	△
2020	△	□	△	■	●	△	○

2016 年以前，北部海洋经济圈海洋经济高质量发展较为稳定，除了海洋经济市场环境在 2007 年和 2013 年有过热的预警，其他影响因素都是偶尔偏冷或偏高，整体稳定发展，海洋经济高质量发展程度和实现程度也都相对稳定。2016 年后，北部海洋经济圈海洋经济高质量发展在内部自身变化趋势和外部各国政策经济的影响下，海洋经济结构较为稳定，创新驱动偏冷，海洋经济效率过低，市场环境偏热，海洋经济高质量发展程度先偏冷后稳定，海洋经济高质量发展实现程度先稳定后偏热，由预警可以看出，虽然面临中美贸易摩擦和

新冠肺炎疫情的严峻考验，但动荡的形势对北部海洋经济圈海洋经济的发展也带来了一定的机会和挑战，北部海洋经济圈海洋经济高质量发展形势较为乐观，但需要适当提高海洋经济效率。

四 政策建议

1. 继续稳定推动海洋经济规模发展，加大海洋经济规模的双辐射作用

北部海洋经济圈海洋经济整体规模不大，目前对海洋经济高质量发展的影响大，山东省海洋经济较为普及，但水平有待提升，天津市、辽宁省、河北省海洋经济规模和海洋经济发展区域均衡水平较低，需要加强北部海洋经济圈沿海城市海洋经济建设，形成沿海经济带的规模性海洋经济发展模式；在加强自身规模发展的同时，加强向陆地和远海、深海、大洋的双辐射作用，以沿海经济带为连接点，根据陆地经济基础和海洋资源拓展海洋产业，引导更多涉海就业人员、海洋企业和海洋融资，大力发展海洋经济规模。

2. 以创新驱动为主要手段，打造区域海洋科研先行领域

北部海洋经济圈经济整体以工业为主发展，基础较好，且创新驱动对四个省市海洋经济高质量发展有很强的正向作用，在世界经济格局动荡的背景下，有偏冷的预警。天津、河北、山东均为创新驱动型发展，辽宁的创新驱动效果也很强。面对创新驱动较冷的预警，北部海洋经济圈应加强对人才的培养，积极培育海洋相关人才，同时推出政策鼓励人才就业。通过鼓励企业与科研院所合作打造创新服务平台、组建产业联盟等手段推进创新驱动发展战略，引导企业向科研创新型转型；结合区域工业基础，推进发展海洋高端制造业、造船业、海水淡化产业、海上交通运输产业等，致力于打造科研领先的创新型企业。

3. 以陆域产业发展情况为基础，有特色地推动海洋经济产业结构优化

北部海洋经济圈区域涉及京津冀经济圈、东北老工业基地、山东半岛经济圈，是几个经济圈交叉融合的区域，目前海洋经济结构的提升对辽宁省海洋经济高质量发展产生负向作用，应积极推进辽宁省海洋经济结构向正向影响海洋经济高质量发展的门槛跨越，北部海洋经济圈产业结构发展较为稳定，受外部影响较小。

在此基础上，北部海洋经济圈应继续坚持发展海洋经济，又快又稳地提高海洋生产总值增速；建立海陆产业间协调联动机制，以陆地海洋产业结构特点为基础，减少较为低级产业的发展，陆海产业共同布局，优化北部海洋经济圈产业结构，以海洋产业为"稳定器"功能，平稳三个经济圈产业的共同升级；稳定推动海洋产业向高级化发展，鼓励海洋旅游业、服务业和新兴产业的发展，但不盲目追求高级化，稳中求进。

4. 严格监管，减少粗犷式发展，推动海洋经济向高效率转型

北部海洋经济圈中辽宁省为海洋经济效率引导型，海洋经济效率的提升对天津市海洋经济高质量发展产生负向作用，应积极推进天津市海洋经济结构向正向影响海洋经济高质量发展的门槛跨越，效率对山东省和河北省也有一定影响。与英、美、德等发达国家相比，北部海洋经济圈海洋开发利用层次总体不高，且有过冷预警趋势。故应积极提升海洋经济发展效率，加快建设与完善市场法制体系，严格控制生态污染、生物资源濒危问题；构建公平的市场竞争机制，切实保障各种所有制、不同规模企业在生产要素、市场运营、产品竞争上拥有法律平等权，可适当保护中小型和发展型企业，鼓励海洋创新创业；构建公开的金融审核机制，保证各企业严格遵守法律；健全区域海洋公共科技综合服务平台，加强海洋科技信息流动，搭建信息收集、信息咨询、技术咨询与技术服务等平台。

5. 加强国家宏观调控，针对性给予政策，激发蓝色经济活力

企业是经济的主体，市场是经济的命脉，海洋经济中政府引导有较大作用，政府应充分调研，精准发力。海洋经济市场环境受世界经济格局影响严重，2020年新冠肺炎疫情下海洋经济市场环境过热，在此环境，我们应注意海洋经济投资的质量，保证海洋企业营利性，注重其规划式经营。拓展与外商合作的深度与广度，考虑外商情况出台吸引力强的政策，在经济合作的基础上，加强科研合作，充分利用北部海洋经济圈海洋资源，打造"双赢"环境；建立完善的金融管理机制，杜绝海洋企业不法行为，降低企业负债率，减少海洋产业投资风险；平衡政策优惠分布，尊重市场规律，合理布局产业扶持区域，均匀布置优惠政策，推动北部海洋经济圈所有沿海经济带共同发展。

参考文献

马茹、罗晖、王宏伟：《中国区域经济高质量发展评价指标体系及测度研究》，《中国软科学》2019 年第 7 期。

狄乾斌、高群：《辽宁省海洋经济发展质量综合评价研究》，《海洋开发与管理》2015 年第 11 期。

王泽宇、张震、韩增林：《新常态背景下中国海洋经济质量与规模的协调性分析》，《地域研究与开发》2015 年第 6 期。

罗志恒：《新冠疫情对经济、资本市场和国家治理的影响及应对》，《金融经济》2020 年第 2 期。

周成、冯学钢、唐睿：《区域经济—生态环境—旅游产业耦合协调发展分析与预测——以长江经济带沿线各省市为例》，《经济地理》2016 年第 3 期。

李智明：《中国落入"中等收入陷阱"的风险分析》，《经济研究导刊》2018 年第 5 期。

张玉鹏、王茜：《政策不确定性的非线性宏观经济效应及其影响机制研究》，《财贸经济》2016 年第 4 期。

殷克东：《中国海洋经济周期波动监测预警研究》，人民出版社，2015。

国家海洋局：《中国海洋统计年鉴》，中国海洋出版社，2008～2017。

国家统计局工业交通统计司：《中国能源统计年鉴》，中国统计出版社，2008～2017。

国家统计局、国家发展和改革委员会、科学技术部：《中国高技术产业统计年鉴》，中国统计出版社，2008～2017。

B.8
南部海洋圈海洋经济发展形势分析

杜军　寇佳丽　苏小玲　吴素芳*

摘　要： 南部海洋圈是我国对外开放和参与经济全球化的重要区域，具有海域辽阔、资源丰富、战略地位突出等特点。这不仅为南部海洋圈海洋经济发展带来了许多机遇，也为其带来了不小挑战。本报告首先对南部海洋圈海洋经济发展现状进行描述分析，其次采用增量分析、脉冲响应和分位数回归等分析方法探讨南部海洋圈海洋经济发展特征，最后着重展开对南部海洋圈海洋经济发展形势的剖析，并提出对南部海洋圈海洋经济发展的政策建议。

关键词： 南部海洋圈　海洋产业　增量分析　海洋经济

一　南部海洋圈海洋经济发展现状分析

（一）南部海洋圈海洋经济规模分析

1. 海洋生产总值（GOP）分析

2011 年以来，南部海洋圈的海洋经济呈现稳定增长的态势。区域海洋生产总值从 2011 年的 13045.3 亿元大幅度增长到 2019 年的 36486 亿元，年均增长达到了 13.72%。

---

* 杜军，广东沿海经济带发展研究院海洋经济发展战略研究所所长，海洋经济与管理研究中心研究员，主要研究方向为海洋经济管理；寇佳丽，主要研究方向为海洋经济管理；苏小玲，主要研究方向为海洋经济管理；吴素芳，主要研究方向为海洋经济管理。

2011～2019 年，南部海洋圈海洋生产总值占全国 GOP 的比重呈现稳步增长的趋势，平均比重达到了 35.8%。从 2011 年占比 28.62% 增长到 2019 年占比 40.80% 的水平，南部海洋圈海洋生产总值占地区 GDP 的比重基本保持在 20% 左右，由此可见海洋经济已成为地区经济跃升的新引擎，南部海洋圈也已成为拉动国民经济增长的强大动力源。

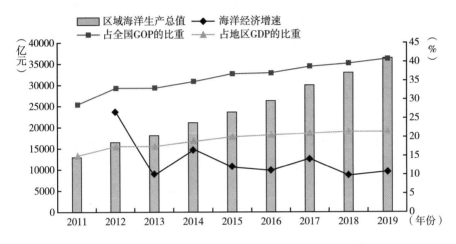

图 1 2011～2019 年南部海洋圈海洋生产总值发展趋势

资料来源：《中国海洋统计年鉴》（2012～2017）。

2. 海洋产业增加值分析

（1）主要海洋产业

主要海洋产业是海洋经济发展的支柱产业，是海洋经济的核心层。2011～2019 年，南部海洋圈的主要海洋产业增加值表现为逐步增长的态势，主要海洋产业增加值从 2011 年的 5551 亿元增长到了 2019 年的 13576.87 亿元（见图 2）。在相对量上，一方面，南部海洋圈的主要海洋产业增加值在增速上呈现先增后减的走势；另一方面，主要海洋产业增加值占地区海洋生产总值的比重波动幅度并不大，年均占比高达 39.2%，成为地区海洋经济的重要组成部分。

（2）海洋科研教育管理服务业

作为海洋经济的支持层，由学校、科研机构等组成的为主要海洋产业提供支持的海洋科研教育管理服务业是海洋经济的重要组成部分。如图 3 所示，在

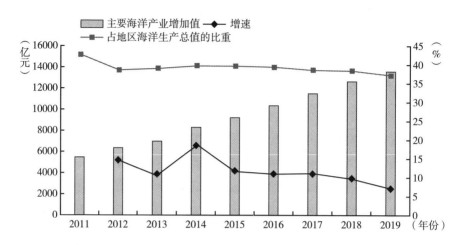

图2　2011～2019年南部海洋圈主要海洋产业增加值发展趋势

注：自2017年开始暂时未发布官方的《中国海洋统计年鉴》，所以，近三年数据是在前些年数据基础上的推测。具体预测方法为使用 Eviews 软件中的指数平滑预测功能，图2至图7（2017～2019年）的数据均采用了该方法。

资料来源：《中国海洋统计年鉴》（2012～2017）。

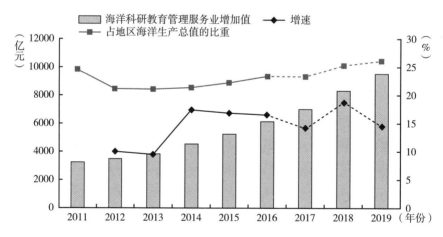

图3　2011～2019年南部海洋圈海洋科研教育管理服务业增加值发展趋势

资料来源：《中国海洋统计年鉴》（2012～2017）。

绝对量上，2011～2019年海洋科研教育管理服务业增加值逐年增长，实现了从2011年的3181.9亿元到2019年9528.05亿元的飞跃。南部海洋圈海洋科研教育管理服务业增加值增速呈现波浪状趋势,年均增速为 14.7%。海洋科研教育管理服务业增加值占地区海洋生产总值的比重从 2011 年的 24.39% 升至 2019 年的 26.11%。

（3）海洋相关产业

海洋相关产业作为海洋经济的外围层,对核心层的主要海洋产业的发展发挥着重大作用。如图 4 所示,2011～2019 年,南部海洋圈海洋相关产业发展态势良好,增加值逐年递增,从 2011 年的 6009.5 亿元增加到 2019 年的 12366.9 亿元,实现了总量上翻了一番的飞跃。南部海洋圈海洋相关产业增加值的增速呈现波浪状走势,波动的幅度相对较小,年均增速为 9.5%。2011～2019 年,南部海洋圈海洋相关产业增加值占地区海洋生产总值的比重逐年下降,由 2011 年的 46.07% 降至 2019 年的 33.89%,平均占比为 38.4%。

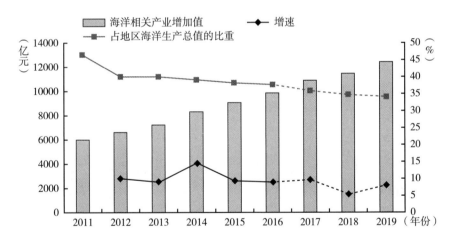

图 4　2011～2019 年南部海洋圈海洋相关产业增加值发展趋势

资料来源:《中国海洋统计年鉴》（2012～2017）。

（二）南部海洋圈海洋产业结构分析

从绝对量上看,南部海洋圈的海洋三次产业的增加值均逐年递增,如图 5 所示;从相对数量上看,始终保持较高增速。2011 年以来,海洋第三产业占

地区海洋生产总值的比重一直占据较高的水平，海洋三次产业结构由 2011 年的 6.48∶50.12∶56.41，调整为 2019 年的 4.51∶33.55∶56.88，一直保持着"三、二、一"的发展态势，三次产业结构进一步优化。

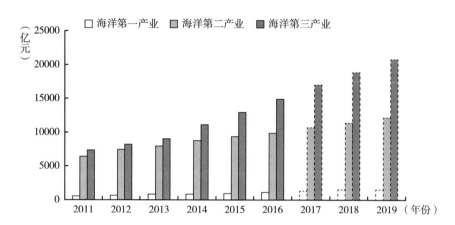

图 5   2011～2019 年南部海洋圈海洋三次产业增加值发展趋势

资料来源：《中国海洋统计年鉴》(2012～2017)。

（三）南部海洋圈海洋经济因素分析

1. 海洋产业结构问题

海洋产业结构的不断优化，能够促进海洋产业的协调发展，进而持续发挥海洋经济的"引擎"作用，进而推动国民经济的高质量发展。南部海洋圈的海洋产业结构基本上实现了"三、二、一"的布局，但各地区海洋产业结构的布局仍存在差异。

2. 海洋科技创新问题

当前，我国海洋经济发展态势总体趋于平稳，海洋科技创新任重道远，成为海内外各界关注的焦点。从表 1 可以看出，南部海洋圈的海洋科研情况在三大海洋经济圈中处于中间位置，海洋科技创新能力还有上升的空间。具体的来看，南部海洋圈的四个省份中，毫无疑问，广东省的科研实力是最强的；福建省的科研实力也不容小觑；而广西和海南这两个省份在海洋科研、海洋科技创新方面具有较大的进步空间。

表1　2016年三大海洋经济圈海洋科研情况

海洋经济圈	海洋科研机构数（个）	排名	海洋科研人员数（人）	排名	海洋科研经费总额（千元）	排名
北部	53	1	8061	1	7210853	1
东部	38	3	5851	3	6295503	2
南部	47	2	6461	2	4002136	3

资料来源:《中国海洋统计年鉴》(2017年)。

3. 基础设施建设问题

基础设施被称为社会经济发展的奠基石,是经济起飞离不开的助推器。南部海洋圈作为我国南部的重要开放平台,对接"一带一路"倡议,其基础设施建设关系到海洋经济发展。虽然南部海洋圈海洋上交通运输业发达,处于我国对外贸易往来的最前沿,但基础设施建设仍显不足和滞后,严重制约了该地区海洋经济的发展。

4. 海洋经济安全问题

海洋经济安全问题越来越受到人们的重视,南部海洋圈海洋经济安全表现为以下两个方面。一是自然灾害的频繁发生。近年来,受全球气候变化及海平面上升的影响,南部海洋圈的各类海洋灾害频发,对区域海洋经济造成巨大影响。二是海洋生态环境恶化,严重打破了海洋生态平衡。不合理地开发海洋资源和发展海洋经济导致了很严重的污染问题,石油污染、海水富营养化、垃圾围海、过度捕捞等问题层出不穷,海洋生态系统受到严重威胁,严重制约了海洋经济的发展。

5. 海洋统计数据问题

海洋大数据对于加快建设海洋强国意义重大。收集反映海洋经济活动的数据,用于海洋资源开发、海洋防灾减灾等领域,从而更好地为海洋经济发展服务。

（四）粤港澳大湾区海洋经济发展情况分析

作为世界四大湾区之一的粤港澳大湾区,具有优越的海洋地理区位和独特的资源禀赋,在发展海洋经济方面有良好的基础。

1. 广东省海洋经济发展现状

广东是我国的经济强省，其海洋经济一直居于举足轻重的地位。据统计，2019年广东全省海洋生产总值达到21059亿元，占全国海洋生产总值的23.6%，连续25年稳居全国第一，海洋经济已经成为广东经济发展新的增长极。在海洋产业结构调整方面，三次产业结构比为1.9∶36.4∶61.7，产业结构进一步优化。

2. 澳门海洋经济发展现状

2015年，为了支持澳门经济的发展，国务院明确澳门拥有85平方公里的海域管辖面积，澳门已形成了相对完善的海域管理和海事管理法律制度，为其向海而行带来了新的机遇，海洋经济有望成为澳门新的增长点，其中滨海旅游业成为澳门的优势海洋产业。近几年来，入境旅客呈现上升的趋势，已成为澳门海洋经济的支柱产业。

3. 香港海洋经济发展现状

香港是亚洲非常重要的海上运输中心，也是世界十大航运中心之一。2019年全年的港口货物吞吐量同比上升1.8%，达26330万公吨。滨海旅游业一直是香港的重要产业之一，其创造的价值占香港GDP比重较大。旅游业在经历了2015~2016年的低谷期之后，在2017年有所回升。2019年香港旅游业再次遭受重创，跌入谷底。

二 南部海洋圈海洋经济发展增量分析

（一）南部海洋圈海洋经济发展增量分析

1. 海洋经济发展影响指标选择与处理

从供需两种角度研究海洋经济发展。选取南部海洋圈各省份海洋生产总值来衡量海洋经济发展，文中用 med 表示。海洋自然资源（mnr）、海洋资本（mcf）、海洋技术（mti）代表供给因素的指标，其中海洋资本包含了海洋资本存量、海洋劳动力即人力资本等因素。参考张军等的处理方法，海洋资本投入用物质资本存量来表示，而物质资本存量计算采用永续盘存法，计算公式为 $Kt = (1 - \delta) It - 1 + It/Pt$，用2005年固定资产投资总额除以10%得到初始资本存量，其中，$\delta = 9.6\%$，It、Pt 分别为 t 时期沿海的固定资产总额与固定资产价格指数，参考赵昕等海洋资本存量的算法，即海洋资本存量＝（沿海地区 GOP）/沿海地区 GDP×沿海地区资本存量；而海洋对外开放（open）、海洋产业财政支出（fem）、人均可支配收入（pcd）作为需求因素，如表 2 所示。数据来源于《中国海洋统计年鉴》、中国海洋信息网、《中国宏观经济数据库》，由于 2005 年以前海洋固定资产投资与涉海就业人员数获取难度大，样本区间选取为 2005～2016 年。

表 2　南部海洋圈海洋经济发展影响指标

项目	海洋经济发展指标构成	一级指标	二级指标
供给	海洋自然资源	资源综合指数	海水养殖面积(公顷)
			海洋捕捞产量(吨)
			海域集约利用指数
			海洋产业岸线经济密度
	海洋资本要素	资本综合指数	海洋资本存量
			人力资本(涉海就业人数)(亿人)
			金融资本
	海洋科技要素	科技综合指数	专利
			课题成果应用(个)
			科技机构数(个)
			科技从业人员(人)
需求	海洋对外开放		海洋产业出口总额(元)
	海洋产业财政支出		海洋产业财政支出(元)
	人均可支配收入		人均可支配收入(元)
	海洋经济发展	海洋生产总值	各省份海洋经济生产总值(亿元)

注：海域集约利用指数＝海洋产业总产值/海域确权面积；海洋产业岸线经济密度＝海洋产业总产值/大陆海岸线长度；金融资本＝银行业金融机构贷款余额/GDP；海洋产业出口总额＝地区出口额×地区海洋生产总值/地区生产总值。

2. 指标变量的平稳性检验

时间序列在建立模型之前都必须进行平稳性检验，由表 3 中数据看出，文中各变量的原序列 LLC 检验值至少在 5% 的显著水平下显著，可以得出原序列是平稳序列。

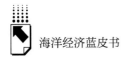

表3　单位根检验

项目	检验方法	变量			
供给	LLC 检验	*med*	*mnr*	*mcf*	*mti*
		− 3. 25784	− 2. 13407	− 3. 14289	− 2. 10289
		***	***	***	**
需求	LLC 检验	*med*	*open*	*fem*	*pcd*
		− 3. 25784	− 5. 28586	− 4. 99559	− 5. 02839
		***	***	***	***

注： *** 和 ** 分别表示在1% 和5% 的显著性水平下显著。

3. 区域海洋经济发展面板数据模型构建

运用最小二乘回归构建南部海洋圈海洋经济供给与需求模型的同时，加入交通基础设施建设（*tra*）、当地金融发展水平（*loan*）与当地居民消费指数（*rise*）三个控制变量，并使用稳健标准误。

4. 南部海洋圈海洋经济发展增量分析

（1）从供给角度分析

供给层面南部海洋圈海洋经济发展整体与分省份回归结果如表4 和表5 所示。从整体上看，海洋资本对海洋经济发展的贡献度最大，促进作用显著并且系数值达到了3. 18055，成为推动海洋经济发展的强大动力源；海洋自然资源的系数值仅为0. 214592，说明目前海洋经济的发展方式已经不再过度依赖现有的自然资源，而是转向了资本和技术的投入；海洋技术抑制了海洋经济的发展，其系数值为 − 0. 175413，这反映了海洋科技的投入对海洋经济发展的支撑作用是有限的。交通基础设施建设和当地居民消费指数阻碍了该地区海洋经济的发展，但是影响作用并不显著；当地金融发展水平显著抑制了海洋经济的发展，表明当前该地区的金融发展与海洋经济的发展没能形成良好的互动机制。从各个省份来看，福建省和广东省的海洋资本对海洋经济的影响作用最大，系数值为8. 299268 和0. 353067，海洋自然资源对这两个省份的作用均是反向的，表明当前已经不能过度依赖于消耗自然资源来发展海洋经济；对于广西壮族自治区而言，海洋自然资源显著抑制了该地区海洋经济的发展，海洋资本同样抑制了海洋经济的发展，相反，海洋技术却促进了该地区海洋经济的发展；说明广西的资本和自然资源投入并不能带来生产力的提升，而依靠技术的投入能够提高产出水平；对于海南省而言，海洋自然资源、海洋资本、海洋技术均能提高该地区的海洋经济发展水平，其中海洋技术的影响最大，其系数值为 17.72453，说明技术的投入成为该地区海洋经济发展的强大引擎。

总之，南部海洋圈各个省份海洋经济的发展在供给方面呈现不同的特征，未来应该强化海洋资本和海洋科技对海洋经济发展的作用，尤其是突出科技是第一生产力的重要地位，减轻对自然资源的依赖。

表 4 南部海洋圈整体供给模型分析

项目	变量	系数	t 值	P 值	F 值	结论
供给	mnr	0.214592	0.22	0.831		不显著
	mcf	3.18055	3.22	0.003		显著
	mti	− 0.175413	− 0.81	0.423	553.13	不显著
	tra	− 0.211831	− 0.62	0.541		不显著
	loan	− 0.977872	− 3.1	0.005		显著
	rise	− 1.590982	− 1.62	0.116		不显著

表 5 南部海洋圈分省份供给模型分析

地区	变量	系数	t 值	P 值	结论
福建	mnr	− 3.208289	− 2.35	0.065	显著
	mcf	8.299268	2.70	0.043	显著
	mti	0.971542	0.63	0.555	不显著
	tra	− 0.410524	− 0.56	0.598	不显著
	loan	3.103671	6.25	0.002	显著
	rise	0.721345	0.95	0.384	不显著
广东	mnr	− 2.069136	− 1.10	0.323	不显著
	mcf	0.353067	0.10	0.926	不显著
	mti	− 0.091585	− 0.17	0.871	不显著
	tra	1.149254	0.89	0.415	不显著
	loan	2.471856	3.40	0.019	显著
	rise	− 0.229732	− 0.13	0.901	不显著

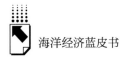
续表

地区	变量	系数	t 值	P 值	结论
广西	mnr	− 6.933331	− 2.74	0.041	显著
	mcf	− 5.526512	− 1.45	0.206	不显著
	mti	1.183511	0.71	0.507	不显著
	tra	6.766079	12.33	0.000	显著
	loan	1.045103	3.20	0.024	显著
	rise	− 0.150149	− 0.29	0.782	不显著
海南	mnr	1.666147	0.32	0.760	不显著
	mcf	3.468244	0.33	0.757	不显著
	mti	17.72453	1.21	0.280	不显著
	tra	2.95277	1.05	0.341	不显著
	loan	0.481865	0.33	0.757	不显著
	rise	1.050626	2.01	0.101	不显著

（2）从需求角度分析

从整体上看，海洋产业财政支出显著促进了南部海洋圈海洋经济的发展，其系数值为0.805167；而海洋对外开放和人均可支配收入显著阻碍了该地区海洋经济的发展；当地金融发展水平显著抑制了海洋经济的发展，和供给方面的结果一致。从各个省份来看，福建和广西的海洋对外开放对海洋经济发展的影响作用并不显著，相比较而言，广东的海洋对外开放显著促进了海洋经济的发展，其系数值为0.1131132，符合广东的实际情况，而海南的海洋对外开放显著抑制了海洋经济的发展，海南自贸区的建立，未来会对海洋经济的发展会起到良好的促进作用。福建和广东的海洋产业财政支出显著促进了海洋经济的发展，系数值分别为0.9093879和0.496101，而广西和海南的海洋产业财政支出的影响作用并不显著，更有广西的系数值为 − 0.1107374，表明当前广西的海洋产业财政支出并不合理。福建、广东、广西、海南四个省份的人均可支配收入对海洋经济的影响作用并不显著。

总之，当前的开放水平并不能满足海洋经济发展的需要，未来应当全面提升开放水平，为海洋经济的发展营造一个良好的外部环境。

（二）南部海洋圈海洋经济供需因素最优发展分析

本部分通过分位数回归的方法，分析各个影响因素在不同的分位点上对海洋经济产生了怎样的影响，以便掌握影响因素的发展趋势，找出影响海洋经济发展的最优状态。

1. 供给层面最优发展分析

供给层面的分位数回归结果如表6所示：海洋自然资源在0.5、0.75这两个分位点上显著促进了南部海洋圈海洋经济的发展，表明中等适度的海洋自然资源的投入能够带来海洋经济的增长；海洋资本在各个分位点上对海洋经济的影响作用并不显著，说明了当前海洋资本的投入并不合理；海洋科技在0.95分位点上显著促进南部海洋圈海洋经济的发展，表明科技投入要达到很高的水平才能促进海洋经济的发展。

表6 南部海洋圈海洋经济供给因素最优发展分析

项目	med	Coef.	t	P	结论
q10	mnr	1.855951	0.31	0.755	不显著
	mcf	− 1.488906	− 0.74	0.461	不显著
	mti	− 0.122863	− 0.12	0.909	不显著
	tra	5.857137	2.50	0.016	显著
	loan	− 0.984823	− 0.99	0.330	不显著
	rise	− 0.998059	− 0.52	0.603	不显著
	_cons	4.100367	6.53	0.000	显著
q25	mnr	3.342402	1.14	0.260	不显著
	mcf	− 1.315322	− 0.60	0.553	不显著
	mti	− 0.882246	− 0.66	0.514	不显著
	tra	6.166303	3.22	0.003	显著
	loan	− 1.319896	− 1.99	0.054	显著
	rise	− 1.100198	− 0.40	0.688	不显著
	_cons	4.279739	4.76	0.000	显著
q50	mnr	5.73497	2.36	0.023	显著
	mcf	2.101969	1.13	0.264	不显著
	mti	− 1.244016	− 1.04	0.304	不显著
	tra	2.487095	1.20	0.238	不显著

项目	med	Coef.	t	P	结论
	loan	− 1.005734	− 1.13	0.266	不显著
	rise	− 5.510344	− 2.11	0.041	显著
	_cons	6.475536	6.10	0.000	显著
q75	mnr	7.227266	1.91	0.064	显著
	mcf	0.875484	0.44	0.665	不显著
	mti	− 0.562726	− 0.58	0.564	不显著
	tra	2.457054	1.85	0.072	显著
	loan	− 0.683131	− 0.73	0.471	不显著
	rise	− 3.658755	− 2.59	0.013	显著
	_cons	6.381121	7.90	0.000	显著
q95	mnr	3.194039	0.67	0.506	不显著
	mcf	1.609871	0.69	0.493	不显著
	mti	− 2.595974	− 1.82	0.076	显著
	tra	3.719007	1.47	0.149	不显著
	loan	− 0.315549	− 0.16	0.870	不显著
	rise	− 1.025299	− 0.45	0.655	不显著
	_cons	5.425429	3.71	0.001	显著

2. 需求层面最优发展分析

海洋对外开放除了在 0.95 分位点上不显著，在其余的分位点上显著抑制了南部海洋圈海洋经济的发展，表明当前的海洋对外开放水平并不能满足海洋经济发展的需要，应该全面提升对外开放水平，加快推进海洋经济的发展；海洋产业财政支出在各个分位点上均显著促进了海洋经济的发展，对海洋经济的驱动效应较强；人均可支配收入在 0.5、0.75 分位点上显著抑制了海洋经济的发展。

三　南部海洋圈海洋经济发展形势分析

（一）南部海洋圈海洋经济发展战略分析

1. 南部海洋圈海洋经济发展的机遇与挑战

南部海洋圈囊括广西、广东、海南和福建四个省区及其对应的海域，它的构建促进了陆地和海洋联动发展，进一步填补了我国在海洋经济发展中的空白。南海形势总体稳定是南部海洋圈海洋经济发展的重要外部环境。南海行为准则磋商稳步推进，中菲关系持续改善，南海问题回归双边磋商与谈判协商解决的轨道。国家政策的支持是南部海洋圈海洋经济发展的重大助力。然而，在重大机遇下，仍然潜藏着风险因素。在南海形势总体稳定的情况下，我们仍然不能忽视世界各国特别是有争议的周边国家对南部海洋圈对应的南海海域虎视眈眈的问题，同时，海洋的过度开发造成海洋的不可持续发展的问题需要引起我们的重视。

第一，主动防范海洋经济安全威胁。通过南部海洋圈的建设与发展，促进南部沿海各省份的交流与合作，为海洋经济的发展创造一个宽松与合作的环境。

第二，海洋经济与生态环境保护并重。海洋的可持续发展是在进行海洋开发的过程中不可忽视的重要问题，海洋生态环境良好，海洋经济才能可持续发展。要加强规范填海活动，严格守住海洋生态红线，保护滩涂湿地与红树林，从而提高海洋抗灾能力。建立健全海洋监测体系及应急响应机制，减少海洋污染的扩大化。

2. 南部海洋圈海洋经济发展的特色与优势

广西是面向东南亚、与东盟对接的重要门户，对南部海洋圈对外互联互通起到重要纽带作用；珠三角地区是我国经济发展最具备活力的地区之一，基础设施完善与经济发达是其重要特点，为海洋经济的发展提供硬件保障与资金支持；海南与福建是 21 世纪海上丝绸之路的重要节点城市，并且海南于 2020 年成立海南自贸区，在发挥地方特色的基础上，通过开放推进南部海洋圈的融合与发展。

第一，大力发展海洋特色与优势产业。利用靠近粤港澳大湾区的区位优势和四通八达的便利条件，推进以粤港澳为中心的国际物流体系建设。通过粤、港、澳三地的合作，通过国家政策进一步完善广东省海洋相关基础设施建设，优化港口、航运资源配置，将香港的金融中心、商业中心功能与澳门的特色旅游服务产业相结合，从而推进南部海洋圈的发展。

第二，南海资源开发与海洋经济相结合。南海靠近菲律宾、越南、马来西亚等地，处于太平洋与印度洋的交通要冲，是世界上重要的贸易通道，对我国

的对外贸易与国家安全具有重要的战略意义。在海洋资源上，尤其油气资源丰富，有"第二个波斯湾"的称号。因此，南部海洋圈各省份要加强跨省合作，推进油气开发基础设施建设，从而加快南海油气资源的开采。加快深海油气开采技术的研发，提高开发的有效性与安全性。推进油气开发应急制度的建设，推进南海油气资源的可持续开发与南海生态环境的保护。

（二）南部海洋圈海洋经济发展趋势分析

1. 南部海洋圈海洋经济发展预测

本部分采用指数平滑法对 2020 年和 2021 年南部海洋圈海洋经济发展情况进行预测，预测结果如表 7 所示。2020 年受疫情的影响，滨海旅游业、海洋渔业等会出现下滑的现象，但海洋生物医药等新兴产业将成为"逆境"中海洋经济持续发展的强有力的支撑。

表 7　南部海洋圈海洋经济发展预测

单位：亿元，%

预测指标	2020 年		2021 年	
	预测值	名义增速	预测值	名义增速
GOP	39450.66	8.13	42583.63	7.94

2. 广东海洋经济发展形势分析与展望

广东省作为我国经济发展排名前列的沿海省份，在海洋经济发展方面也名列前茅。2019 年广东省海洋生产总值 21059 亿元，同比增长 9.0%，占地区 GDP 比重 19.6%，占全国 GDP 的 23.6%，海洋生产总值连续 25 年居全国首位。广东省发达的海洋经济离不开其特有的自然优势与政策支持。

丰富的海洋资源与独特的地理位置成为广东省发展海洋经济的天赋条件。广东与港澳相接，南临南海，邻近东南亚，地处东盟、南亚合作版图中心地带，其独特的区位条件与便捷的交通使其成为我国对外开放的重要窗口，也是发展海洋经济的重要先天条件。政策支持是广东发展海洋经济的人为动力。2017 年 10 月，《广东省沿海经济带综合发展规划（2017～2030 年）》发布，广东省海洋经济的发展进入新的阶段，规划在发展战略、发展目标、重大任务、空间部署和保障措施等五个方面对广东沿海经济带的建设提出了设想与要求，进一步推动了广东省海洋经济的发展。

3. 广西海洋经济发展形势分析与展望

广西区位条件优越，作为唯一面向海洋的西部城市，既有沿海城市的开放优势，又能享受西部大开发的政策便利。2017年6月，广西壮族自治区政府与国家海洋局签署了《关于共建北部湾大学（筹）的协议》，为广西依靠海洋经济实现弯道超车提供了充足的人才储备。

4. 海南海洋经济发展形势分析与展望

海南省海洋经济的发展离不开政府的大力支持。2019年4月，中共海南省委七届六次全会审议通过《高标准高质量建设全岛自由贸易试验区为建设中国特色自由贸易港打下坚实基础的意见》，表明了海南省政府建设海南自贸区并将成功经验推广至全国的决心。2020年6~7月，海南自贸港成立了11个重点园区，并实施了离岛免税购物新政，海南自贸区的建设一步步完善。

5. 福建海洋经济发展形势分析与展望

2017年5月，为深入贯彻落实《福建海峡蓝色经济试验区发展规划》，推进蓝色经济试验区建设，实现海洋强省，福建省政府研究制定《2017年全省海洋经济工作要点》，提出：以推进供给侧结构性改革为主线，深入实施创新驱动发展战略，深化海洋管理机制改革，构建"经济富海、依法治海、生态管海、维权护海、能力强海"五大体系，大力发展海洋经济，加快建设海洋经济强省，力争2017年全省实现海洋生产总值同比增长9%左右。

四 南部海洋圈海洋经济发展政策建议

（一）加强陆海统筹发展战略

战略引领方向，规划推动发展。陆海统筹、协调发展是海洋经济发展的基本原则，坚持陆海统筹战略，充分利用陆地与海洋的资源，推进陆地与海洋协调发展，达到"1+1>2"的效果。一是做好南部海洋圈陆海统筹发展的顶层设计，制定陆海统筹发展的总体规划，完善陆海统筹发展的相应政策。二是统筹南部海洋圈陆海资源，"依海带陆，依陆带海"双向促进。三是通过加强沿

海地带的交通、服务、应急基础设施的建设实现陆海互联互通，包括集海运、陆运于一体的交通体系，多样化的陆海旅游服务设施以及陆海一体的综合防灾系统建设。

（二）转变海洋产业发展方式

调整优化海洋传统产业，实现海洋传统产业的优化升级。在海洋渔业方面，严格控制近海捕捞的强度以及执行休渔制度，保证渔业资源的可持续开发。对于海洋交通运输业，要统筹规划南部海洋圈港口的发展方向与功能定位，避免南部海洋圈港口功能过于类似，造成资源抢占。对海洋盐业及化工业来说，鼓励南部海洋圈内的盐化工企业兼并重组，以形成规模效应。

（三）科技引领海洋经济发展

科技引领海洋经济发展是响应国家创新驱动战略，着力集聚高端海洋生产要素和创新发展要素，构建海洋创新发展体系，实现海洋经济发展由粗放低效向集约高效转变的重要途径。一是加强推进南部海洋圈创新驱动战略。做好科技创新引领海洋经济发展的顶层设计，协调南部海洋圈内各省份海洋科技创新的优惠政策，并因地制宜地研究制定科技兴海规划、行动计划以及战略性海洋新兴产业发展路线。二是大力支持海洋科技创新型龙头骨干企业发展，加强其与高校、科研机构的合作，强化产学研用协同创新机制，建立健全海洋科技成果评价和技术转让机制。

（四）加强海洋生态文明建设

加强海洋生态文明建设是推进海洋可持续发展的必要选择，也是实现"海洋强国"战略的必然要求。一是要建立健全海洋生态保护红线制度。南部海洋圈各省份要严格划分海洋生态功能区、生态敏感区和生态脆弱区，实施严格的分类管控措施，对于边界模糊地带，相邻省份要明确管理责任，避免出现管理盲区。二是要统筹协调管理责任。

参考文献

国家海洋局:《中国海洋统计年鉴》,海洋出版社,2012~2017年。

姚荔、杨潇、杨黎静:《粤港澳大湾区视角下香港海洋经济发展策略研究》,《海洋经济》2018年第6期。

向晓梅、张超:《粤港澳大湾区海洋经济高质量协同发展路径研究》,《亚太经济》2020年第2期。

王涛等:《粤港澳大湾区海洋经济协调发展模式研究》,《海洋经济》2019年第1期。

《中国海洋统计公报》,中国海洋信息网,2017~2019年。

张军、张吉鹏、吴桂英:《中国省际物质资本存量估算:1952~2000》,《经济研究》2004年第10期。

张锐:《南海经济资源的国家博弈与中国谋略》,《东北财经大学学报》2012年第6期。

易爱军:《我国海洋生态安全问题探讨》,《环境保护》2018年第11期。

廖维晓、李督:《南海海洋开发与治理发展研究》,《郑州航空工业管理学院学报》(社会科学版)2020年第3期。

张建林、吴坚、黄敬华:《为担杆水道筑起平安路——南海航海保障中心助力粤港澳大湾区互联互通》,《珠江水运》2019年第12期。

李忠林:《中国对南海战略态势的塑造及启示》,《现代国际关系》2017年第2期。

张少峰、张春华、邢素坤:《广西海洋经济发展现状与对策分析》,《海洋开发与管理》2015年第4期。

B.9
粤港澳大湾区海洋经济发展形势分析

关洪军　郭宏博*

摘　要：　粤港澳大湾区是我国层次最高、影响最大的湾区，是由珠江三角洲核心区的广州、深圳、珠海、佛山、东莞、中山、江门、肇庆、惠州九个城市和香港、澳门两个特别行政区组成的"9＋2"湾区城市群。本报告结合相关数据，对粤港澳大湾区海洋经济的发展现状、产业发展状况、经济制约因素进行分析，并对大湾区经济发展形势进行了合理的预判。本报告认为2021年粤港澳大湾区区域协同水平将稳步提升，海洋生产总值将有所增长。

关键词：　粤港澳大湾区　海洋经济　区域融合

一　粤港澳大湾区海洋经济发展现状分析

粤港澳大湾区是我国首个国家层面确认的湾区，是由珠江三角洲核心区的广州、深圳、珠海、佛山、东莞、中山、江门、肇庆、惠州九个城市和香港、澳门两个特别行政区组成的"9＋2"湾区城市群，是国家建设世界级城市群和参与全球竞争的重要空间载体。本部分对近年来粤港澳大湾区海洋经济在发展规模、产业结构、制约因素等方面的状况进行分析。

---
* 关洪军，山东财经大学管理科学与工程学院教授，海洋经济与管理研究院研究员，研究方向为复杂系统理论与方法、海洋经济高质量发展；郭宏博，山东财经大学管理科学与工程学院博士研究生。

（一）海洋经济规模分析

首先，广东省是全国海洋经济发展的"领头羊"，是我国海洋经济发展的核心地区之一，2019年广东省海洋生产总值为21059亿元，同比增长9.0%，海洋生产总值占全国海洋生产总值的比重为23.6%，连续25年居全国首位。

与此同时，香港海洋产业规模最大的是香港海运和港口业、滨海旅游业，其中，海运和港口业包括港口及物流相关产业、海运服务业、航运业等海洋产业。

相比而言，澳门的海洋经济规模小，但其依托博彩业，在滨海旅游方面具有独特优势。2019年，澳门旅游人数达3940万人次，同比提升10.1%，总消费640亿澳元。滨海旅游业成为澳门海洋经济的重点发展方向。

（二）海洋产业结构分析

粤港澳大湾区海洋三次产业一直处于"三、二、一"的行业结构，产业结构较为合理。从绝对规模来看，粤港澳大湾区海洋三次产业增加值均呈现逐年上升的发展趋势，但各城市产业结构不协调，仍有优化空间。

首先，珠三角九市的海洋产业体系相对健全，优势海洋产业聚焦在滨海旅游业、海洋交通运输业、海洋化工业领域，紧随其后的是海洋油气业、海洋工程建筑业、海洋渔业，此六种产业已成为广东海洋经济发展的支柱产业；预计到2021年，六大产业将实现增加值1800亿元左右，占全省海洋生产总值达8%以上。

其次，香港形成以滨海旅游业、海洋交通运输业、海运相关服务业为主，以海洋渔业等传统产业为辅的产业体系。

最后，澳门受海洋资源约束，海洋产业单一，海洋第一产业全面萎缩，海洋第二产业逐渐衰落，目前发展少量海洋第三产业，主要有滨海旅游业、海洋交通运输业、海洋生物医药业。

（三）海洋经济因素分析

1. 海洋产业布局问题

粤港澳大湾区的格局复杂，各城市海洋产业结构差异明显，海洋产业总体

上布局合理，但与世界著名湾区差距显著。从产业结构互补的角度来讲，粤港澳大湾区海洋产业梯度大、体系优势明显，但湾区城市群之间的海洋经济产业协同发展、产业集聚效应发挥仍存在提升空间，产业结构有待升级。

2. 海洋科技进步问题

世界著名三大湾区是高科技投入密集区与科技创新的集聚地，粤港澳大湾区与之相比还有一定差距，特别是海洋科研领域状况与其经济发展水平相对不匹配。

3. 海洋经济安全问题

粤港澳大湾区海洋经济安全问题尤为突出，主要表现在以下方面。一是自然灾害问题。粤港澳大湾区海岸线长 3201 千米，是我国经常发生海洋灾害的地段，海洋灾害对区域海洋经济发展造成了严重的影响。二是海洋生态环境问题。粤港澳大湾区海洋经济发展面临的两大挑战是海洋生态破坏问题和海洋资源约束问题。工业化进程加快，港口工程扩建，废水废物倾倒，这些问题导致海洋生态环境恶化、近岸海域水质污染加重。

4. 海洋数据统计问题

准确高效地监测、评估和分析海洋经济，智能管理、创新利用海洋资源，离不开海洋经济数据统计的支持。海洋经济数据统计的缺失会影响对产业发展水平的判断和科学决策力，会导致海洋经济高速发展进程中出现问题，如粤港澳大湾区资源过度集中于核心城市、海洋资源开发利用无序等情况。为提升海洋产业发展的可持续性，提高海洋资源利用水平，解决海洋经济数据统计问题刻不容缓。

5. 外部环境制约问题

粤港澳大湾区产业外向型比较明显，第三产业比例大，易受外部环境影响，产生波动。2019～2020 年，受全球经济低迷、全球突发重大公共卫生事件等不可抗力因素，以及中美贸易摩擦等影响，粤港澳大湾区海洋交通运输业和滨海旅游业受到重创。

二 粤港澳大湾区海洋产业发展现状分析

粤港澳大湾区内海洋空间资源丰富、制造业产业链强大、互联网发展迅猛、科教技术水平突出、金融服务体系完善，这些都是海洋产业长足发展的有力支撑。就目前而言，粤港澳大湾区 11 个城市海洋产业空间布局区域差异性显著，产业优势、资源分布各有不同，区域间产业活动相关性强，具有整体协同发展潜力。

（一）海洋渔业发展现状分析

粤港澳大湾区有优越的地理位置和传统的渔业文化，海洋渔业在海洋经济中占有重要地位，是产业链的重要一环。粤港澳大湾区海洋渔业呈现两极分化状态，一方面广东省海洋渔业蓬勃发展，另一方面港澳海洋渔业逐渐衰退，目前港澳水产品主要依赖进口，而广东省是进口的主要地区之一。

广东省海洋渔业发展基础完备，加之近年来海洋科技的投入，广东海洋渔业正迈向绿色、智能、高质量发展的新阶段。2019 年海洋渔业增加值达到 499 亿元，主要产业包括海洋捕捞业、海水养殖业及鱼虾苗育种业，其中远洋渔业、深海网箱养殖和种苗培育发展迅猛。虽然广东海洋渔业发展态势良好，但开拓远洋渔业、发展健康养殖、调整三产结构、实现广东海洋渔业优化升级仍面临压力。

香港有严格的渔业资源保护条例以及海鱼统营条例，以维持渔业的可持续发展。香港海洋渔业以养殖渔业和捕捞渔业为主，处于自产自销状态，海鱼总产量约占全港海产消耗量的 20%。香港 2019 年的捕捞产量约为 12.3 吨，总价值约 28 亿元，渔船约 5030 艘，其中舢舨船约占 77%。香港海洋渔业存在规模小、机械化程度低、从业者老龄化以及就业人数逐年减少等特点，香港为转变本地渔业态势，向渔民提供各项贷款、渔业发展基金、养殖技术以及渔业设备，以促使渔业长足发展。

（二）海洋交通运输业发展现状分析

2019 年九部门联合印发《关于建设世界一流港口的指导意见》，其中提到，强化粤港澳大湾区等区域枢纽港的引领作用，加快建设布局合理、功能完善、优势互补、协同高效的港口群。同时，从世界著名湾区发展经验来看，海运与港口经济是增强湾区经济竞争实力、推进湾区产业联动、促进湾区面向全球发展的重要助力之一。粤港澳大湾区港口群是世界上通过能力最强、水深条

件最好的区域性港口群，2019 年全球集装箱港口排名中，深圳港、广州港和香港港分列第四、第五和第八位。

表1　2013～2018 年粤港澳大湾区港口货物吞吐量

单位：百万吨，%

城市	2013 年	2014 年	2015 年	2016 年	2017 年	2018 年	年平均变化率
广州	472.00	500.08	520.96	544.37	590.12	613.13	5.65
香港	276.06	297.74	256.56	256.73	281.54	258.54	-3.29
深圳	233.98	223.24	217.06	214.10	241.36	251.27	1.48
东莞	111.87	129.00	131.49	145.84	157.14	164.17	9.35
珠海	100.23	107.03	112.09	117.79	135.86	137.99	7.53
中山	68.76	78.45	73.19	67.89	80.44	119.65	14.80
江门	67.37	73.52	75.25	79.23	82.67	93.69	7.81
惠州	80.45	64.86	70.13	76.57	72.14	87.57	1.77
佛山	54.74	59.07	61.47	66.10	79.67	89.73	12.78
肇庆	29.54	30.33	29.45	32.61	39.73	39.21	6.55
澳门	4.86	4.98	4.48	4.42	3.94	3.85	-4.16
总计	1499.86	1568.30	1552.13	1605.65	1764.61	1858.80	4.79

资料来源：《中国港口年鉴》（2013～2019）；香港海运与港口局；澳门统计与普查局。

2019 年广东海洋交通运输业增加值 737 亿元，占主要海洋产业增加值的比重为 10.8%。2019 年受到中美贸易摩擦影响，部分远洋航线被迫撤并，海运货物周转量增幅在第三季度才逐渐转为同比正增长。在航运金融方面，广东多方位探索，积极发展船舶融资、船舶租赁、海上保险等航运相关服务业务。相比于海洋货运的繁荣发展，广东水路客运呈现疲软，2019 年广东水路旅客运输市场持续收缩，全年客运总量 2614 万人，同比下降 5.8%，旅客周转量 9.71 亿人公里，同比下降 12.8%，年均降幅呈持续扩大趋势。

香港是知名的国际贸易中心和国际航运中心，超过 800 家与航运有关的公司在港经营，为国内外客户开展业务。贸易和物流业是香港四大支柱产业之一，海洋运输为其发展提供有力支撑，2018 年水路运输货物占陆水空运输总量的 90% 以上。总体来看，2019 年香港港口货运及水路客运表现欠佳。香港港口吞吐量达到近十年内最低点，约为 1830 万个 TEU，同比下降 6.6%。基于金融、法律和航运的专业优势，海运相关服务业是香港海运业的主要组成部分。其中海事仲裁、船舶注册、货运代理和涉海金融等特色产业尤为突出。

澳门海洋运输业受到港口水道条件限制，远洋运输萎靡，沿海和内河水运发达。2019 年港口货柜吞吐量 13.30 万 TEU，客轮班次 11.06 万次，依靠水运方式输送货物及来往旅客量占总量的 80%。沿海运输主要承接客货往来业务，其中以直达香港与内地航线为主；内河水运主要负责澳门基本生活要素运送业务，以江门等珠江三角洲区域口岸往来为主。

（三）滨海旅游业发展现状分析

粤港澳大湾区城市群具有海岸线绵长、海岛众多、港口聚集、滨海休闲设施完善、沙滩优质等旅游资源优势，具备发展高端滨海旅游业的先决条件；港珠澳大桥、广深港高铁、粤港澳邮轮等互联互通的海陆空交通网，为滨海旅游业发展蓄航；粤港澳大湾区"9+2"市旅游业各具特色，集群效应明显，粤港澳游艇自由行、港澳珠三角联游等"一站式"组合旅游产品雏形初现。以滨海旅游业融合发展为契机，大湾区内将实现机制创新、要素流动以及产业融合新的突破。

珠江三角洲区域滨海旅游优势明显，立体化发展程度好，产业价值高，全面覆盖"海洋—海岛—海岸"旅游项目。2019 年广东省滨海旅游产业实现增加值 3581 亿元，其增加值占海洋产业增加值的比重上升至 52.5%，珠三角 9市的旅游收入约占广东省旅游总收入的 70%，其中珠海、佛山、江门等二、三线城市的旅游业收入增速迅猛。

旅游业是香港四大支柱产业之一，为满足全球消费升级需求，香港持续打造游览观光、休闲度假、娱乐购物及海上运动等海洋旅游业。2019 年，受社会事件影响，香港旅游业惨淡，整体访港旅客量急跌 14.2%，人数减至 5591万人次，创有旅游人数记录以来最大的年度跌幅；其中，占总人次比重78.3% 的内地访港旅客同样下跌 14.2%，人数减至 4380 万人次。2020 年受全球疫情影响，前两季度香港旅游业雪上加霜，根据香港旅游发展局公布数据，2 月香港入境旅客急速下降，初步统计访港游客总量为 19.9 万人次，同比跌幅达 96%。疫情过后，扭转香港社会形象，重新振作旅游业，吸引游客到港，提升相关服务水平，是香港产业持久平稳发展的有力支撑。

澳门旅游业多元化，休闲购物、文化娱乐、海上观光等多位一体的旅游项

目促进澳门旅游业多触点平稳发展。2019年受周边地区事件影响，访澳旅客人次前两季度和后两季度呈现不同趋势，前两季度实现同比双位数增长，后两季度呈现不同程度跌幅，但总体来看，澳门入境游客人次有所提升，人均消费持续下跌，内地赴澳门游客数量创新高，已达2792.32万人次，占澳门入境旅客总量的70.9%。新冠肺炎疫情暴发后，澳门入境旅客人次锐减，跌幅超九成，澳门旅游业及相关行业遭受重大打击。

（四）海洋生物医药业发展现状分析

粤港澳大湾区海域拥有丰富的海洋生物物种资源、基因资源，城市群中的广州、深圳、珠海等地已成为海洋生物医药产业集聚地，粤港澳三地政府、高等院校、技术机构共同推进产学研合作创新，逐步形成一条集生物技术研发、中间性试验、成果产业化的创新发展链。

《全国海洋经济发展"十三五"规划》要求大力发展海洋生物医药、制品和材料，建设以广州等城市为中心的海洋生物技术和药物研究中心。广东省已建成"海洋生物天然产物化合物库"，同时，在海洋生物医药制品、功能食品及保健品等方面有所建树。

香港在海洋生药领域科技创新能力强，研究基础雄厚，国际交流合作经验丰富，在学习国外先进的海洋生物开发技术方面具有优势，同时香港高等学校和重点实验室在转基因生物新品种培育、重大新药创制、种业自主创新等领域有所建树，亟须与广东省产业基地合作实现更多成果的转化与落地。

澳门将海洋生物制药业作为本地海洋产业多元发展的发力点，推动澳门海洋产业转型升级。目前澳门大学、澳门科技大学均与横琴新区签订协议，建立国家重点实验室和研究开发中心以实现海洋高科技产业、海洋生物制药产业以及现代中医药产业的合作与发展。

（五）其他海洋新兴产业发展现状分析

近年来，海洋新兴产业对海洋经济的贡献不断攀升，已逐渐成为拉动我国海洋经济增长的重要力量。大湾区海洋新兴产业依托珠三角政策支持、产业链支撑以及港澳科研力量助力，正向着高速度、高附加值、高质量发展方向迈进。

1. 海洋电子信息产业

珠三角核心区是广东省重要的高新科技产业聚集区，其中广州、深圳、珠海、东莞及惠州五座城市汇聚广东省 90% 以上的海洋电子信息企业，重点打造 5 ~ 10 个销售收入超过 10 亿元的海洋电子信息产业巨头。依托强大的海洋电子信息制造产业集群，海洋电子信息产业发展较为全面，涵盖了海洋信息系统与技术研发和服务、现代海洋通信和网络、海洋智能装备等领域，产业呈现快速、智能、多方位发展态势，已初步实现无人船艇、海底观测与勘测、水下通信和船舶电子等领域的关键技术突破和产品应用。

2. 海洋能源开发业

广东省海洋风电业起步晚但发展迅猛。广东省是国家风电发展"十三五"规划重点建设地区，截至 2019 年底，广东省海上风力产电 71 亿千瓦时。海洋风电产业规模迅速扩张，2020 年第一季度风力发电机组产量同比增长 158.2%，带动相关产业链和产业集群规模预计超万亿元。

3. 海洋工程装备业

广东省是我国装备制造业第一大省，其中海洋高端装备科技产业在国内处于领先水平，发展势头强劲，广船国际、中集集团、招商重工、三一海洋重工、中海福陆重工等龙头企业在广州、深圳、中山、珠海等市开展项目。珠三角核心区已建设多个海洋工程装备制造基地，逐步发展成为珠江口西岸海洋工程装备制造产业带。

三 粤港澳大湾区海洋经济发展形势分析

（一）粤港澳大湾区海洋经济发展战略分析

十九大报告指出，加快建设海洋强国，具体行动是发展海洋经济。中共中央、国务院印发的《粤港澳大湾区发展规划纲要》明确指出，粤港澳大湾区要大力发展海洋经济，凸显了大湾区经济建设中海洋发展的战略意义。

1. 合理构建现代海洋产业集群

粤港澳大湾区海洋产业在空间布局上呈现区域化、差异化特征，产业梯度明显，应按照"区域特色、新兴高端、有竞争力"的产业方向，聚焦海洋特

色与优势产业，整合三地资源，共同构筑起以优势产业为核心、以新兴产业为增长极、以高端服务产业为支撑的现代海洋产业集群。

2. 加强海洋生态环境保护

海洋生态文明建设是海洋经济可持续发展的重要保障，是海洋经济高质量发展的内在要求。粤港澳大湾区海洋经济发展过程中，要坚持经济发展与生态建设并重，打造和谐的海洋生态湾区，实现海洋经济发展的经济效益、社会效益、生态效益相统一。

3. 推进建设海洋科技产业高地

粤港澳大湾区借助四个核心城市的科技东风，释放港澳基础领域创新研究优势、发挥广深重大平台与科研转化能力，成为融入海洋特色的高科技研发及高科技产业集聚区；联合粤港澳高校、重点实验室、科学研究所、工程技术中心创新型企业等科创机构，立足于粤港澳大湾区海洋经济发展需求，重点推动数码港口建设、海洋智能装备研发、智能航海保障、海洋生态修复与保护、海洋资源开发与利用、自然灾害监测等关键海洋科技创新，解决海洋科技发展中的关键问题；增加产学研合作的信息流动通道，推进海洋科创要素自由流动，实现科技成果的高效转化，着重构建粤港澳海洋科技创新平台，实现粤港澳大湾区海洋的深度利用与开发。

（二）粤港澳大湾区海洋经济发展趋势展望

1. 粤港澳大湾区海洋经济发展预测

粤港澳大湾区具有地理环境优越、政策空间支撑等独特的优势，同时有完善的海洋产业体系作为强大基础，未来产业错位发展，区域融合更加协调，经济会有良好的发展空间。大湾区外向型经济特征明显，受新冠肺炎疫情和全球贸易不确定性影响，预计2020年海洋经济发展维持稳定，2021年海洋生产总值有所增长。

2. 珠三角九市海洋经济发展形势分析与展望

珠三角九市地理位置优越，对外交通便捷，海上对外贸易繁荣，与此同时，海洋资源丰富，高新科技资源聚集，这为海洋科技、海洋新兴产业以及海洋经济持续发展提供有力保障。突发疫情为珠三角九市海洋经济带来冲击，但2020年恢复作业后，海洋经济产业规模逐渐回升。

此外，珠三角九市是推动地区海洋新兴产业发展的重要力量。建设珠三角海上风电科创金融基地和高端装备研发、测试及评估基地；打造以广州、深圳市为核心的海洋电子信息集群化示范基地；推进珠海、惠州等市海上风电项目建设；加速打造珠三角海洋生物产业集聚区。

3. 香港海洋经济发展形势分析与展望

香港地理位置优越，港口优势明显，金融产业发达，是连接中外的国际金融、贸易与航运中心，在大湾区建设中起到核心引领作用。当下，突发疫情和全球经济动荡等给香港经济带来重创，香港海运及港口产业持续疲弱，旅游及相关产业进入深度衰退期，为香港海洋经济短期内发展前景蒙上阴影。

在香港海洋经济发展进程中国家和特区政府给予大力支持。2019 年 2 月 18 日，中共中央、国务院印发《粤港澳大湾区发展规划纲要》，支持香港发挥海洋经济基础领域创新研究优势；支持粤港澳依托香港高增值海运和金融服务的优势，发展特色金融业；支持香港建设多元旅游平台，完善粤港澳三地国际邮轮港建设，继续开发国际班轮航线，逐步实现粤港澳三地一体化海上旅游航线。

香港海运与港口业受内地港口货物分流、自身港建条件限制、陆域纵深不足等影响，发展持续疲软，短期内发展趋势不会改变。未来国际中转业务仍是主要增长点，同时内地转运货物的增减将影响港口吞吐量变化趋势。长期来看，香港可促进海陆联动拓展港口陆域空间，在大湾区航运业合作分工中寻求突破，产业发展重心向高端航运服务业转移，推动城市向高端国际航运中心迈进。香港旅游业从 2019 年下半年以来处境艰难，将于 2020~2021 年度开展接近 4 亿港元的援助与推广计划，资金援助带动本地消费氛围、品牌宣传重塑香港旅游形象，促进游客和展会市场恢复来港信心，多项举措促进旅游业尽快回升。

4. 澳门海洋经济发展形势分析与展望

长期以来，澳门没有自己管辖的海域，这限制了其海洋产业的深度发展。2015 年 12 月 20 日，新的《中华人民共和国澳门特别行政区行政区域图》正式开始施行，明确了澳门海上和陆地界线，澳门特区海域明确为 85 平方公里。此次划定对促进澳门形成多元化海洋经济具有战略意义，为其大力发展滨海旅游业、海洋运输业、海洋生物医药业等产业提供更多的可能性和基础保障。受全球新冠肺炎疫情冲击，澳门旅游业收益大幅度下降，但澳门经济发展的基本面和产业基础尚且稳固，澳门中长期经济发展空间依然较大。

澳门海洋经济发展离不开国家和政府的大力支持。2019 年 2 月 18 日，中

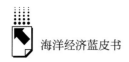

共中央、国务院印发《粤港澳大湾区发展规划纲要》，明确指出支持澳门发展海上旅游、海洋科技、海洋生物等产业；支持澳门与邻近城市共同开发跨境旅游产品实现国际游艇、邮轮旅游，这些为澳门海洋经济发展指明了主攻方向。2019年12月，自然资源部中国地质调查局首次编制完成《澳门特别行政区海域地质资源与环境图集》，这是我国首个系统性勘测研究澳门海域地质资源与生态环境的成果，将为澳门开发与利用海洋资源、保护与修复海洋生态、建设与实施涉海重大工程等活动，提供重要支撑和针对性建议。

疫后提振经济是澳门施政重点方向之一，最新的施政报告提出抗疫援助措施和推动旅游产业复苏计划：建设海滨绿廊、整合海滨资源、适时推行澳门居民"本地游"和"横琴及邻近地区游"等旅游活动计划、豁免本地海上游航线船舶相关费用。利用澳门可进行船舶登记的优势，探索协同粤港澳大湾区及内地其他地区与葡语国家开展海洋合作。把握国家"一带一路"和粤港澳大湾区建设等重大机遇，推动澳门海洋经济多元发展。

四　粤港澳大湾区海洋经济发展政策建议

（一）提升港口群国际竞争力

粤港澳大湾区应大力发挥产业集群与产业互补优势，打破深圳、广州和香港港口同质化竞争模式，整合各市港口资源，结合三地港口特点，利用"两大自由港，三个自贸区"合理配置资源，打造国际港口群，提升整体竞争力，共同面对世界其他经济体的挑战。从以下几个方面实现更深入的海运和港口业发展：首先在硬件设施方面，实现码头、泊位及航道的统筹规划，防止港口功能严重冲突；其次在港口的运作方面，应依据各城市港口实际合理安排；最后在物流体系建设方面，实现海域陆域协调发展，优化港口集疏运的港口体系，实现粤港澳大湾区冲突型港口功能逐步转型，提升大湾区港口整体效率和竞争力。

（二）共建海洋大数据综合管理平台

海洋数据的缺失降低了科技研究成果的可信度，影响涉海部门对海洋经济情况的掌控，增大了海洋突发性事件发生的可能性。同时，各区域、各产业、各部门海洋数据系统的不健全与相互独立阻碍了区域合作与融合。为推动粤港澳大湾区海洋经济进一步发展，应共建海洋大数据综合管理平台，实现多种数据实时共享、海洋立体观测、海洋预警监测、海洋数据分析处理、海洋经济运行情况评估，构建高效有力的海洋防灾减灾规划体系，提升粤港澳大湾区城市群整体海洋公共服务水平。目前，广州和深圳正全面加紧地方海洋大数据智能平台的实践，为共建大湾区整体的数据管理平台打下基础，但统计数据准确及时、平台互联互通、湾区内一网式覆盖仍是未来的努力方向。

（三）推进政策协同，促进科创要素流动

目前港澳地区与珠三角地区在海洋经济方面的合作分散在各个细分方向，政府间未形成整体政策上的协同，政府服务衔接不通畅、水平不均衡，这些劣势抑制了科创要素自由流动，影响科技互惠和产业发展。未来应由单项政策的开放转变为"数字政府"的实现，全面实现系统性要素流动，其中主要加强在海洋科研项目和海洋环境生态领域的合作。针对高科技人才、科创资本和高新技术3个基本创新要素开通流动通路。首先，大湾区内达成海洋技术标准的统一和相互技术的认可，以建立科技中心、创新平台、科学实验室等科创形式，逐步推进海洋科技资源共享。其次，强化科研人才的联合培养、交流合作，减少人才跨境就业各方面的阻碍，实施人才安居、子女安置、社保待遇、个税减免等优惠政策，吸引三地甚至全球海洋人才。再次，由粤港澳合作争取国家级海洋工程项目，实现资源共享，允许粤港澳的政府、涉海企业和个人多主体参与资金创投，建立科创孵化平台。最后，粤港澳大湾区内可选取特定区域进行试验，允许粤港澳科技创新要素在区内自由流动，逐步成熟后在大湾区全域实施。

参考文献

Hong Kong Transport and Housing Bureau: Study on the Economic Contribution of Maritime and Port Industry in 2016, 2018.

马茹等:《中国区域经济高质量发展评价指标体系及测度研究》，《中国软科学》

2019 年第 7 期。

殷克东:《中国海洋经济周期波动监测预警研究》,人民出版社,2016。

王涛等:《粤港澳大湾区海洋经济协调发展模式研究》,《海洋经济》2019 年第 1 期。

陈明宝:《要素流动、资源融合与开放合作——海洋经济在粤港澳大湾区建设中的作用》,《华南师范大学学报》(社会科学版)2018 年第 2 期。

国家统计局:《中国统计年鉴 2019》,中国统计出版社,2019。

国家海洋局:《中国海洋统计年鉴》,海洋出版社,2008~2017。

《中国港口年鉴》,中国港口杂志出版社,2013~2019。

粤港澳大湾区年鉴编纂委员会:《粤港澳大湾区年鉴 2018》,方志出版社,2019。

广东省自然资源厅:《广东海洋经济发展报告(2020)》,2020。

张宗法、陈雪:《粤港澳大湾区科技创新共同体建设思路与对策研究》,《科技管理研究》2019 年第 14 期。

刘畅等:《粤港澳大湾区水环境状况分析及治理对策初探》,《北京大学学报》(自然科学版)2019 年第 6 期。

张艺、孟飞荣:《海洋战略性新兴产业基础研究竞争力发展态势研究——以海洋生物医药产业为例》,《科技进步与对策》2019 年第 16 期。

辜胜阻、曹冬梅、杨嵋:《构建粤港澳大湾区创新生态系统的战略思考》,《中国软科学》2018 年第 4 期。

姚荔、杨潇、杨黎静:《粤港澳大湾区视角下香港海洋经济发展策略研究》,《海洋经济》2018 年第 6 期。

周四清等:《产业集聚及协调发展对区域科技创新水平的影响——基于粤港澳大湾区制造业、金融业、教育的实证研究》,《科技管理研究》2019 年第 19 期。

邝祺纶、毛艳华:《港澳台与广东省地缘经济关系匹配研究》,《现代管理科学》2017 年第 4 期。

王方方、杨焕焕:《粤港澳大湾区城市群空间经济网络结构及其影响因素研究——基于网络分析法》,《华南师范大学学报》(社会科学版)2018 年第 4 期。

周春山等:《粤港澳大湾区经济发展时空演变特征及其影响因素》,《热带地理》2017 年第 6 期。

林香红、高健、张玉洁:《香港海洋经济发展的经验及启示》,《海洋信息》2014 年第 4 期。

李大海、韩明:《向海发展:澳门海域划定与经济转型》,《海洋开发与管理》2019 年第 1 期。

申明浩等:《新时代粤港澳大湾区协同发展——一个理论分析框架》,《国际经贸探索》2019 年第 9 期。

肖建辉:《粤港澳大湾区物流业高质量发展的路径》,《中国流通经济》2020 年第 3 期。

专 题 篇

Special Topics

B.10
中国海洋经济安全发展形势分析

"中国海洋经济安全发展"课题组*

摘　要： 近年来，海洋经济的重要性日益凸显，健康、安全的海洋经济对实现国家可持续发展具有重要意义。但目前我国海洋经济安全存在着重要海洋战略通道保障有隐患、传统海洋经济发展模式面临转型升级、海洋治理能力有待进一步提升等问题。因此，本报告以海洋经济安全为研究核心，针对上述问题，对我国海洋经济安全评价进行了指标体系的构建和指数测算，从而为更好地促进我国海洋经济的发展、维护海洋经济稳定献计献策。

关键词： 海洋经济安全　指标体系　安全指数

---

* 课题组成员：高金田、李雪梅、方胜民、万广雪、付晓哲、许童童、何畅、孙文燕、单昕。

一 中国海洋经济安全基本形势分析

（一）中国海洋经济安全发展历程

海洋经济安全作为一种非传统安全越来越受到人们的重视，回顾我国海洋经济发展历程，有助于进一步对我国海洋经济安全进行分析、研判和预测，并提出更加有针对性的政策建议。

1. 1949～1974年

新中国成立以后，从无到有、从弱到强地打造一支能够切实保护国家海洋主权的人民海军是这一时期中国海洋经济安全的主旋律，但基于历史原因，我国海防力量仍然十分贫弱。

2. 1974～2008年

改革开放以来，我国大力发展沿海地区经济，充分发挥海洋作为贸易通道的作用。这一阶段我国海洋经济发展水平飞速提高，海洋科学技术水平奋起直追，但也出现了许多问题，主要有由于发展模式粗放，海洋环境资源承载力受到严重威胁，以及海洋事务调控管理水平不足。

3. 2008年至今

进入21世纪以来，我国海洋经济快速增长，迫切要求我国建设一支强大的人民海军以保护我国日益扩大的海洋利益。当今中国海洋经济进入平稳发展阶段，海洋科学技术水平整体落后但已有先进方面，海洋资源环境承载力逐步恢复，海洋事务调控管理水平也日益提高，海洋经济安全整体欣欣向荣。

（二）中国海洋经济安全发展因素分析

1. 海洋经济保障能力

海洋经济保障能力是海洋经济安全的基础，也是海洋经济安全所要保障的利益标的，其规模大小直接决定了海洋经济安全的价值。

2013年开始，我国逐渐重视对海洋资源的保护和海洋经济的可持续发展，加快了海洋经济转型升级的步伐，加大了海洋科学技术研发投入，海洋生产总值增速有所下降。随着海洋产业结构的不断优化，近年来我国主要海洋产业的增加值稳步增长，海洋生产总值的增速放缓。

2. 海洋资源环境承载力

海洋资源环境承载力主要包括海洋资源、海洋生态以及海洋环境这三个方面的可持续发展能力，是海洋经济安全的重要保障。

在海洋资源方面，2001~2019年，我国主要海洋资源产业的增加值呈逐年上升趋势（见图1）。海洋油气勘探开发将成为未来世界油气资源开发的重点。2018年受到国际航运市场需求减弱影响，造船完工量显著减少，再加上航运能力过剩，海洋船舶工业增加值也有小幅度下降。此外，随着海洋捕捞采取可持续的发展措施来逐步恢复渔业资源，捕捞量近年来呈下降趋势，海洋渔业增加值增长的速度也有所放缓。

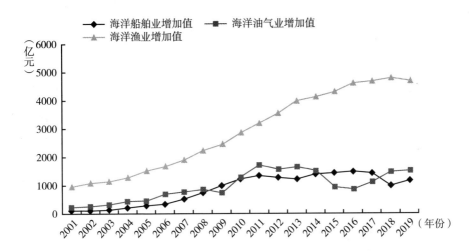

图1　2001~2019年我国海洋船舶业、油气业、渔业增加值

资料来源：《中国海洋统计年鉴》（2001~2017）；《中国海洋经济统计公报》（2001~2019）。

近年来，虽然我国海洋资源保持稳步增长，但由于过去我国长期粗放式、缺乏监管的海洋资源利用已经对海洋资源环境承载力造成了相当的压力，亟须在未来一段时间内进行修复。

3. 海洋科技支撑能力

海洋科技支撑能力是利用海洋科技资源进行的海洋科学研究和技术开发活动，是对海洋社会和海洋经济全面发展的综合支撑能力，决定了我国对海洋资

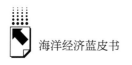
源的开发利用效率、海洋产业的投入产出效率以及海洋产品附加值的高低。

2001～2019年，我国中央财政持续加大对海洋科技的支持力度，我国海洋科学技术投入水平总体呈上升趋势，海洋领域高水平成果不断产出，创新能力不断提升。随着近年来科技兴海规划和海洋强国战略等的实施，各地区对海洋科学技术的重视程度日益提升，海洋科学技术的发展总体呈上升趋势。2001～2019年我国海洋科学技术投入如图2所示。

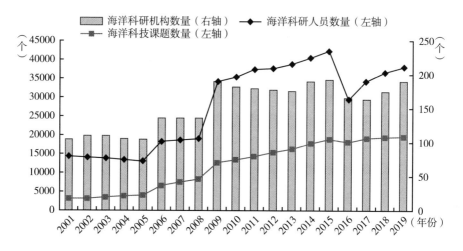

图2　2001～2019年我国海洋科学技术投入

资料来源：《中国海洋统计年鉴》（2001～2017），国家统计局。

4. 海洋事务调控管理能力

海洋事务调控管理能力主要包括海洋运输能力、抵御海洋灾害能力、海洋事务调控能力和海洋执法监察能力四个方面，是维护国家海洋权益、促进海洋经济健康发展的坚实保障。

在海洋灾害损失方面，2001～2019年，随着我国灾害预警能力和防灾减灾能力的提升以及防灾减灾投入的加大，风暴潮灾害经济损失总体呈波动式发展（见图3）。2019年，我国海洋灾害经济损失较为严重，沿海风暴潮共发生11次，单次海洋灾害造成的直接经济损失最大的达到102.88亿元。

我国远洋货运量由2010年的58054万吨增加到2019年的83243万吨，平均增速约为4.09%；而规模以上主要港口货物吞吐量则由2010年的548358万

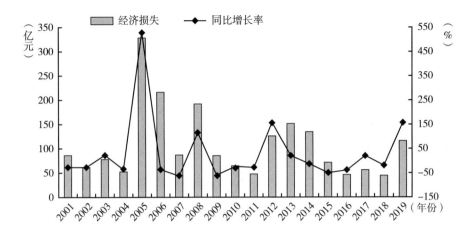

图3　2001～2019年我国风暴潮灾害经济损失状况

资料来源：《中国海洋经济统计公报》（2001～2019）。

吨增加到2018年的922392万吨，年均增速约为6.7%。海洋交通运输在我国海洋经济中发挥着重要作用。

（三）中国海洋经济安全发展问题所在

1. 关键海域区域不稳定性因素增加

我国是《联合国海洋法公约》缔约国，拥有约300万平方公里海洋国土。同时，我国也面临诸项领海争议。主要有与朝鲜和韩国在黄海的领海争议、与日本在东海钓鱼岛的领海争议以及与东南亚各国在南海地区的领海争议。随着外部环境恶化，近年来，借口所谓的"航行自由"，以美国为首的一些国家屡次派出军舰和其他舰艇进入我国南海，无端干涉并意欲侵犯我国领海主权。

2. 重要海洋战略通道保障存在隐患

习近平总书记深刻指出："经济强国必然是海洋强国、航运强国。"据统计，依吨位计算，全球贸易总量中约90%通过海洋运输；按照商品价值计算，则占贸易额的70%以上。以货物吞吐量和集装箱吞吐量计，我国拥有压倒性多数的排名世界前列的港口，这也意味着我国拥有了越来越庞大的远洋利益。

我国对于上述海洋战略通道影响力十分有限，并无事实上的掌控能力，这日益成为潜在的安全隐患。一旦国际形势发生不利变化，我国海洋航道安全极

易受到重大威胁。

3. 传统海洋经济发展模式亟须转型升级

长期以来形成的粗放掠夺式开发、先污染后治理的发展模式，使海洋环境污染、资源枯竭与浪费、生态退化等问题突出。随着我国海洋经济向精细化、可持续化、资金—技术密集化发展，深化拓展现有经济空间，科学开发蓝色资源宝库，切实维护陆海生态环境，需要持续推进近岸海域污染防治工作，加强海洋工程和海洋倾废监管工作，切实履行滨海生态空间监管职责，稳步推进渔业资源生态修复。

4. 现代化海洋治理能力有待进一步提高

随着经济总量上升，海洋灾害对我国造成的经济损失绝对值始终未能有所降低，并且随着全球变暖和厄尔尼诺现象的频繁出现，反常灾害的可能性增大，完善的预警和防灾减灾体系直接关乎我国海洋经济健康可持续发展和人民群众生命财产安全；我国海洋经济涉及产业种类众多，新兴产业相对陌生，传统产业也会出现新兴问题，在标准制定、立法执法、监督管理等方面都对我国相关部门提出了更高的要求。

5. 海洋经济安全面临疫情常态化压力

至今，全世界范围内的新冠肺炎疫情局势仍不明朗，疫情拐点尚未明确，全球各大经济体都面临着疫情常态化的压力，对我国海洋经济安全形成了冲击。第一，美国"罗斯福"号航母事件为我国海军敲响了警钟。海军舰艇具有出海时间长、船舱内部密闭等特征，更有利于病毒传播，而现有防生化措施难以应对新冠肺炎病毒，如不重视则有可能导致海军失去战斗能力。第二，新冠肺炎疫情对海洋捕捞业、海洋养殖业、海洋产品流通加工业和滨海旅游业等海洋产业均造成了重大影响。第三，全球贸易受新冠肺炎疫情冲击整体萎靡不振，我国作为航运大国首当其冲。

二 中国海洋经济安全发展环境分析

（一）海洋经济安全国际环境

我国应对国际安全威胁的能力逐渐稳固，陆地安全与海上安全齐头并进。渔业产业链监管得到强化，陆海统筹通力配合；近岸海域防污染、减污染措施双管齐下；优化渔业生产管理，减轻海洋负担，做好渔民安置保障。中国海监主动出击，在诸争议海域开展维权巡航。

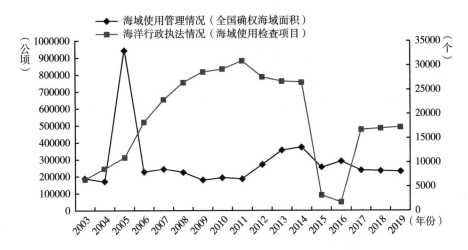

图4 2003～2019年我国海域使用管理情况和海洋行政执法情况

资料来源：《中国海洋统计年鉴》（2001～2017），国家统计局。

同时我国所面临的国际环境也越来越复杂。21世纪以来，随着国际政治格局与力量对比发生变化，各个国家逐渐倾向于在海洋领域开发新的经济增长点。与此同时，世界各海域也陆续成为各国的角力场，北极地区包括北冰洋正成为俄美的新博弈之地，印度在印度洋更是动作频频，国际海洋安全问题不容小觑。

1. 主要海洋大国安全战略

（1）美国海洋安全战略

现今的海洋安全秩序仍带有鲜明的强权烙印，它以美国为核心，包括美国和美国遍布世界的同盟体系，以及美国主导的系列军事和安全规则。美国"印太战略"的最主要目的就是主导该处海洋秩序，以维护美国全球霸权，并据此辐射影响其他国家；美国不断向我国海域海洋内政管理施压，并干涉台湾问题与南海问题，意图遏制中国的成长以维护其霸主地位。

（2）俄罗斯海洋安全战略

21世纪以来，国际形势的变化和中俄关系的相向而行给中俄海洋安全合作营造了良好的外交环境。"一带一路"倡议和俄罗斯的"向东看"发展政策

日益增加了两国的海洋安全利益。但与此同时，中俄两国的海洋安全合作也面临着一系列复杂的问题和挑战。

（3）其他国家海洋安全战略

我国近周邻国众多，涉海纷争亦众。日本是我国东向重要邻国，于钓鱼岛与我国产生严重争端；越南在南海与我国涉及许多岛屿争端；日、越两国在涉海安全上加大了合作力度，影响不容忽略；韩国以《国际海洋法公约》为由，挑起中国主权岛屿苏岩礁争端；马来西亚占领南沙南部9个岛礁，构成从南海礁到禄康约200海里的岛链。在远洋国家中，澳大利亚一直对我国在南太平洋地区的和平崛起有所顾虑，再加上中国对一些岛国影响力日益增强，其他地区国家也因此纷纷侧目。

2. 印度洋安全环境

印度近年来加快建设水面舰艇、核潜艇，加大力度建设航空兵，在亚洲的军事力量不容忽视。然而近些年来，印度海军大动作频繁，意在时刻宣布其在印度洋的主导权和支配权。

3. 北冰洋安全环境

北冰洋以及北极地区形势也日益严峻。为了争夺极地资源，俄美近年来在北极地区持续"过招"。2020年6月29日，美国及其北约盟国在冰岛海岸外启动代号为"活力猫鼬"的大型联合反潜演习，而俄海军太平洋舰队也计划于2020年在北极圈进行军事演习。此外，俄军北极防空体系的主要组成部分即将建成，用于防止北约部队借用北极对俄境内目标发动奇袭。美国及其北约盟友针锋相对，也在北极地区频繁活动。曾经无人问津的极地正成为美俄博弈的热土。

4. 深海安全

深海作为未来战争的战略基点，成为各国明争暗斗的新焦点。据勘测，以深海油气、可燃冰等资源为首，深海区域皆拥有亟待开发的庞大储量。谁抢占了开发深海的先机，也就掌握了人类赖以生存和发展的巨大资源宝库。

5. 北极航道安全

北极航道在我国航运发展中具有至关重要的作用，由于地理位置的特点，未来总体通航密度不会太高，在总体安全性方面更具优势。北极航道的开通可能重塑国际能源格局，推动世界经济中心北移。由此，许多国家强化了该地区的军事部署，为我国北极航道安全蒙上阴影。

（二）海洋经济安全国内环境

2020 年政府工作报告更是提出，强化综合管理海洋，推进海洋经济，使海洋资源开发能力不断提升，加强对海洋生态环境的保护，重视国家海洋权益的维护。习近平总书记提出打造 21 世纪海上丝绸之路，在"共商共建共享"理念的指导下，与沿岸国家优势互补推动经济合作的开展，以此实现地区繁荣。面临新冠肺炎疫情对各国的冲击，国际单边主义更加盛行，中美两国的贸易摩擦不断升级，美方甚至不顾原则地在国际舞台上重伤我国，这都给我国国内海洋经济安全带来更多隐患。

2019 年 4 月，055 型导弹驱逐舰正式运营；5 月，中俄开展海上联合军演，且进行了海上舰艇实操演练；12 月，我国的首艘国产航母"山东舰"交付，这也开启了我国双航母时代，为提升我国海军力量打下良好的基础；2020 年 7 月，我国自行研发的"海域图像清晰化系统"验收通过且开始运行。

在海洋布局方面，我国也取得很多成就，相应的海上大国重器陆续被建成，多种大型海洋勘探与开采建设设备已经被研发出，如"蓝鲸 1 号""天鲲号"绞吸疏浚船。

（三）海洋经济安全区域环境

切实维护我国广阔的海洋国（领）土和海洋权益面临极大困难。尤其当前美国推行亚太战略（"亚太再平衡"），国际局势更为错综难辨，我国海洋安全环境和形势更加严峻。

首先，南海问题的错综化和境外势力的不断干预，给我国海洋权益和海洋安全环境带来了巨大困难。美国的干涉和干预下，诸如日本、英国、澳大利亚及印度等境外势力不断侵入，且美日等国和南海有关国家达成双向合作，给我国南海岛屿主权、海洋安全及海洋利益等形成更大的威胁。

其次，日本的"钓鱼岛国有化"政策对我国东海安全环境带来极大不稳定因素。同时，台湾当局的立场和态度及台日双方组织海洋会议，使我国在东海的正当权益受到侵害，东海的海洋安全环境也更加危险。

再次，全球主要海洋运输通道安全方面我国显现出更为重要的地位，给海外利益安全的维护带来更大压力。我国经济利益的全球化，被以美国为首的世界主要海洋通道（如马六甲海峡）随时关闭所威胁，我国国家经济和海洋通

道两者的安全均难以保障，安全压力日益加大。

最后，朝鲜半岛问题仍威胁着我国北部海洋的安全。一方面，中韩两国就黄海的苏岩礁并未达成共识，另一方面，朝鲜"核危机"的发生，使美韩加紧开展周边海域的军事演习等，这些都严重威胁着我国环渤海和黄海的海洋安全。

三 中国海洋经济安全发展形势分析

（一）中国海洋经济安全指标设计

中国海洋经济安全评价指标综合了海洋经济保障能力、海洋资源环境承载力、海洋科技支撑能力以及海洋事务调控管理能力这四个指标，设计构建了中国海洋经济安全指标体系，如表1所示，共4个一级指标、15个二级指标。

本部分在结合我国当前海洋经济发展实际的基础上，借鉴国内外有关海洋经济安全的指标设计，指标权重确定采取熵值法，由此得到的权重测评结果较为客观。另外，根据"功效系数"的方法计算各个二级指标的指数，再对其进行加权平均合成我国海洋经济安全指数。

表1 中国海洋经济安全指标体系

指标	一级指标	二级指标
海洋经济安全指数	海洋经济保障能力	海洋经济总量指标
		海洋经济结构指标
		海洋经济推动力指标
	海洋资源环境承载力	海洋资源储备水平
		海洋资源可持续发展能力
		海洋环境可持续发展能力
		海洋生态可持续发展能力
	海洋科技支撑能力	海洋科技发展基础水平
		海洋科技投入水平
		海洋科技产出水平
		海洋科技成果转化
	海洋事务调控管理能力	海洋运输能力
		海洋事务调控能力
		海洋执法监察力度
		抵御海洋灾害的能力

中国海洋经济安全指数的计算公式为:

$$I = \frac{\sum\limits_{j=1}^{n} I_j W_j}{\sum\limits_{j=1}^{n} W_j}$$

其中, W_j 为第 j 个指标的权重, I_j 为第 j 个指标的值, I 为中国海洋经济安全指数。

(二)中国海洋经济安全指数测算

从我国海洋经济安全指数的测评结果可以看出,我国目前的海洋经济形势比较严峻。将我国海洋经济安全指数以及其一级指标指数分别用折线图的方式展现出来,如图 5 所示。

由折线图可以更直观地看出,在 2006~2019 年,我国海洋经济安全指数存在两个明显下降的点,分别是 2012 年以及 2016 年。2006~2019 年我国海洋经济安全指数的一级指标变化情况也可以通过折线图明显地反映出来,具体分析如下。

(1)海洋经济保障能力。该指数在 2008 年、2010 年、2014 年都低于基准水平(2006 年)。结合时事背景可以发现,2008 年主要是受国际金融危机影响,再加上海洋经济与进出口贸易等存在的联系,该指数在 2007 年就出现下滑。2010 年,欧债危机导致大量的外贸订单被取消,这对我国海洋经济造成了极大的影响,表现为 2010 年该指数处于较低水平。2014 年虽然我国海洋经济总量处于较高水平,但是在该指标中海洋经济结构所占权重较大,由于二、三产业增加值占海洋经济总值的比重变小,因此该年指数呈略微下降趋势。另外,该指数在 2016~2017 年也呈下降趋势,原因与极强厄尔尼诺事件分不开。

(2)海洋资源环境承载力。该指数总体上波动较小,并整体上呈现上升趋势,说明我国对于海洋资源、环境以及生态的关注度提高,并适时颁布了相应的政策法律,加强海洋行政管理,建立海洋保护区,保护海洋生态环境、海洋资源。

(3)海洋科技支撑能力。该指数整体上呈增长趋势,说明我国逐步投入较多的资金用于海洋科技的研发、人才培养、基础建设等。2014 年呈现小幅

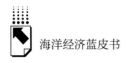

下降可能是跟我国科技转化率与产出水平有较大的关联。总体上，该指数可以直观地反映我国科技正在逐步变强变大，并且对我国海洋经济安全提供的支撑也越来越强。

（4）海洋事务调控管理能力。我国海洋事务调控管理能力指数波动较大，这与其二级指标抵抗海洋灾害的能力有极大关联。结合海洋灾害直接经济损失以及沿海风暴潮次数可以发现，2008年、2010年、2013年以及2014年受海洋灾害影响较大，由此对海洋事务调控管理能力要求较高，所以会出现较大的波动。

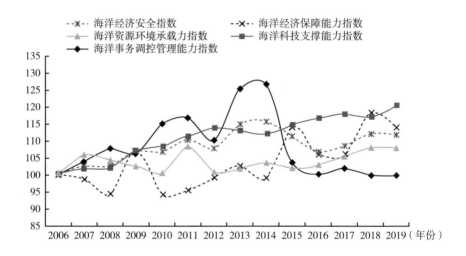

图5 2006~2019年中国海洋经济安全指数以及一级指标指数

（三）中国海洋经济安全形势展望

通过对2020~2022年我国海洋经济安全发展形势进行预测，可以大体估计我国海洋经济安全在未来三年的变化趋势。新冠肺炎疫情给世界带来巨大的冲击，包括人们的心理和生活、经济增长与就业、国家治理及世界治理等。面对这样的突发公共安全事件，我国的经济也受到了冲击。在疫情早期，停工停产，短期内消费、投资、出口都有所下降，同样的，我国海洋经济的发展也受到了影响。

受此次疫情影响，我国海洋运输业以及旅游业将受严重影响。据统计，在一些国家或地区，新冠肺炎疫情导致航运活动减少了 80%，并且由于封城措施和对海产品的需求下降导致了捕鱼活动也减少了。海洋交通运输业作为我国海洋经济的支柱产业之一，2008～2018 年年均增速为 2.7%，行业属于平稳增长型，只是近年来受国际政治经济形势、贸易环境等影响，增长速度有所放缓，占海洋生产总值的比重也逐渐下降。此外，远洋货运量和海洋交通运输业也受到了疫情的影响。

再者，新冠肺炎疫情的流行将加剧离岸执法的困难，海岸警卫队和海军着眼于管理国内危机，而不是管理海洋。海上执法力度的减弱可能会给不法分子更多非法捕鱼和无视配额进行滥捕的机会；随着各港口陆续关闭或实施准入限制，海上渔业运输面临更大压力，非法运输更加难以监管，更可能发生非法捕鱼及侵犯人权事件；由于许多科研类航行被取消，海洋科学研究业务不得不减少，这可能会破坏海洋生物种群评估与管理制度，从而对海洋渔业的可持续发展造成冲击。

但是从长期来看，随着复工复产的推进以及国内疫情基本得到控制，各个国家会不断调整自己的经济方针，同时，海洋运输以及对外贸易也会恢复往日水平，所以，海洋经济安全水平会上升。

四　中国海洋经济安全发展政策建议

（一）适度优化海洋产业结构，改善海洋生态环境

我国海洋经济已进入新常态发展阶段，正在经历增长的新时期，在向更加高级、结构更加合理的方向发展。转型升级是未来海洋经济的发展目标。深入挖掘传统海洋产业、大力发展新兴海洋产业，积极推进产业转型升级并提高海洋科技创新能力，从而最大限度地减轻对海洋生态环境的污染。

此外，要解决海洋生态环境的问题，首先是各级政府以及相关海洋部门制定相关的政策措施，将海洋开发力度限制在合理的范围之内。尤其是关注一些高污染企业对于沿海地区生态环境所造成的损失，积极引导这类企业改革发展模式，加大科技投入，减少对海洋的污染。其次，要加强监管，加大海洋环保力度。严格把控高污染企业的监管与排放标准，通过立法措施，严

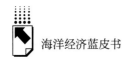

格整治排放不达标的企业。最后是要调动广大公民的责任意识，使之积极投身到海洋生态环境保护中来。尤其是对广大渔民、涉海企业职员等加强培训，强化环保意识。

（二）加大海洋科技投入，实施"科技兴海"战略

提升我国海洋科技发展水平，需要有关部门及相关人员增加自身的知识储备和提高能力。首先，政府要制定合理的政策，保障海洋科技研发的资金充足，并为海洋科技发展培养相关人才；其次，有关涉海部门企业要加强自身员工的素质训练，促进其多开阔视野，学习新的知识；最后，要全面提高我国的研发能力，尤其是在关系核心技术的高精尖领域，从而促进我国海洋经济又好又快发展。

（三）完善海洋监督管理机制，提高海洋防灾减灾能力

建立多元化的运输网络，加强与周边国家的合作，从而保障海洋运输安全。可以发挥我国基础设施优势，强化陆路和管道运输，从而降低相关风险。我国可以专门建立一个海洋运输队，购置低耗能、低污染、高性能的货船，并加快大型船只的研发，不断提高海洋运输能力与国内运输份额。

针对海洋防灾减灾，首先，需要在承灾地区防护设施建设上花大力气；其次，建立风险评估和风险监测预警机制，增强中、长期预报能力；最后，科学制订防灾预案，建立应急管理评估机制，落实责任追究制。

参考文献

刘明：《我国海洋经济安全形势解析》，《云南财经大学学报》2009 年第 1 期。

马一鸣：《中国海洋经济安全评价体系初探》，中国海洋大学硕士学位论文，2012。

殷克东、涂永强：《海洋经济安全研究文献综述》，《中国渔业经济》2012 年第 2 期。

苏少之：《50～70 年代中国沿海地区与内地经济布局的演变》，《当代中国史研究》2000 年第 4 期。

陈凌珊、陈平、李静：《海洋环境污染损失的货币价值估算——以珠江入海口为例》，《海洋经济》2019 年第 1 期。

汤杨：《遥感图像污染监测分析的机器学习算法实现》，天津大学硕士学位论文，2018。

付奕奕：《浅析海洋污染与海洋渔业资源保护》，《科技风》2020 年第 4 期。

张甜甜：《我国渔业经济发展现状及建议》，《中国经贸导刊（中）》2019 年第 7 期。

赵岚：《东南亚渔业纠纷与海洋安全治理》，南京大学硕士学位论文，2019。

《中国航运市场十年回顾：树立更多里程碑》，《中国远洋海运》2020 年第 3 期。

李忠林：《美国—新加坡海洋安全合作新态势》，《国际论坛》2018 年第 1 期。

翟崑、宋清润：《美泰海洋安全合作的演变及动因》，《太平洋学报》2019 年第 1 期。

王竞超：《日越海洋安全合作的演进：战略考量与挑战》，《东南亚研究》2019 年第 2 期。

殷克东：《中国沿海地区海洋强省（市）综合实力评估》，人民出版社，2013。

殷克东：《中国海洋经济周期波动监测预警研究》，人民出版社，2016。

B.11
中国海洋经济运行景气形势分析

"中国海洋经济景气发展"课题组[*]

摘　要： 本报告立足于我国海洋经济发展的周期性和波动性规律，借鉴国内外经济景气指标选取的经验，从五个方面回顾了近三年的海洋经济发展情况并建立了中国海洋经济景气指标体系。在此基础之上，合成并测算中国海洋经济运行景气指数，进一步构造动态因子模型，运用滤波方法计算中国海洋经济运行 Stock-Waston 景气指数，并通过马尔可夫动态转移模型确定其转移趋势。随后通过影响因素分析、关联分析等分析方法对当前海洋经济景气形势进行研判，分析可知，2017～2019 年我国海洋经济运行比较平稳，景气指数均落于景气空间，但也暴露了我国海洋经济产业结构不均衡、海洋经济效益较低和海洋可持续发展能力不足等问题。最后，采用直接、间接预测法对景气指数的未来走向做出预测，并提出相关的政策建议。

关键词： 海洋经济景气　Stock-Waston 景气指数　马尔可夫动态转移

一　中国海洋经济景气回顾分析

2017～2019 年，我国海洋事业发展整体进展顺利、政策效果明显，国际海洋地位不断提升，海洋经济结构进一步优化调整，海洋经济对民生改善的贡

---

[*] 课题组成员：李雪梅、杨本硕、曹赟、张丽妍、刘晗、王鹏程、曲笑妹。

献日益增强,"海上丝绸之路"贸易范围增大,海洋发展空间布局不断优化,景气指数一直不断上升。

(一)海洋经济结构回顾

1. 海洋经济增长指标基本稳定

主要海洋产业总产值增速在2019年已高达7.5%,海洋生产总值占沿海地区GDP比重已连续三年在17%以上,海洋经济对国民经济贡献度不断提升,在当前世界经济形势较为严峻的大背景下,海洋经济"引擎"作用持续发力。

2. 海洋经济结构持续优化

2017~2019年,我国海洋产业发展水平不断提升,经济结构持续优化,我国海洋第一、第二产业占比呈递减趋势,第三产业占比连续三年不断上升,在2019年已达到60%,海洋服务业"稳定器"作用进一步增强。但是,新兴产业、高科技产业、战略性产业等发展较慢,海洋产业结构升级调整形势依然较为严峻。

3. 海洋就业人口规模不断扩大

2017~2019年,主要海洋产业就业人员增速一直维持在8%左右,涉海劳动人员不断增加,劳动力资源丰富,但高层次专业人才依然短缺,涉海就业主体生产效率不高,因此在培育创新型海洋人才上,需加快构建职业素质过硬和创新能力突出的海洋人才队伍。

(二)海洋产业发展水平回顾

2017年以来我国主要海洋产业总体呈现平稳发展态势。2019年全国海洋生产总值89415亿元,同比增长6.2%,海洋生产总值占GDP的比重为9.0%,占沿海地区生产总值的比重为17.1%。海洋产业全年实现增加值35724亿元,同比增长7.5%。

1. 主要海洋产业结构稳定

从海洋产业结构来看,我国目前主要的海洋产业有12类,已经基本形成了以滨海旅游业、海洋交通运输业和海洋渔业为三大支柱产业,其他主要海洋产业为支撑的格局,为新兴产业的进一步发展提供了一定的支持。

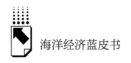

2. 主要海洋产业增速平稳

从海洋产业增速来看，近年来海洋船舶工业、滨海旅游业、海洋科研教育管理服务业和海洋生物医药业等增长速度较为明显。2019 年，上述产业增长速度分别为 11.3%、9.3%、8.3%、8.0%。未来海洋新能源开发、海水利用业等战略性新兴产业发展前景极为广阔。

（三）海洋经济效益回顾

2017 年以来，海洋经济逐渐成为我国经济新的增长点，以海洋经济为纽带的市场、技术、信息等合作日益紧密，海洋经济发展不断向质量效益型转变。

1. 海洋传统产业生产效率显著提升

2017～2019 年海洋传统产业投入产出比持续下降，这意味着在传统海洋产业发展过程中，海洋经济效益得到显著提高。同时，海洋经济相关企业经营效率显著提升，盈利能力不断增强。海洋局统计数据显示，2018 年海洋经济成本利润率、涉海企业主营业务收入利润率以及资产利润率分别增长 3.9%、3% 和 2.1%，增长幅度明显上升，2018 年海洋劳动生产率较 2011 年增长了1.7 倍。

2. 海洋新兴产业发展效率稳中向好

国家自然资源部数据显示，2019 年我国标志性海洋新兴产业发展迅速，基础设施较前几年有较好的补充，相关的科技开发也有所突破。但是，我国的海洋新兴产业仍处于初期发展阶段，仍然存在着发展起步较晚、扶持力度相对较弱和科研成果转化率低等问题。

（四）沿海地区经济发展水平回顾

1. 沿海地区经济发展区域化明显

沿海省份不同地区由于发展的历史基础和自然禀赋条件差异，经济增长不尽相同，相对而言，南方发展更快。2019 年，沿海省级行政单位 GDP 平均增长速率靠前的均在南方；而北方地区的 GDP 增速较为缓慢，这是由于北方产业结构较为传统，与当前快速发展的互联网经济联系不如南方地区密切。

2. 沿海地区经济发展促进海洋经济持续发展

自 2017 年以来，沿海地区经济发展对海洋经济的促进作用仍然没有完全发挥出来，其原因主要在于海洋产业以传统产业为主，精深加工发展滞后，科技支撑能力不足，海洋产业人才缺口大。未来还需在海洋产业结构调整、转型升级方面增加政策支持和人才支持。

（五）海洋经济可持续发展水平回顾

1. 海洋灾害防治切实有效

我国是一个海洋大国，海洋灾害风险较高，导致沿海地区居民的正常生活受到极大干扰，对海洋渔业、沿海地区交通运输业和滨海旅游业等关键产业也造成较大的影响，甚至对人们生命、财产安全带来严重的威胁。2017～2019 年，海洋灾害防治投入总额逐年递增，有效地减少了海洋灾害所产生的经济损失。

2. 海洋污染治理初显成效

中国政府通过制定政策等方式防止、减轻和控制人类活动和气候变化对海洋环境的污染和损害。2017 年至今，我国工业废水排放达标率已经超过 98%；随着各项海洋环境管理条例的颁布和各地区有关部门的重视，沿海地区针对海洋污染治理的项目数量逐年攀升，截至 2019 年，已选划、建立海洋自然保护区面积超过 500 万公顷。

3. 海洋科学研究不断推进

2017～2019 年，海洋科学技术进入了跨越式发展期，中国海洋科学的科研经费收入保持高速增长，科研成果产出数倍增加，海洋科技人才队伍不断扩大，海洋科研能力和科研条件得到了进一步提升和优化。但目前我国在海洋装备技术等方面还有很大发展空间，与美、日等海洋强国相比还存在一定的差距。

二　中国海洋经济景气指数编制

该部分考虑中国海洋经济发展特点，从第一部分所回顾的五个方面对海洋景气程度进行衡量，采用合成景气指数方法、动态因子方法、SW 景气指数方法和马尔可夫动态转移方法对海洋景气指数进行编制。

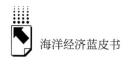
（一）中国海洋经济景气指标设计

1. 中国海洋经济景气指标设计原则及依据

本文选择衡量中国海洋经济景气程度的指标主要突出中国海洋经济发展的特点，综合考虑海洋经济发展的特征与趋势、资源与环境保护的完善程度等因素，确定设计海洋经济景气评价指标体系的基本原则，主要包括科学性、全面性、相似性、重要性、敏感性和稳定性。

我国在海洋经济领域统计工作还有待增强，很多数据并不能完全满足本文分析的需要，因此在中国海洋经济景气指数指标甄选时，需要更多考虑目前我国现有海洋经济统计数据的完善程度，科学分析海洋经济发展的阶段和程度。综合 OCED、美国、欧盟、日本和韩国对经济景气指标的选取和制定标准，可以看出影响经济景气的因素复杂。尽管不同国家和组织在指标选取上各不相同，但在某些方面也存在一些共同特征。本文参考各国家和国际组织制定经济景气指标的共性，并结合我国海洋经济发展的现实状况，提出了准确反映海洋经济的结构特征、科学预测海洋经济的发展前景和及时反映海洋经济波动的敏感性三点指标选取的准则。

2. 中国海洋经济景气指标选取及分析

根据我国海洋经济的发展特点，并且综合诸多专家的观点及相关文献，本文归纳了五大指标作为评价我国海洋经济景气的一级指标，分别为主要海洋经济结构指标、海洋产业发展水平指标、海洋经济效益指标、沿海地区经济发展水平以及沿海经济可持续发展指标，由此形成海洋经济景气指数指标体系。

3. 中国海洋经济景气指标检验及标准

由于海洋经济系统的原始统计指标中，大多数总量指标都存在一定的时间趋势性，即其随时间变化呈现一种具有明显发展趋势的特点。因此，为避免时间趋势性对景气指标体系的潜在影响，选择对该类指标对应的所有备选指标进行平稳性检验，分析其结果，以指标的平稳性作为标准进行景气指标的筛选。

4. 景气指标的数据选取与数据预处理

为了使本文选取的指标更加具有代表性，课题研究选取了我国海洋领域2002～2019 年的相关数据，从指标数据的可获得性以及其他各种因素出发，采用年度数据进行分析。数据资料主要来源于历年《中国海洋统计年鉴》《中国海洋经济统计公报》《中国海洋灾害公报》《中国统计年鉴》等。主要采用了标准化处理、奇异点处理、缺失数据填补等方法对原始数据进行预处理。本文主要采用移动平均法、指数平滑法和随机森林等。

（二）海洋经济景气指数测算方法

1. 合成指数计算方法

合成指数又称景气综合指数，是将特征指标的变化作为权重进行加权求和得到的综合指数。该指数既能反映一定经济周期内的综合指标的波动状况，又能对未来经济发展进行预测。具体算法如下：

首先计算单指标的对称变化率，

$$C_{it} = \frac{d_{it} - d_{it-1}}{(d_{it} + d_{it-1})/2} \times 100 = \frac{200(d_{it} - d_{it-1})}{d_{it} + d_{it-1}}$$

对对称变化率标准化得到 A_i：

$$A_i = \sum_{t=2}^{N} |C_{it}|/(N-1)$$

对称变化率的标准化数值用 S_{it} 表示，则有：

$$S_{it} = C_{it}/A_i$$

多指标标准化后的对称变化率为：

$$R_t = (\sum_{i=1}^{k} S_{it} \cdot W_i)/(\sum_{i=1}^{k} W_i)$$

标准化因子 F 的计算公式是：

$$F = \frac{(\sum_{t=2}^{N} |R_t|)/(N-1)}{(\sum_{t=2}^{N} |P_t|)/(N-1)}$$

同步指数标准化公式是：

$$V_t = R_t/F$$

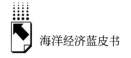

令 $I_1 = 100$ ，环比原始指数公式为：

$$I_t = I_{t-1} \times \frac{200 + V_t}{200 - V_t}, \, t = 2,3,\cdots,m$$

由此得到合成指数 CI_t 为：

$$CI_t = \frac{I_t}{\overline{I_0}} \times 100\%$$

2. 动态因子模型和 SW 景气指数

在计算景气指数方面，动态因子模型（Dynamic Factor Model）得到广泛应用。J. H. Stock 和 M. Watson 在此基础上构造了 Stock-Waston（SW）景气指数，他们认为 SW 景气指数是一个单一且不能观测的影响因素，能够对经济景气指标产生不同的影响。状态空间的动态因子模型的一般形式表达为：

$$\Delta y_{it} = \gamma_i(L)\Delta c_t + \mu_{it}, i = 1,2,\cdots,k$$
$$\varphi(L)\Delta c_t = \varepsilon_t$$
$$\psi_i(L)\mu_{it} = v_{it}$$

其中，c_t 是反映景气状态的 SW 景气指数。由于模型中包含不可观测变量 c_t，传统估计方法无法求解，因此借助 Kalman 滤波对转化为状态空间的形式进行求解。

3. 马尔可夫状态转移模型

在分析经济周期和金融时间序列时往往存在非对称性特征，马尔可夫状态转移模型（Markov Switching，MS）能够有效地计算经济周期的转折点，克服非对称性特征的问题。本文将利用 MS 方法确定我国海洋经济周期转折点，其转移形式如下：

$$(y_t - \mu_{s_t}) = \varphi_{s_{t-1},1}(y_{t-1} - \mu_{s_{t-1}}) + \varphi_{s_{t-2},2}(y_{t-2} - \mu_{s_{t-2}}) + \cdots$$
$$+ \varphi_{s_{t-r},r}(y_{t-r} - \mu_{s_{t-2}}) + \varepsilon_t, \varepsilon_t \sim N(0,\sigma_{s_t}^2)$$

其中 s_t 为状态变量，假定经济发展可处于两种状态，即经济繁荣状态和经济衰退状态，经济处于繁荣状态时，s_t 取值为 1，经济处于衰退状态时，s_t 取值为 2。由于模型中含有不可观测的离散变量 s_t，在估计过程中，需用 Hamilton 滤波实现概率推断计算，并使用极大似然法求解各个时点的因变量的混合正态分布的概率密度。

（三）中国海洋经济景气指数编制

1. 指标类型的划分与合成指数的计算

首先对已选取的 38 个指标进行数据的预处理，然后综合运用灰色关联法、时差相关分析法、模糊聚类分析法等分类方法对已有指标进行时期划分。最终，将 38 个指标划分为 15 个先行指标、7 个同步指标和 16 个滞后指标。随后运用 K－L 信息量法、Kendall 一致性检验方法、Granger 因果分析法确定每一个指标的先行阶数或滞后阶数。

通过合成指数计算方法对各个类别的指标进行计算，可得 2003～2019 年的合成指数如表 1 所示。根据表 1 数据，绘制中国海洋经济运行景气合成指数曲线如图 1 所示。

表 1　中国海洋经济运行景气合成指数

年份	2003	2004	2005	2006	2007	2008	2009	2010	2011
先行指标合成指数	95.78	96.44	97.31	98.09	99.16	98.90	100.55	100.76	101.26
同步指标合成指数	96.80	98.22	99.07	99.69	99.99	100.57	99.40	100.93	101.01
滞后指标合成指数	98.39	98.99	98.57	97.15	98.34	99.26	99.54	98.99	99.84
年份	2012	2013	2014	2015	2016	2017	2018	2019	
先行指标合成指数	101.78	102.11	102.21	102.36	100.97	100.85	100.68	100.79	
同步指标合成指数	100.77	100.42	100.73	100.21	100.13	100.75	100.60	100.70	
滞后指标合成指数	99.93	100.88	100.39	101.13	101.58	102.30	102.37	102.36	

观察图 1 可知，三支合成指数曲线总体上呈上升趋势，先行指标合成指数最为陡峭，2015 年达到顶峰，随后指数略有下降，逐渐趋于平稳；同步指标合成指数 2008 年前是连续上升的趋势，2008 年后指数逐步趋于稳定，但会有上下波动起伏；滞后指标合成指数，2006 年以后呈上升趋势，增幅略有波动。

汇合表 1 数据绘制中国海洋经济运行景气综合合成指数曲线如图 2 所示。观察图 2 可知，中国海洋经济运行景气综合合成指数 2003～2013 年整体呈增长趋势，由不景气空间的过冷区上升到景气空间的适度区，2006 年指数增幅较小；2013 年以后景气综合合成指数的增长速度放缓，始终处于景气空间的适度区，2016 年景气综合合成指数出现明显的下降，2017 年以后景气综合合

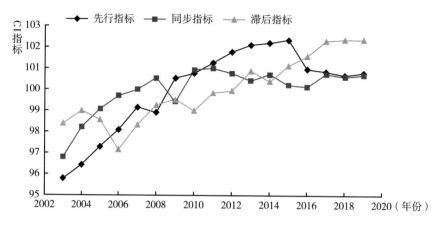

图 1 中国海洋经济运行景气合成指数曲线

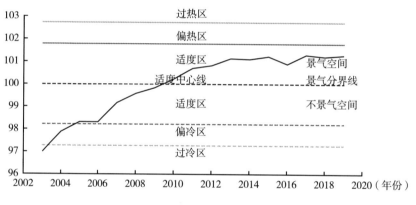

图 2 中国海洋经济运行景气综合合成指数曲线

成指数回到正轨。

2.动态因子模型的求解与 SW 景气指数的计算

根据我国海洋经济运行所选取的指标区分,选取其中的同步指标中的 5个指标用于动态因子模型和 SW 指数的计算。所选取的指标是:全国生产总值增速、主要海洋产业总产值增速、主要海洋产业就业人数占沿海地区就业人数比重、海洋交通运输业增加值增速、主要海洋产业增加值占沿海地区固定资产投资比重。对原始数据进行一阶差分并进行 ADF 检验得到 5 个一阶差分平稳序列。

经过对各个变量的滞后阶数反复试验确定模型参数（r，p，q）为（2，2，2），通过 Kalman 滤波计算并调整均值使 2003 年的值等于 100，最终确定我国海洋经济运行动态因子模型。通过 Kalman 滤波计算不可观测变量 C_t，即中国海洋经济运行 SW 景气指数如表 2 所示。

表 2 中国海洋经济运行 SW 景气指数

年份	2003	2004	2005	2006	2007	2008	2009	2010	2011
SW 景气指数	100.00	101.65	106.13	110.69	111.75	112.05	110.5	113.69	103.99
年份	2012	2013	2014	2015	2016	2017	2018	2019	
SW 景气指数	113.67	110.78	109.01	112.44	108.55	107.7	109.65	109.98	

由表 2 知，中国海洋经济运行 SW 景气指数的最大值在 2010 年，达到 113.69，最低值在 2003 年，初始值 100。绘制中国海洋经济运行 SW 景气指数如图 3 所示。

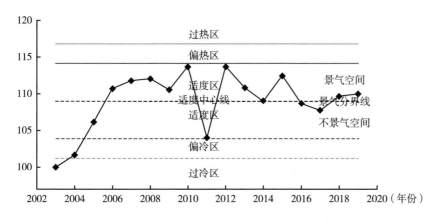

图 3 中国海洋经济运行 SW 景气指数曲线

观察图 3，可知中国海洋经济运行 SW 景气指数曲线走势与同步指标合成指数曲线趋势大致相同，中国海洋经济运行 SW 景气指数曲线的波动幅度相对更大一些。2003~2008 年，指数呈增长趋势，由不景气空间的过冷区域增长到景气空间的适度区，海洋经济发展处于快速扩张阶段；2008 年以后，中国海洋经济运行 SW 景气指数出现波动，2009 年指数下跌，2011 年指数跌至不

景气空间的适度区，这是由于受到2008年以来的经济危机和欧债危机的持续影响；2013年以后，指数波动比较频繁，但是波动幅度较小，基本维持在景气空间的适度区，在动态调整中呈现一种上升趋势。

3. 马尔可夫状态转移模型的模拟与经济周期波动转折点的识别

基于马尔可夫状态转移模型方法，结合已求出的中国海洋经济运行SW景气指数，编写Matlab程序对中国海洋经济运行状态进行模拟，模拟参数如表3所示。

表3　中国海洋经济马尔可夫状态转移模型参数计算

Parameters in State 1 (Coeff value (standard error, p value)):
Residue Standard Deviation：0.2392 (0.0420, 0.00)
Mean Constant：　　　　　　8.3502 (2.5698, 0.01)
Degree of Freedom：　　　　296.8957 (585.5966, 0.62)
AR parameters：
Lag 1：0.9223 (0.0257, 0.00)
Parameters in State 2 (Coeff value (standard error, p value)):
Residue Standard Deviation：3.2681 (0.7797, 0.00)
Mean Constant：　　　　　　95.2510 (0.0002, 0.00)
Degree of Freedom：　　　　340.9487 (0.0008, 0.00)
AR parameters：
Lag 1：0.0377 (0.0090, 0.00)
– – – > Transition Probabilities Matrix (std. errors in parenthesis) < – – –
0.80(0.24)　　　0.59(0.33)
0.20(0.12)　　　0.41(0.29)
– – – > Expected Duration of Regimes < – – –
Expected duration of Regime #1：4.99 time periods
Expected duration of Regime #2：1.69 time periods

由表3可知，通过马尔可夫状态转移模型所模拟的两种状态模拟效果较好，所对应的残差的标准差、均值的连续性和AR模型的估计参数均通过检验，并求出转移矩阵，当经济形式处于状态1的情况下维持状态1的概率为0.80，转移到状态2的概率为0.20；当经济形式处于状态2的情况下，即不景气状态，转移到景气状态的概率为0.59，维持在不景气状态的概率为0.41。马尔可夫状态的转移图如图4所示。

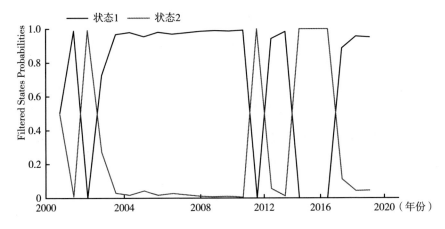

图4　中国海洋经济运行马尔可夫状态的转移图

　　观察图4可知，中国海洋经济运行马尔可夫状态的转移图基本上与中国海洋经济运行 SW 景气指数曲线相对应，二者存在的差异是马尔可夫状态的转移模型对于一些小的变异点有一定的过滤作用。自 2003～2010 年中国海洋经济基本上维持在状态 1 上，说明海洋经济处于增长的状态，自 2011 年以来，海洋经济开始发生几次明显的波动，2011 年海洋经济处于状态 2 说明处于衰退期，随之 2012 年快速上升，2014 年海洋经济再次处于衰退期，2018 年以后海洋经济状态逐步回归状态 1，我国海洋经济发展处于增长模式。

三　中国海洋经济景气发展形势研判

（一）中国海洋经济景气指数的影响因素分析

　　本文具体选取的影响因素是海洋船舶工业增加值增速、新兴海洋产业占比、海洋科研教育管理服务业增加值增速和海洋灾害防治投入总额增速等 4 个指标，分别用 X_1、X_2、X_3 和 X_4 表示，样本时间为 2003～2019 年，回归结果如下：

$$Y_t = 0.182X_{1,t-1} + 0.5093X_{2,t-1} + 0.227X_{3,t-2} + 0.167X_{4,t-1} + 97.045$$
$$(2.941) \qquad (3.762) \qquad (2.574) \qquad (2.338)$$

　　回归方程的拟合优度为 0.723，F 值为 6.5273，方程整体显著，各个变量

均通过 t 检验，变量显著。观察回归参数可知，先行变量的滞后期均对中国海洋经济运行 SW 景气指数带来正向影响，海洋船舶工业增加值的增速每变化 1 个单位，便会为下一期的景气指数带来 0.182 个单位的增长，这是因为海洋船舶工业的发展不会立刻带来巨大的经济增长，需将这些产出投入使用后才会带来更大的收益。新兴海洋产业占比的增加，会给下一期的海洋经济带来正向的增长，这是因为新兴海洋产业较传统海洋产业而言能够带来更高的收益，对海洋经济的长久发展带来新动力。海洋科研教育管理服务业增加值增速的变化在中长期会给我国海洋经济发展带来更大的动力，海洋科研教育的投入为我国海洋高新技术发展的突破带来了保障，相比其他指标，海洋科研教育管理服务业的增加转化为海洋经济收益的时间需要更长一些。海洋灾害防治投入总额增速的增长能够更大限度地保障沿海人民的生命安全和财产安全，是维持正常经济生活的重要保障。

（二）中国海洋经济景气指数的关联分析

本文采用中国海洋经济运行景气综合合成指数 SI 和中国宏观经济景气指数 CI 两个变量，构建向量自回归模型，对中国海洋经济景气指数展开关联分析，样本区间确定为 2003～2019 年。SI 在前文已通过建立相关模型得到数据，CI 数据来自国家统计局官方网站。

首先需要考察 SI 序列与 CI 序列是否平稳，主要采用 ADF 检验方法进行单位根检验，结果显示二者均是平稳序列，据此建立 VAR 模型。

1. 中国海洋经济景气与宏观经济景气关联的 VAR 模型检验

通过构建 VAR 模型对中国海洋经济景气指数与宏观经济景气进行关联分析。首先依照 AIC 信息准则，确定模型的最优滞后期，通过多次计算，将滞后期定为 3 期，随后确定已建立的 VAR 模型的平稳性，如图 5 所示。

2. 中国海洋经济与宏观经济的景气关联分析

（1）中国海洋经济与中国宏观经济的景气关联响应

图 6 表明，海洋经济景气与宏观经济景气之间存在一定的关联关系，且关联程度较高，宏观经济运行系统对海洋经济系统的冲击影响主要集中在初期，后期程度较低，总体而言，冲击影响持续了较长时间。通过脉冲响应函数，二者之间的景气关联响应特征能够得到直观、准确的刻画。

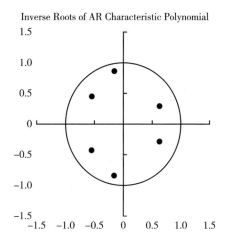

图 5　中国海洋经济景气关联 VAR 模型稳定性检验

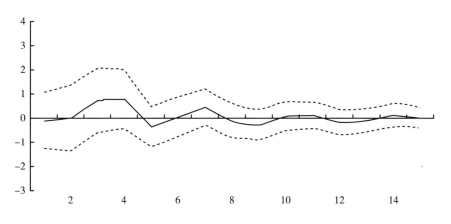

图 6　中国海洋经济景气对中国宏观经济景气冲击的响应

由图 6 知，对中国宏观经济景气指数制造冲击时，SI 指数响应持续上升，从第 2 期直线上升至第 3 期，继续保持上升势头，又小幅度上升到第 4 期，达到最高点。此后上升趋势反转，开始直线下降至第 5 期最低点，初期波动十分剧烈，其后波动程度缓慢降低。由此可以得出：中国宏观经济景气和中国海洋经济关联度较高，响应时间较长，影响集中在短期，从长期来看，影响程度则十分微弱。

（2）中国海洋经济的自主响应分析

图 7 中可以看出，在初期波动幅度非常大，中国海洋经济的自身内在脉冲

响应迅速减小，在第 2 期达到最低点，触底反弹，不断波动，正负交替，从第 6 期开始影响逐渐减弱，最后从第 8 期开始趋于消失。从图中可以看出中国海洋经济自主冲击的响应特征十分明显，响应时滞较长，这在一定程度上说明中国海洋经济系统内部影响机制在加强，自身可持续发展能力得到提高。

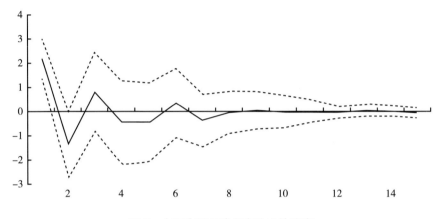

图7　中国海洋经济自主冲击的响应

（3）中国海洋经济的方差分解分析

由表 4 和图 7 所示，中国海洋经济自身波动是海洋经济波动的最主要原因，宏观经济虽然有一定程度的影响，但所占比重较低。

表4　中国海洋经济景气的方差分解

Period	1	2	3	4	5	6	7	8	9	10
S. E.	6.907	8.357	8.733	8.746	9.155	9.219	9.426	9.473	9.511	9.589
CI	0.137	0.106	7.060	13.533	14.270	14.116	15.759	15.883	16.487	16.564
SI	99.63	99.89	92.94	86.467	85.73	85.884	84.241	84.117	83.513	83.436

从图 8 可以看出，中国宏观经济景气波动对中国海洋经济景气冲击比较小，中国海洋经济景气波动主要还是来自海洋经济内部系统的冲击。从一开始中国宏观经济景气波动的冲击持续增加，前 4 期上升幅度较大，而后虽然不断上升，但是幅度非常小，最终维持在 16.6% 左右水平，即大约 83.4% 的海洋经济波动可以从自身解释，其余的 16.6% 可以由中国的宏观经济波动来解释。

由此可知，虽然宏观经济景气和海洋经济景气关系密切，但海洋经济受宏观经济的影响较小，中国海洋经济系统运行相对安全稳定。

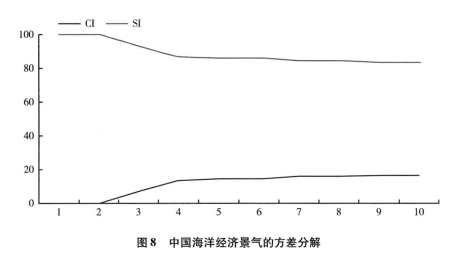

图8 中国海洋经济景气的方差分解

四 中国海洋经济景气发展预判

为更好地预判中国海洋经济未来发展的景气程度，本文根据海洋经济数据的一些特性，采取直接预测法和间接预测法对我国海洋经济未来的发展趋势进行预测。

（一）直接预测法预测中国海洋经济景气程度

海洋经济指数直接预测法是在原有指数模型和结果的基础上，采用灰色预测法、神经网络方法、机器学习方法、移动平均法和指数平滑法对指数进行直接的预测。这类预测方法直观明确，在数据缺失严重的情况下具有较强实用性。本文在中国海洋经济景气指数的基础上，分别对中国海洋经济运行景气综合合成指数和中国海洋经济运行 SW 景气指数进行未来 3 年的预测，预测结果见图9 和图10。

由图9 可知，通过直接预测法得到的中国海洋经济运行景气综合合成指数在未来 3 年中将继续保持上涨的趋势，但是上涨的幅度较小，仍处于景气空间

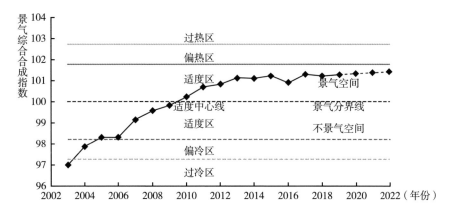

图9 2020～2022年中国海洋经济运行景气综合合成指数直接预测结果

的适度区，未能进入偏热区。我国海洋经济已从快速上升调整为深度整合阶段，海洋经济结构日趋合理，海洋第三产业门类更加全面，传统海洋产业逐步完善，新兴海洋产业科技水平将不断提升。直接预测法下我国海洋经济运行景气综合合成指数虽有所上升，但是上升势头缓慢。这主要受近些年全球经济不景气、国内整体经济增速放缓等诸多因素的相互影响。

由图10可知，通过直接预测法得到的中国海洋经济运行SW景气指数在未来3年仍保持着上升的趋势，上升幅度虽不大，但比较稳定。通过直接预测结果可以推断出，我国海洋经济增长指标在未来3年中相对稳定，不会出现大幅度波动；传统海洋产业总量持续增长，增速受国际经济环境的影响；在国家重点扶持下，新兴海洋产业、战略产业和高科技产业可能较以往会有所突破，实现快速增长。

考虑到新冠肺炎疫情在世界的蔓延、中美贸易摩擦持续升级，为了提高我国海洋经济景气发展的预测精度，本文亦通过间接预测法对我国海洋经济景气程度进行预测。

（二）间接预测法预测中国海洋经济景气程度

海洋经济指数间接预测法是通过灰色预测法、联立方程组模型、神经网络法、趋势外推法、指数平滑法和组合优化预测等方法对用于计算指数的指标进

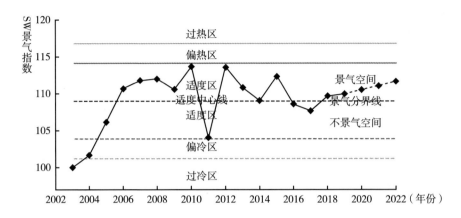

图10 2020~2022年中国海洋经济运行SW景气指数直接预测结果

行预测，对预测后的经济变量再通过指数计算方法或者影响因素分析方法进行
指数的预测。本文结合前期整理数据和2020年已经公布的相关季度数据对参
与指数计算的38个指标进行预测，并采用指数计算方法，间接预测了2020~
2022年中国海洋经济运行景气综合合成指数和中国海洋经济运行SW景气指
数，预测结果如图11和图12所示。

由图11可知，通过间接预测法得到的中国海洋经济运行景气综合合成指
数在2020年可能会有短暂的下跌，2021年和2022年逐渐恢复正常，指数保持
上涨趋势，在未来三年内始终处于景气空间的适度区。受新冠肺炎疫情的影
响，海洋传统产业产能较往年有所减弱，随着疫情不断得到控制，产能逐步恢
复正常；但新冠肺炎疫情在世界快速蔓延和中美贸易摩擦的持续升级，海洋产
业的进出口受到了显著的影响，同时海洋运输业、滨海旅游业等相关产业也受
到了较大的影响。2021~2022年，预计新冠肺炎疫情能够在全球范围内得到
较好的控制，受影响的海洋产业会逐步恢复正常，海洋经济得到复苏。

由图12可知，通过间接预测法得到的中国海洋经济运行SW景气指数在
2020年出现明显的下降，从景气空间的适度区跌入不景气空间的适度区，这
主要受疫情的影响。但是在疫情的影响下，如在网络技术和区位优势影响下的
网络直播、网络带货等新兴产业模式已成为当今时代的新流行，为因疫情增长
放缓的海洋经济带来了新的出路。与此同时，我国在海洋科技发展、海洋灾害
防治和海洋资源保护等方面也不断进步，为我国海洋经济的可持续发展提供新

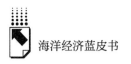

动力。预计在 2021~2022 年，我国海洋经济能够恢复发展速度，景气指数将返回到景气空间。

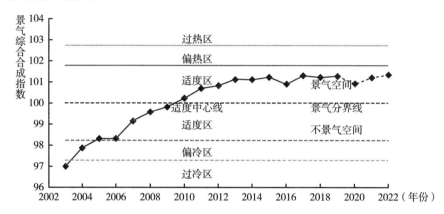

图 11　2020~2022 年中国海洋经济运行景气综合合成指数间接预测结果

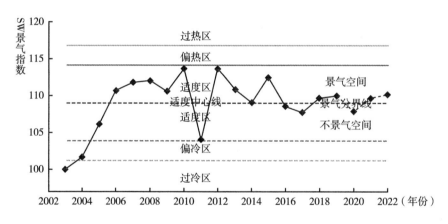

图 12　2020~2022 年中国海洋经济运行 SW 景气指数间接预测结果

（三）中国海洋经济景气相关政策建议

目前，我国海洋经济实现跨越式发展，海洋强国战略顺利推进实施，海上丝绸之路更加繁华，海洋经济系统的战略地位日益凸显，引起了世界各国的高度重视与关注。因此，为进一步促进中国海洋经济景气发展提出以下建议。

1. 因地制宜发展海洋经济，推进海洋产业结构优化升级

沿海地区要选择突显地域特色的海洋经济发展模式，构建合理的海洋产业结构。产业结构优化升级要求提升海洋第三产业在海洋三大产业中的作用和地位，一方面政府应出台相应战略规划积极引导海洋文教产业发展，提高海洋经济发展的"软实力"；另一方面应结合沿海地区的产业特色、地域优势，加快海洋高新技术产业以及滨海旅游业等高端服务业的发展。

海洋战略性新兴产业的健康稳定发展能够进一步提升海洋经济景气程度，要进一步完善海洋战略性新兴产业的理论架构体系，贯彻"稳、扩、调"三结合的思路，明确重点、主攻要点、精准发力，在促进海洋战略性新兴产业基础上优化产业组织布局，打造大中小企业优势互补的良性合作趋势。

2. 推动海洋产业创新成果落地，提高海洋产业核心竞争力

海洋科技创新将持续推动海洋经济的发展，在海洋经济新增长点的开发中起到关键作用，因此提高核心技术水平、在全球海洋科技竞争中占据优势尤为重要。想要提高核心科技水平，首先要落实海洋产业的基础能力，在保证安全的前提下以提高投入产出效率为目标，以涉海企业和企业家为主体，以市场机制调节为基础、政府调节为辅，提高资源配置的合理性和高效性。

推进海洋产业发展。优化海洋产业内部链条，使新兴产业结构能更好地与新动能融合。推进海洋新兴产业政策体系建设，不断突破关键技术，提高海洋新兴产业核心竞争力。努力寻找新的突破方向，龙头企业带动产业链上下游全面恢复产能，突出重围坚定转向海洋科技提升，缓解不良影响对我国海洋产业增长动能的冲击，推进海洋经济高质量发展。

3. 加大海洋环境保护力度，保障海洋经济持续健康发展

要重视并加强对海洋稀缺资源的保护，不断提升利用效率，探索"生态红线＋生态补偿"的多元海洋治理模式，创新海洋经济绿色发展模式，健全稀缺资源保护及高效利用的长效机制。此外，要进一步完善并健全海洋环境保护法律体系，出台相关法律法规，加大对破坏海洋环境行为的惩罚力度，以此实现依法护海、用海、管海。

与此同时，要积极利用高科技，加强对海洋实时数据的监测（如5G技术、无人机技术等），确保观测数据能够准确及时地反馈到相关部门，使相关

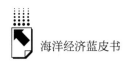

部门及时了解海洋环境保护过程中所存在的问题和弊端，为海洋环境保护提供数据支撑，利用智慧决策促进我国海洋环境健康发展。

参考文献

宁凌、宋泽明：《海洋科技创新、海洋全要素生产率与海洋经济发展的动态关系——基于面板向量自回归模型的实证分析》，《科技管理研究》2020 年第 6 期。

宁靓、胡全峰、王岚、孙菁：《环渤海地区绿色海洋科技资源配置效率研究》，《云南师范大学学报》（哲学社会科学版）2020 年第 2 期。

林香红：《面向 2030：全球海洋经济发展的影响因素、趋势及对策建议》，《太平洋学报》2020 年第 1 期。

王银银、翟仁祥：《海洋产业结构调整、空间溢出与沿海经济增长——基于中国沿海省域空间面板数据的分析》，《南通大学学报》（社会科学版）2020 年第 1 期。

王泽宇、卢函、孙才志：《中国海洋资源开发与海洋经济增长关系》，《经济地理》2017 年第 11 期。

邹玮、孙才志、覃雄合：《基于 Bootstrap‐DEA 模型环渤海地区海洋经济效率空间演化与影响因素分析》，《地理科学》2017 年第 6 期。

王波、韩立民：《中国海洋产业结构变动对海洋经济增长的影响——基于沿海 11 省市的面板门槛效应回归分析》，《资源科学》2017 年第 6 期。

王泽宇、卢雪凤、孙才志、韩增林、董晓菲：《中国海洋经济重心演变及影响因素》，《经济地理》2017 年第 5 期。

王金明、刘旭阳：《基于经济景气指数对我国经济周期波动转折点的识别》，《数量经济研究》2016 年第 1 期。

殷克东：《中国海洋经济周期波动监测预警研究》，人民出版社，2016。

殷克东：《中国沿海地区海洋强省（市）综合实力评估》，人民出版社，2013。

B.12
世界主要蓝色经济领军城市
发展水平比较分析

徐　胜*

摘　要：　本文依次选取旧金山、巴塞罗那、东京湾、迈阿密、纽约湾
　　　　　五个国外较为发达的蓝色经济城市（地区），对其蓝色经济发
　　　　　展规模进行分析；同时选取了青岛、大连、天津、宁波和上
　　　　　海等五个国内海洋经济城市，对其蓝色经济规模及结构进行
　　　　　分析；通过构建蓝色经济发展评价指标体系，评估了国内七
　　　　　个典型海洋城市的海洋经济发展水平；并对国内蓝色经济领
　　　　　军城市发展的影响因素进行了剖析，提出相关发展建议。

关键词：　蓝色经济　指标体系　海洋经济

蓝色经济领军城市是那些充分利用海洋资源、地理位置和经济基础，在新
时代背景下，率先有效地开发和利用海洋资源，并带动内陆经济增长，实现海
洋经济可持续发展的海洋城市。在全球海洋经济快速发展的今天，中国加快蓝
色经济发展，构建蓝色经济领军城市是十分必要的。

一　蓝色经济领军城市发展现状分析

（一）国外蓝色经济领军城市（地区）发展规模分析

1. 旧金山海洋经济发展规模分析

如果将旧金山湾区作为一个独立的经济体，2017 年其 7480 亿美元

---

* 徐胜，中国海洋大学经济学院教授，研究领域为海洋经济结构转型与可持续发展。

的 GDP 使其成为世界第 19 大经济体。旧金山湾区海洋经济数据如表 1 所示。

表1 2009~2016年旧金山湾区海洋经济各部门生产总值

单位：百万美元

年份	2009	2010	2011	2012	2013	2014	2015	2016
海洋建筑业	936.1	824.5	715.5	929.3	989.8	875	1037.5	1036.4
海洋生物资源业	292.9	290.5	327.1	336.7	341.6	358.7	363.5	1055.0
船舶制造业	7308.4	8102.0	9098.1	9143.1	8077.6	5512.1	3264	2655.2
滨海旅游业	1161.4	996.9	945.4	759.4	800.1	858.3	1022.7	1113.6
滨海矿产资源开采业	15319.8	15552.3	16418.8	17229.3	18161.3	20349.6	22597.6	23767.8
海洋运输业	15650.9	14971.2	13855.1	14972.7	15450.3	15180.3	16502.3	16144.39

资料来源：美国 NOEP。

2. 东京湾海洋经济发展规模分析

从地理区域划分来看，神奈川县、东京都及千叶县部分地区都属于东京湾，面积约 1320 平方公里。2016 年，东京湾渔业产量 199102 吨，渔业生产总值为 65528 百万日元，占全国生产总值 4.45%，具体数据见表 2 和表 3。

表2 2010~2016年东京湾海洋渔业基本情况

单位：百万日元，%

年份	2010	2011	2012	2013	2014	2015	2016
湾区渔业生产总值	71989	45557	41858	39839	40430	49063	65528
全国渔业总产值	1399866	1327133	1327328	1350056	1410331	1428599	1471604
东京湾占比	5.14	3.43	3.15	2.95	2.87	3.43	4.45

资料来源：日本统计年鉴。

表3 2010~2016年东京湾渔获量

单位：吨，%

年份	2010	2011	2012	2013	2014	2015	2016
湾区渔业产量	343453	334884	322523	289791	225239	222975	199102
全国渔业总产量	4161946	3858359	3779632	3746102	3743843	3111783	3291505
东京湾占比	8.25	8.68	8.53	7.74	6.02	7.17	6.05

资料来源：日本统计年鉴。

3. 纽约湾海洋经济发展规模分析

纽约湾位于大西洋西岸平原，是美国人口分布较为稠密的地区之一。从2005年到2016年，纽约市海洋生产总值从10503百万美元增长到17938百万美元，年均增速为4.99%，高于美国整体经济增长速度。

滨海旅游业是纽约市海洋支柱产业，2016年滨海旅游业占海洋生产总值的98%以上。纽约湾蓝色经济产业具体数据如表4所示。

表4　2005~2016年纽约湾蓝色经济产业生产总值

单位：百万美元

年份	海洋建筑业	海洋生物资源	矿产资源开采业	滨海旅游业	海洋运输业
2005	35.422	31.912	—	10280.04	156.127
2006	36.636	26.099	20.85	10705.00	247.657
2007	84.482	26.252	24.713	11230.95	265.191
2008	133.217	21.94	43.432	12165.92	238.818
2009	253.937	21.857	11.729	11453.82	191.908
2010	261.157	23.376	12.253	12133.08	96.151
2011	230.791	25.599	9.119	13371.88	117.592
2012	255.66	26.745	—	14650.68	98.853
2013	232.747	31.415	—	16089.61	150.069
2014	144.382	36.554	53.746	15983.34	118.327
2015	130.325	19.968	15.283	16819.76	137.583
2016	136.058	58.615	9.809	17626.52	107.012

资料来源：美国NOEP。

4. 巴塞罗那海洋经济发展规模分析

巴塞罗那海洋经济总体上对西班牙经济和就业有十分重要的影响。在西班牙，海洋经济占全国GDP的比重在2009~2017年增长了10个百分点，增速快于全国整体GDP，具体数据如表5所示。

表5　2010~2017年西班牙海洋经济各部门生产总值

单位：百万欧元

年份	2010	2011	2012	2013	2014	2015	2016	2017
滨海旅游	12806	12715	12579	12747	12357	14044	15594	17543

续表

年份	2010	2011	2012	2013	2014	2015	2016	2017
海洋生物资源	3125	3208	2930	3063	3332	3239	3501	3539
海洋非生物资源	629	552	443	454	413	389	444	444
港口经济	3428	3346	3236	3015	2990	3116	3060	3060
船舶制造修理	1453	1165	1142	839	1113	922	868	869
海上运输	725	629	645	629	650	759	828	828
海洋经济总计	22166	21615	20975	20747	20855	22469	24295	26283

资料来源：欧盟统计局。

5. 迈阿密海洋经济发展规模分析

迈阿密是美国重要的滨海城市，位于南佛罗里达州都市圈，是美国人口最多的地区之一。2005～2016 年，迈阿密海洋生产总值从 4838.19 百万美元增长至 7983.82 百万美元，年均增速为 4.66%。滨海旅游休闲业及海洋运输业占据了迈阿密海洋经济的 99% 以上，其中滨海休闲旅游业一直稳步增长，海洋运输业近几年增速有所下滑。海洋经济各部门数据如表 6 所示。

表 6　2009～2016 年迈阿密海洋经济各部门生产总值

单位：百万美元

年份	2009	2010	2011	2012	2013	2014	2015	2016
海洋建筑业	1085	577	599	1070	1224	1088	979	1017
海洋生物资源业	169	158	247	250	304	291	280	1261
滨海矿产资源开采业	45	45	21	92	73	28	85	87
船舶制造修理业	776	583	568	745	774	745	909	922
滨海旅游休闲业	43871	50152	53514	57432	59006	58908	61395	62995
海洋运输业	13046	9494	9589	9651	10898	11749	12173	12767

资料来源：美国 NOEP。

（二）我国蓝色经济典型城市海洋产业结构分析

1. 宁波市

2018 年宁波海洋经济总产值 5250.82 亿元，比上年增加了近 500 亿元，海洋经济增加值 1530.82 亿元。海洋产业成为宁波经济发展的增长点之一。

2019 年 7 月，宁波市政府发布《宁波海洋经济发展示范区建设总体规划》，示范区规划面积 149 平方公里，计划设立"一体二湾多岛"模式，促进海洋工程设备、海洋旅游、渔港经济等协调发展。

2. 上海市

上海市位于中国南北海域的交汇处、长江流域入海口，地理位置优越。2018 年，上海市海洋经济生产总值达 9183 亿元，占全市 GDP 的比重由 2002 年的 13% 上升到 2018 年的 28%。海洋经济已经成为上海市经济增长的重要驱动力。

近些年来，上海市海洋经济产业结构进一步优化。目前，上海市围绕海洋战略性新兴产业，重点扶植海洋高新技术企业。上海市临港海洋高新园区已经拥有 2700 多家注册企业，累计总产值近 50 亿元，已经成为上海海洋经济的典范，具体情况如表 7 所示。

表7　2010～2018 年上海市海洋经济三大产业所占比重

单位：%

年份	2010	2011	2012	2013	2014	2015	2016	2017	2018	2019
第一产业	0.07	0.06	0.07	0.09	0.09	0.1	0.1	0.09	0.08	0.07
第二产业	39.42	39.09	37.8	36.76	37	36	34.46	34.01	33.85	33.31
第三产业	60.51	60.85	62.13	63.15	62.91	63.9	65.44	65.9	66.07	66.62

资料来源：上海市水务局。

3. 天津市

近年来，天津市充分利用海洋资源优势，其海洋经济获得了良好的发展。2018 年天津市海洋生产总值为 5028 亿元，年均增速达到 2.12%，海洋产业结构和布局不断优化。

2015 年之前，天津市海洋经济第二产业在海洋经济中占据一半以上，但随着第三产业的发展，海洋第三产业已经占据主导地位，表明天津市海洋经济发展结构更加合理，具体情况如表 8 所示。

表8　2009～2018年天津市海洋经济三大产业产值比较

单位：%

年份	2009	2010	2011	2012	2013	2014	2015	2016	2017	2018
第一产业	0.24	0.2	0.2	0.2	0.19	0.26	0.3	0.3	0.27	0.25
第二产业	61.6	65.52	68.49	66.66	67.32	63.4	62.6	45.4	42.3	38.7
第三产业	38.16	34.28	31.3	33.14	32.5	36.34	37.1	54.3	57.43	61.05

资料来源：中国海洋统计年鉴（2011～2017年）及天津市政府公告。

天津三大核心海洋产业分别为滨海旅游业、海洋油气业和海洋运输业。其中，滨海旅游业对天津市经济发展的贡献越来越大；同时，天津充分发挥天津港的区位优势，积极建设陆上交通系统，推动天津海上运输业的发展。

4. 大连市

大连市渔业资源丰富，近些年来蓝色经济稳定快速增长。2018年大连市海洋生产总值达到1100多亿元，占全市GDP 15%以上。海洋经济在大连市社会经济发展中起到了重要作用，成为大连经济发展的重要推动力量。

大连市拥有中国最大的船舶出口企业，同时也是我国重要的军舰建造基地。滨海旅游业发展迅速，已经成为大连海洋经济的发展重心。

5. 青岛市

青岛濒临黄海，是山东的经济发展中心，海洋经济正处于快速发展时期。据统计，2018年青岛海洋生产总值达3300多亿元，占全市GDP的27.7%，位居全国前列。

青岛新兴海洋产业发展迅猛，2019年产值360多亿元，占海洋经济的10%，推动海洋经济增长1.1%。滨海旅游业是青岛海洋经济的主要增长源泉。2019年青岛市游客总人数超过1.09亿人次，旅游总收入高达1955.9亿元。

二　蓝色经济领军城市发展水平指标体系构建构建及测度分析

（一）蓝色经济领军城市评价指标体系构建

根据蓝色经济的内涵以及中国蓝色经济发展现状，考虑蓝色经济发展的特点，选出蓝色经济规模发展水平、蓝色经济产业发展水平、海洋科技发展水平及海洋城市发展水平四个二级指标，对二级指标的定义及外延进行详细分析，再选择三级指标，具体如表 9 所示。

表 9　蓝色经济领军城市评价指标体系

一级指标	二级指标	三级指标
蓝色经济发展水平	蓝色经济规模发展水平	海洋生产总值（GOP）（亿元）
		海洋第一产业比例（%）
		海洋第二产业比例（%）
		海洋第三产业比例（%）
		占全国 GOP 的比重（%）
	蓝色经济产业发展水平	国内外游客总数（万人次）
		集装箱吞吐量（万标箱）
		污水处理量（万吨/日）
		港口货物吞吐量（亿吨）
		滨海旅游总收入（亿元）
	海洋科技发展水平	科研机构数量（个）
		本专科学生在校人数（万人）
		科技经费投入（万元）
		发明专利授权数量（件）
		科研从业人员（人）
	海洋城市发展水平	在岗职工平均工资（元）
		固定资产投资（亿元）
		社会商品零售总额（亿元）
		地区人均 GDP（元）
		人均储蓄余额（元）
		财政收入（亿元）
		货物进出口总额（百万美元）
		年末总人口（万人）

（二）蓝色经济领军城市静态评价标准

本文以 2015～2019 年深圳、上海、大连、厦门、青岛、天津、宁波七个典型海洋城市的相关数据为样本，选取每个指标中前三名的数值代表现在发展的高水平，然后求出其期望值与标准差以反映数据的离散程度。蓝色经济领军城市静态评价标准如表 10 所示。

表 10　蓝色经济领军城市静态评价标准

指标	指标排名前三位数值			平均值	标准差
海洋生产总值（GOP）（亿元）	7643.4	6759.7	6305.7	2698.68	2076.32
海洋第一产业比例（%）	13.4	13.2	12.7	5.26	4.4
海洋第二产业比例（%）	67.3	66.7	62.1	42.98	8.67
海洋第三产业比例（%）	65.5	63.9	63.5	51.82	8.09
占全国 GOP 的比重（%）	11.85	11.52	10.97	4.49	3.45
科研从业人员（人）	5434	4542	4108	2788.86	1114.06
港口货物吞吐量（亿吨）	9.2	8.9	7.7	4.57	2.08
集装箱吞吐量（万标箱）	3717	3653.7	3528.5	1791.57	873.01
国内外游客总数（万人次）	29620	29371	28091	11897.33	9826.57
污水处理量（万吨/日）	178.1	176.4	176	91.97	44.56
科研机构数量（个）	26	25	24	17.74	4.25
货物进出口总额（百万美元）	537359.03	442458.63	466785.49	193001.1	171150.73
科技经费投入（万元）	696242	230721	216370	123907.6	119355.74
人均储蓄余额（元）	300232.08	299203.47	291671.65	92233.72	9223.37
发明专利授权数量（件）	8269	7264	7181	4018.11	1894.05
本专科学生在校人数（万人）	82.68	51.38	51.28	29.31	18.05
固定资产投资（亿元）	12779.39	11831.99	10518.19	5111.58	2891.8
滨海旅游总收入（亿元）	4071.15	3886.66	3766.81	1563.73	1163.5
社会商品零售总额（亿元）	10946.6	10131.5	9303.5	4248.41	2468.96
地区 GDP（亿元）	506933	493052	481678	172547.6	92233.72
财政收入（亿元）	6406.13	5519.5	4585.55	1782.53	1524.78
年末总人口（万人）	1450	1442.97	1438.69	707.18	394.35
在岗职工平均工资（元）	120503	109279	100623	73020.03	15818.03

　　根据海洋经济发展水平的差异，把蓝色经济领军城市归为三种类型：有潜力达成的蓝色经济领军城市、基本符合的蓝色经济领军城市和完全达成的蓝色经济领军城市。有潜力达成的蓝色经济领军城市的标准为表 10 中各指标的期望减去标准差；基本符合的蓝色经济领军城市的标准为表 10 的期望值；完全达成的蓝色经济领军城市标准为表 10 各指标的期望值与标准差的和。蓝色经济领军城市阶段性评价标准如表 11 所示。

表 11　蓝色经济领军城市阶段性评价标准

指标	有潜力达成的蓝色经济领军城市标准	基本符合的蓝色经济领军城市的标准	完全达成的蓝色经济领军城市的标准
海洋生产总值（GOP）（亿元）	622.36	2076.32	4775
海洋第一产业比例（%）	0.86	4.4	9.66
海洋第二产业比例（%）	34.31	8.67	51.65
海洋第三产业比例（%）	43.73	8.09	59.91
占全国 GOP 的比重（%）	1.04	3.45	7.94
集装箱吞吐量（万标箱）	918.56	873.01	2664.58
人均储蓄余额（元）	83010.35	9223.37	101457.1
国内外游客总数（万人次）	2070.76	9826.57	21723.9
污水处理量（万吨/日）	47.41	44.56	136.53
港口货物吞吐量（亿吨）	2.49	2.08	6.65
科研从业人员（人）	1674.8	1114.06	3902.92
固定资产投资（亿元）	2219.78	2891.8	8003.38
科技经费投入（万元）	4551.86	119355.74	243263.3
发明专利授权数量（件）	2124.06	1894.05	5912.16
滨海旅游总收入（亿元）	400.23	1163.5	2727.23
本专科学生在校人数（万人）	11.26	18.05	47.36
地区 GDP（亿元）	80313.88	92233.72	264781.3
社会商品零售总额（亿元）	1779.45	2468.96	6717.37
科研机构数量（个）	13.49	4.25	21.99
货物进出口总额（百万美元）	21850.37	171150.73	364151.8
财政收入（亿元）	257.75	1524.78	3307.31
年末总人口（万人）	312.83	394.35	1101.53
在岗职工平均工资（元）	57202	15818.03	88838.06

（三）蓝色经济领军城市动态评价标准

采用移动平均法、指数平滑法对样本数据进行预测，区间选为 2015～2050 年，选择 2020 年、2035 年和 2050 年三个时点的预测数据进行比较分析，并将 7 个典型海洋城市的预测数据进行排序，以中位数作为蓝色经济领军城市发展动态标准，结果如表 12 所示。

2020 年我国城市的海洋生产总值平均可以达到 3764.12 亿元，海洋三次产业结构为 4.48∶30.72∶64.8，海洋经济发展势头强劲，不同海洋城市发展存在较大差

表 12　蓝色经济领军城市发展动态标准

指标	2020 年	2035 年	2050 年
海洋生产总值（GOP）（亿元）	3764.12	5722.42	6596.32
海洋第一产业比例（%）	4.48	1.48	1.33
海洋第二产业比例（%）	30.72	21.52	17.68
海洋第三产业比例（%）	64.8	77	80.99
占全国 GOP 的比重（%）	8.608	10.647	13.468
集装箱吞吐量（万标箱）	2182.12	2999.004	3449.154
旅游总收入（亿元）	1981.1	2979.865	4582.12
国内外游客总数（万人次）	10413.48	21049.6	31768.3
污水处理量（万吨/日）	124.8713	154.1701	139.649
科研机构数量（个）	20	20	21
固定资产投资（亿元）	7078.54	14339.17	20311.37
科研从业人员（人）	1756	1819	2231
地区 GDP（亿元）	158119.5	275915.9	371308.6
科技经费投入（万元）	127177.4	149052.6	225582.6
发明专利授权数量（件）	9869	22629	35316
本专科学生在校人数（万人）	32.13666	42.15666	52.17666
社会商品零售总额（亿元）	5469.38	11058.09	16556.34
货物进出口总额（百万美元）	47427.03	60011.11	99232.64
平均储蓄余额（元）	107794.9	167650.5	230650.5
财政收入（亿元）	1538.396	3154.031	4769.666
年末总人口（万人）	603.586	834.434	970.12
港口货物吞吐量（亿吨）	6.2	7.155	9.33
在岗职工平均工资（元）	109555.4	207956.7	308842.4

异，产业集聚势头明显。中期来看，到 2035 年我国城市的海洋生产总值平均可以达到 5722.42 亿元，海洋三次产业结构为1.48∶21.52∶77,产业结构趋于合理，海洋经济成为中国社会经济发展的重要推动力。长期来看，到 2050 年我国城市的海洋生产总值平均可以达到 6596.32 亿元，海洋三次产业结构为 1.33∶17.68∶80.99，产业结构进一步优化，海陆经济紧密结合，海洋产业更多依赖科技带动产出的增长，典型海洋城市发展水平达到世界发达海洋国家水平。

（四）典型海洋城市蓝色经济领军指数测评

考虑到数据的科学、准确性，本文采用层次分析法、熵值法、灰色关联法及主成分分析法组成"四维一体"联合模型，使结果更具统计意义。

1. 基于层次分析法的七大典型海洋城市得分及排序

根据层次分析法的基本原理，七大典型海洋城市的得分结果如表 13 所示。七大典型海洋城市在 2018～2019 年排名相对稳定。上海始终排在第一位，2019 年深圳赶超天津排名第二，而青岛、宁波、大连和厦门依次排在后面。

表 13　基于层次分析法的七大典型海洋城市得分及排序

年份		青岛	上海	天津	大连	宁波	深圳	厦门
2018	得分	0.128867	0.229342	0.177627	0.109621	0.113883	0.159771	0.080907
	排序	4	1	2	6	5	3	7
2019	得分	0.133632	0.238331	0.159957	0.1056	0.113758	0.16321	0.085533
	排序	4	1	3	6	5	2	7

2. 基于熵值法的七大典型海洋城市得分及排序

熵值法是一种计算指标离散程度的统计方法。据熵值法的基本规则，计算结果如表 14 所示。在 2018～2019 年，七大典型海洋城市排名没有变化。排在前三位的分别为上海、深圳和天津，第二梯队的城市为青岛、大连，而宁波和厦门排在最后。

表 14　基于熵值法的七大蓝色经济城市得分及排序

年份		青岛	上海	天津	大连	宁波	深圳	厦门
2018	得分	0.126358	0.236897	0.161797	0.115916	0.110567	0.169109	0.079356
	排序	4	1	3	5	6	2	7
2019	得分	0.127519	0.247364	0.146425	0.113425	0.110855	0.169452	0.084961
	排序	4	1	3	5	6	2	7

3. 基于灰色关联分析的七大典型海洋城市得分及排序

灰色关联分析方法是以不同变量发展过程中相近或不同的水平来研究变量之间关联度的科学方法。根据灰色关联分析基本原理，剔除弹性指标使结果更加具有科学性，得分结果如表 15 所示。依据灰色关联分析法的测评结果，2018～2019 年排名没有变化。前三名分别为深圳、天津和青岛，厦门排在最后。

表 15　基于灰色关联分析的七大典型海洋城市得分及排序

年份		青岛	上海	天津	大连	宁波	深圳	厦门
2018	得分	− 1. 35399	− 3. 3768	2. 726821	− 4. 19128	− 3. 10426	4. 079456	− 10. 9209
	排序	3	5	2	6	4	1	7
2019	得分	− 0. 85061	− 4. 94643	1. 395675	− 5. 75811	− 3. 52162	4. 667296	− 9. 87694
	排序	3	5	2	6	4	1	7

4. 基于主成分分析法的七大典型海洋城市得分及排序

主成分分析法是将一组线性相关的指标进行组合，构造出一组线性无关的指标来计算得分的科学方法。根据主成分分析法的基本原理，对发展指数进行测评，结果表 16 所示。在研究期间排名基本不变。2018 年排在前两位的是上海和深圳，大连和厦门处于末位。2019 年天津超过宁波和青岛排在第三位，青岛和宁波紧随其后排在第四、第五位。

表 16　基于主成分分析法的七大典型海洋城市得分及排序

年份		青岛	上海	天津	大连	宁波	深圳	厦门
2018	得分	− 0. 10564	1. 129006	− 0. 15862	− 0. 27051	− 0. 11804	0. 1078	− 0. 79341
	排序	3	1	5	6	4	2	7
2019	得分	0. 033694	1. 00149	0. 144228	− 0. 46798	− 0. 37172	0. 48839	− 0. 82809
	排序	4	1	3	6	5	2	7

5. Kendall 协同系数检验

在上述过程中层次分析法没有通过一致性检验，所以把层次分析法从综合得分中剔除。对于其余三种方法进行 Kendall 协同系数检验，结果如表 17 所示。如果 Chi-Square 大于 9. 488 或者 Kendall'w 大于 0. 9 或者 Asymp. Sig. 小于 0. 05，则认为三种方法具有一致性。由此可以认为三种方法通过了检验，进一步对三种方法的测评结果求均值，得出最终的测评结果。

表 17　Kendall 协同系数检验结果

系数	2018 年	2019 年
Chi-Square	11.457	11.457
Kendall'w	0.957	0.957
Asymp. Sig.	0.01	0.01

6. 综合得分

对通过一致性检验的三种分析方法结果进行综合排名，七个典型海洋城市蓝色经济发展水平如表 18 所示。七大典型海洋城市排名依次为深圳、天津、青岛、上海、宁波、大连和厦门。

表 18　2018～2019 年七大典型海洋城市海洋经济发展水平

年份		青岛	上海	天津	大连	宁波	深圳	厦门
2018	得分	-0.44442	-0.6703	0.909999	-1.44862	-1.03724	1.452122	-3.87832
	排序	3	4	2	6	5	1	7
2019	得分	-0.2298	-1.23253	0.562109	-2.03755	-1.26083	1.775046	-3.54002
	排序	3	4	2	6	5	1	7

三　蓝色经济领军城市发展影响因素分析

（一）人才资源竞争力

本文选取全市人口数、每万人在校本专科学生数、社会就业人员数三个指标来表示沿海城市的人才资源总量和质量，对七大典型海洋城市进行对比分析，剖析人才对海洋经济发展的影响。

1. 全市人口数

如表 19 所示，七大典型海洋城市中上海总人数最多，远超其他海洋城市。2018 年，上海市人口已经达到 1462.38 万人；天津市排在第二位，与上海市一起位居前列；青岛市排在第三位，宁波和大连紧随其后。

表19　2012～2018年七大典型海洋城市人口数

单位：万人

年份	2012	2013	2014	2015	2016	2017	2018
青岛	769.56	773.67	780.64	783	791.35	803.28	817.79
上海	1426.93	1432.34	1438.69	1442.97	1450	1455.13	1462.38
天津	993.2	1003.97	1016.66	1026.9	1044.4	1049.99	1081.63
大连	590.31	591.45	594.29	593.56	595.63	594.89	595.21
宁波	577.71	580.15	583.78	586.57	590.96	596.93	602.96
深圳	287.62	310.47	332.21	354.99	384.52	434.72	454.7
厦门	190.92	196.78	203.44	211.15	220.55	231.03	242.53

资料来源：国家统计局。

2. 每万人在校本专科学生数

以每万人在校本专科学生数来表示人才资源竞争力。2018年之前上海市始终排在第一位，2018年上海每万人在校本专科学生数达到了51.7796万人，天津超过上海排在第一位，与上海市基本相似，位于第一梯队中。而其余海洋城市与上海、天津相比人才资源竞争力存在较大差距。

表20　2012～2018年七大典型海洋城市每万人在校本专科学生数

单位：万人

年份	2012	2013	2014	2015	2016	2017	2018
青岛	29.6645	30.0246	31.3486	32.226	34.0875	34.6238	39.7982
上海	50.6596	50.4771	50.6644	51.1623	51.4683	51.4917	51.7796
天津	47.3114	48.9919	50.5795	51.2854	51.3842	51.4669	52.3349
大连	26.3692	27.6275	28.6224	29.0025	29.0217	28.4856	27.9945
宁波	14.5358	14.8954	15.0854	15.5767	15.5144	15.611	14.9804
深圳	7.557	8.2401	8.7674	9.0112	9.1883	8.0613	—
厦门	14.3964	15.2546	15.8346	14.3992	14.2948	14.0266	16.2459

资料来源：国家统计局。

3. 社会就业人员数

由表21可知，2018年社会就业人员数最多的是上海市，超过第二位深圳325.41万人，遥遥领先。而深圳社会就业人员数增长迅速，年均增速为

4.2%，超过其他海洋城市。天津排在第三位，紧追深圳。青岛和宁波紧随其后，社会就业人员数相对稳定，厦门和大连排在最后，2018 年厦门社会就业人员数仅为 158.32 万人。

表21　2010～2018 年七大典型海洋城市社会就业人员数

单位：万人

年份	2010	2011	2012	2013	2014	2015	2016	2017	2018
青岛	540.34	551.18	559.88	571.47	588.97	595.44	601.44	603.9	605.7
上海	1090.76	1104.33	1115.5	1137.35	1365.63	1361.51	1365.24	1372.65	1375.66
天津	728.7	763.16	803.14	847.46	877.21	896.8	902.42	894.83	896.56
大连	94.19	109.81	111.48	131.4	121.2	113.68	107.75	97.29	98.62
宁波	476.56	493.83	501.58	503.36	511.5	509.5	520	532	560
深圳	758.14	764.54	771.2	899.24	899.66	906.14	926.38	943.29	1050.25
厦门	95.33	110.5	118.05	130.26	133.91	136.77	139.15	145.99	158.32

资料来源：国家统计局。

如上所述，上海市和天津市在人才资源竞争力上具有绝对优势，为更好地推动蓝色经济建设，各城市应该努力提高人才竞争力。

（二）城市国际化水平

1. 外商直接投资总额

由表22 可知，在七大典型海洋城市中上海市在 2012～2018 年外商直接投资额最大，而天津和深圳的发展速度较快，仅次于上海。其余海洋城市与前三名相比还有很大差距，青岛、大连、宁波和厦门四个城市在 2012～2018 年总体处于较低水平，而且增长也不明显。

表22　2012～2018 年七大典型海洋城市外商直接投资总额

单位：百万美元

年份	2012	2013	2014	2015	2016	2017	2018
青岛	23085	25585	29140	32377	37069	46228	62166
上海	413768	457933	530467	661273	734246	798239	884911
大连	52300	51507	53122	55728	65288	99358	123128

续表

年份	2012	2013	2014	2015	2016	2017	2018
天津	118913	127423	144146	181328	222594	254823	290620
宁波	41357	45392	49800	54459	58804	70993	82586
深圳	108616	118982	132636	154881	188422	441809	466157
厦门	20840	21601	23576	26244	29726	35255	34516

资料来源：2012~2018 年各市统计年鉴及国民经济和社会发展统计公报。

2. 进出口总额

由表 23 可知，上海的进出口总额排在第一位，且保持高速上涨的态势，在 2018 年达到了 12668 百万美元，处于绝对领先位置。深圳和天津一直排在第二、三位，两者几乎一致。青岛稳居第四位，一直处于稳定增长的过程之中。

表 23　2010~2018 年七大典型海洋城市进出口总额

单位：百万美元

年份	2010	2011	2012	2013	2014	2015	2016	2017	2018
青岛	1961.1	2302.4	2635.6	2986.8	3361.7	3713.7	4104.9	4541	4842.5
上海	6186.6	7185.8	7840.4	8557	9303.5	10131	10946	11830	12668
大连	1639.8	1924.8	2224	2526.5	2828.4	3087.5	3410.1	3722.5	3880.1
天津	2860.2	3395.1	3921.4	4470.4	4738.7	5257.3	5635.8	5729.7	5533
宁波	1704.5	2018.9	2329.3	2635.7	2992	3349.6	3667.6	4047.8	4154.9
深圳	3000.8	3520.9	4008.8	4433.6	4844	5017.8	5512.8	6016.2	6168.9
厦门	685	800.3	881.9	974.5	1072.3	1168.4	1283.5	1446.7	1542.4

资料来源：2010~2018 年各市统计年鉴及国民经济和社会发展统计公报。

（三）社会公共服务和基础设施保障力

1. 财政支出

由表 24 可知，上海的财政支出总额排名第一，从 2011 年的 3914.88 亿元上升到 2018 年的 8351.54 亿元。深圳近年来财政支出迅速增长，2015 年赶超天津排在第二位。青岛、宁波、大连和厦门的财政支出水平与上海市相比有较大差距，而且发展较为缓慢。

表24 2011～2018年七大典型海洋城市的财政支出

单位：亿元

年份	2011	2012	2013	2014	2015	2016	2017	2018
青岛	658.06	765.98	1014.23	1074.71	1222.87	1352.85	1403.03	1559.78
上海	3914.88	4184.02	4528.61	4923.44	6191.56	6918.94	7547.62	8351.54
大连	734.94	890.96	1083.54	989.46	910.69	870.28	919.84	1001.49
天津	1796.33	2143.21	2549.21	2884.7	3232.35	3699.43	3282.54	3103.16
宁波	750.72	828.44	939.89	1000.86	1252.64	1289.26	1410.6	1594.1
深圳	1590.56	1565.71	1690.83	2166.14	3521.67	4211.04	4593.8	4282.54
厦门	389.07	460.98	516.74	548.25	651.17	758.64	797.1	892.5

资料来源：2011～2018年各市统计年鉴及国民经济和社会发展统计公报。

2. 在岗职工平均工资

由表25可知，上海2011～2018年在岗职工平均工资总体高于其他城市，处于绝对领先地位，2018年达到了142983元。

表25 2011～2018年七大典型海洋城市的在岗职工平均工资

单位：元

年份	2011	2012	2013	2014	2015	2016	2017	2018
青岛	43162	49052	55334	62097	69465	76616	83539	90840
上海	77031	80191	91477	100623	109279	120503	130765	142983
天津	55636	65398	68864	73839	81486	87806	96965	103931
大连	49728	54821	58946	63609	69390	73764	81884	87592
宁波	49756	56255	63362	70228	74989	83656	91705	102325
深圳	55142	59010	77721	73492	81034	89757	100173	111709
厦门	46414	52673	61754	63062	66930	69218	75452	85166

资料来源：2011～2018年各市统计年鉴及国民经济和社会发展统计公报。

（四）资源环境可持续发展能力

我们通过城市生活垃圾无害化处理能力指标对七大典型海洋城市进行对比，来衡量资源环境可持续发展能力。

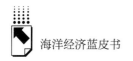
由表 26 可以看出，城市生活垃圾无害化处理能力排在首位的是上海，深圳排在第二位，青岛、宁波、天津和大连城市生活垃圾无害化处理能力类似，与上海和深圳存在较大差距，厦门最差。

表 26　2012～2018 年七大典型海洋城市生活垃圾无害化处理能力

单位：吨/天

年份	2012	2013	2014	2015	2016	2017	2018
青岛	5226	5144	5144	5557	6252	7626	10357
上海	11732	20530	20530	20530	23530	24650	29150
大连	6004	6059	6059	6658	7838	8463	8683
天津	9500	9400	9400	10200	10800	10600	10600
宁波	7056	8711	8711	8931	8870	11797	11787
深圳	9802	15315	15315	16876	17169	19602	26005
厦门	2349	2470	2470	2549	2552	3011	3083

资料来源：20012～2018 年各市统计年鉴以及国民经济和社会发展统计公报。

5. 科技综合水平竞争力

我们选取科技发明专利数来衡量七大典型海洋城市的科技综合水平竞争力，结果如表 27 所示。天津市在科技发明专利数中排名第一，而且呈现直线递增的趋势。厦门在科技发明专利数以及增长速度上与其他六个城市相比有较大差距，存在很大增长空间。

表 27　2014～2018 年七大典型海洋城市科技发明专利数

单位：个

年份	2014	2015	2016	2017	2018
青岛	1689	1930	2863	5170	6561
上海	4134	4322	4083	5003	5996
大连	3326	3141	3279	4624	5185
天津	3687	4853	5962	7181	8269
宁波	2065	2246	2832	5412	5669
深圳	3656	4032	4112	5274	7264
厦门	919	890	1012	1965	2028

资料来源：2014～2018 年各市统计年鉴及国民经济和社会发展统计公报。

四 提高蓝色经济领军城市竞争力的政策建议

（一）加大海洋科技投入力度，培养海洋科技人才

应当高度重视海洋科技人才建设，强化海洋知识的普及教育，加强海洋重点领域人才培养。一方面，政府应加强引导，构建多元化的海洋技术投入机制，培养创新型海洋人才。另一方面，通过不断完善海洋金融保险制度，设立海洋专项发展基金，扩大海洋高新技术产业的融资规模，支持海洋科学和技术的发展。

（二）广泛开展海洋国际合作，提高蓝色经济领军城市国际化水平

进一步尝试海洋国际合作新方式，拓展海洋国际合作领域。在开展国际海洋合作过程中，逐步提高国内海洋城市生产力。借鉴国际先进海洋发展经验，引进先进海洋技术。

同时，努力提升国际海洋人才队伍水平。高度重视海洋人才建设，努力让中国海洋科学家走向国际海洋舞台，积极抓住国际海洋合作的机遇，吸引国际海洋人才为国内蓝色经济城市建设做贡献。

（三）加强社会公共服务建设，增强基础设施保障力

充分发挥政府的资本引导作用，强化社会公共服务建设，增加中小企业融资渠道。引导资本投资于海洋经济发展过程中的重点产业，并给予适当的优惠金融政策，推动海洋高新技术企业的发展。

增强基础设施保障，以市场为主导、政府为辅助，营造良好友善的融资环境，加快海洋项目开发的速度，积极引进外资发展海洋经济。

（四）加强蓝色经济战略与低碳经济的融合

建设蓝色经济领军城市应该坚持保护海洋环境，挖掘海洋经济的潜力，同时减少碳排放量，采用新能源来降低含碳能源的消耗，提高能源资源利用效率。

蓝色经济领军城市发展海洋经济应当以高新技术海洋企业为主导，需要适当鼓励支持海洋科学技术创新，降低碳能源消耗。

参考文献

倪外、周诗画、魏祉瑜:《大湾区经济一体化发展研究——基于粤港澳大湾区的解析》,《上海经济研究》2020 年第 6 期。

刘毅、王云、李宏:《世界级湾区产业发展对粤港澳大湾区建设的启示》,《中国科学院院刊》2020 年第 3 期。

刘佐菁、陈杰、余赵、陈敏:《创新型经济体系建设的湾区经验与启示》,《中国科技论坛》2020 年第 1 期。

韩远、徐建军、袁红清:《环杭州湾大湾区中心城市空间差异与协调度分析》,《中国软科学》2019 年第 3 期。

彭兴庭、卢晓珑、卢一宣、何瑜:《全球大湾区资本形成机制比较研究》,《证券市场导报》2019 年第 3 期。

臧志彭、伍倩颖:《世界四大湾区文化创意产业结构演化比较——基于 2001～2016 年全球文创上市公司的实证研究》,《山东大学学报》(哲学社会科学版)2019 年第1 期。

李加林、姜忆湄、冯佰香、黄日鹏、何改丽、王丽佳、田鹏、刘瑞清:《海湾开发利用强度分析——以宁波市杭州湾、象山港与宁波市三门湾为例》,《应用海洋学学报》2018 年第 4 期。

武前波、孙文秀:《湾区经济时代浙江省域经济发展态势及其空间格局》,《浙江社会科学》2018 年第 9 期。

王旭阳、黄征学:《湾区发展:全球经验及对我国的建议》,《经济研究参考》2017 年第 24 期。

王泽宇、张震、韩增林、孙才志、林迎瑞:《区域海洋经济对国家海洋战略的响应测度》,《资源科学》2016 年第 10 期。

闫曼娇、马学广、娄成武:《中国沿海城市带城市职能分工互补性比较研究》,《经济地理》2016 年第 1 期。

刘涛:《蓝色经济区城市生态建设的综合评价》,《东岳论丛》2016 年第 1 期。

伍凤兰、陶一桃、申勇:《湾区经济演进的动力机制研究——国际案例与启示》,《科技进步与对策》2015 年第 23 期。

鲁志国、潘凤、闫振坤:《全球湾区经济比较与综合评价研究》,《科技进步与对策》2015 年第 11 期。

谢志强:《深圳湾区经济助推中国开放》,《人民论坛》2015 年第 4 期。

狄乾斌、刘欣欣、王萌:《我国海洋产业结构变动对海洋经济增长贡献的时空差异研究》,《经济地理》2014 年第 10 期。

秦伟山、张义丰、李世泰：《中国东部沿海城市旅游发展的时空演变》，《地理研究》2014 年第 10 期。

徐淑云、林寿富、陈伟雄：《福建沿海城市群综合发展水平评价研究》，《福建论坛》（人文社会科学版）2014 年第 6 期。

孙才志、杨羽頔、邹玮：《海洋经济调整优化背景下的环渤海海洋产业布局研究》，《中国软科学》2013 年第 10 期。

钟敬秋、李悦铮、江海旭、吕俊芳：《中国主要沿海城市旅游竞争力定量研究》，《世界地理研究》2013 年第 3 期。

马仁锋、李加林、赵建吉、庄佩君：《中国海洋产业的结构与布局研究展望》，《地理研究》2013 年第 5 期。

秦志琴、张平宇、王国霞：《辽宁沿海城市带空间结构演变及优化》，《经济地理》2012 年第 10 期。

王双：《我国海洋经济的区域特征分析及其发展对策》，《经济地理》2012 年第6 期。

秦志琴、张平宇：《辽宁沿海城市带空间结构》，《地理科学进展》2011 年第 4 期。

赵乐、朱建玲、刘南、张丰、刘仁义：《浙江东部沿海城市建设用地空间结构分析》，《经济地理》2010 年第 3 期。

Haiping Wu, Chaogan Fu, "The Influence of Marine Port Finance on Port Economic Development", *Journal of Coastal Research*, 2020, 103 (sp1).

Qunping Chen, "The Influence of Marine Industry Agglomeration on Regional Economic Development", *Journal of Coastal Research*, 2020, 103 (sp1).

Shuai Zhai, "Spatio-Temporal Differences of the Contributions of Marine Industrial Structure Changes to Marine Economic Growth", *Journal of Coastal Research*, 2020, 103 (sp1).

Sulan Chen, Charlotte De Bruyne, Manasa Bollempalli, "Blue Economy: Community Case Studies Addressing the Poverty-Environment Nexus in Ocean and Coastal Management", *Sustainability*, 2020, 12 (11).

Youliang Zhou, "Analysis on the Harmonious Development Model of Marine Economy in the Great Bay Area of Hong Kong and Macao", *Science and Technology*, 2019, 1 (10).

Susan A. Shaheen, Nelson D. Chan, Teresa Gaynor. "Casual Carpooling in the San Francisco Bay Area: Understanding User Characteristics, Behaviors, and Motivations", *Transport Policy*, 2016, 51.

Tapan Munroe, John Anguiano, "The case of the San Francisco Bay Area: a Regional Success Story in Information Technology and Biotechnology Commercialisation", *Technology Transfer and Commercialisation*, 2003, 2 (3).

B.13
全球主要国家（地区）
海洋经济发展指数报告

"全球主要国家（地区）海洋经济发展指数报告"课题组 *

摘　要： 海洋经济作为经济发展的重要组成部分越来越受到各个国家的重视，各国纷纷出台相应的海洋政策发展海洋经济。本文选取了中国、美国、英国、加拿大、澳大利亚、德国、法国、韩国和欧盟等主要国家（地区）为样本，对全球的海洋经济从海洋经济发展规模、海洋经济发展结构、海洋经济发展质量和海洋经济可持续发展能力四个方面进行分析，并构建和测算了海洋经济发展指数及其分项指数，对全球的海洋经济发展趋势进行了分析和展望。分析发现，全球各主要海洋国家的海洋经济发展指数与国际经济环境和国内海洋政策密切相关，并且都呈现波动上升的态势，各国在重视海洋经济规模、结构和质量发展的同时，更要重视海洋经济的可持续发展。

关键词： 海洋经济发展指数　指标体系　指数测算

一　全球主要海洋国家（地区）海洋经济发展现状

（一）海洋经济发展规模

在海洋经济总量方面，中国和美国处于较高的水平，2016年的官方统计

---

* 课题组成员：殷克东、韩睿、郭宏博、刘璐、段若麟、项翠萍、刘笑业、王静。

数据显示，中国的海洋生产总值为 10038 亿美元，美国为 3039 亿美元，中国大约是美国的三倍。但是事实上，这是由中国和美国对于海洋经济的统计口径不同造成的。单从美国来看，美国的海洋生产总值从 2005 年到 2008 年增长了38.8%，增长速度较快，势头强劲。并且，美国的海洋经济贡献率，即海洋生产总值占 GDP 的比重维持在 2% 左右并且稳中有升。

澳大利亚是除了中国外，海洋生产总值占 GDP 比重较高的国家，2015 年约为 5%；韩国近几年的海洋生产总值不断降低，从 2010 年的 336.4 亿美元下降到 2015 年的 326.2 亿美元。

英国、德国、法国的海洋经济总量发展趋势极为相似，从 2009 年到 2018 年海洋生产总值呈现 U 形；2009~2018 年欧盟海洋经济总产值整体上呈上升态势，海洋生产总值从 2718.9 亿美元增加到 3216.6 亿美元，年均增长率约为1.89%，海洋经济得到越来越多国家的重视。

（二）海洋经济发展结构

评价一国的海洋经济发展水平离不开对海洋经济发展结构的分析，不合理的海洋经济发展结构会导致海洋经济发展受阻。

从三次产业角度来分析各国的海洋经济内部产业结构，一方面，中国、美国、加拿大、澳大利亚和韩国 2009~2019 年的海洋第二产业占海洋生产总值的比重整体上呈现递减的态势（见图 1），而英国、欧盟及其成员国法国、德国的海洋第二产业占比在近 10 年呈现稳定或略有上涨的态势，但波动幅度不大（见图 2）。

（三）海洋经济发展质量

海洋经济发展不仅仅是数量上的扩张，更是质量上的提升。海洋经济高质量发展聚焦于生产要素以及全要素效率，更加注重提高投入产出效率和经济效益。

从海洋经济产出效率来看，全球主要海洋经济国家主要分为三种类型：以中国为代表的新兴海洋国家、以美国为代表的发达海洋国家及以英国为代表的传统海洋国家。2009~2019 年，中国海洋全员劳动生产率年均增长率达到14.17%。究其原因，中国海洋经济由"二、三、一"的传统产业结构逐步转

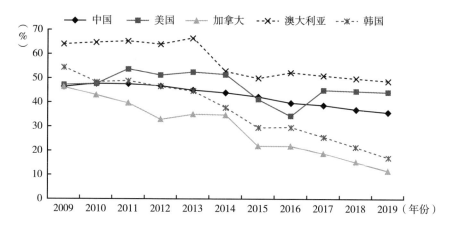

图1 2009～2019年部分国家（地区）海洋第二产业占海洋生产总值的比重

注：按照三次产业分类方法对海洋经济产业进行分类。

资料来源：《中国海洋统计年鉴》、Wind数据库、澳大利亚海洋科学研究所（AIMS）官网、加拿大渔业海洋部官网、韩国KMI官网。

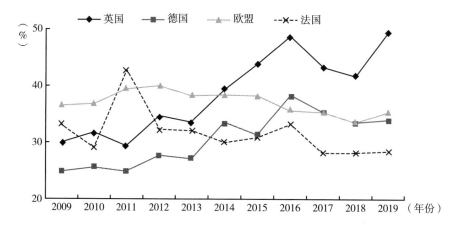

图2 2009～2019年部分国家（地区）海洋第二产业占海洋生产总值的比重

注：按照三次产业分类方法对海洋经济产业进行分类。

资料来源：*The Eu Blue Economy Report* 2020。

化为"三、二、一"的合理布局。美国、法国等发达海洋国家海洋经济产出效率呈波动趋势，主要指标波幅较小。以英国、德国为代表的传统海洋国家海洋经济产出效率呈现震荡下行趋势。

（四）海洋经济可持续发展能力

在海洋科技创新方面，全球各主要海洋国家（地区）都十分重视海洋科技的发展，海洋能源研发所投入的资源在能源研发总预算中占据着举足轻重的地位，无论从专利数目还是论文发表数量上来看，各国都将海洋经济放在重要位置，海洋经济的可持续发展潜力巨大。从海洋专利的获批数量来看，中国始终处于领跑地位，2019 年中国国际海洋领域专利获批数量达到 33509 件，在科研领域和资源的投入方面也保持逐年上升的态势，发展迅速。日本、英国作为老牌的海洋强国，海洋经济的科技创新能力不俗，在科研领域和环境保护领域仍然具有较强的实力。

在海洋资源承载方面，海洋健康指数（OHI）能充分反映海洋资源与环境的承载能力、海洋开发利用的目标与海洋的可持续发展能力。全球各主要海洋国家（地区）的海洋健康指数如表 1 所示，中国的海洋健康水平与其他国家存在一定差距，海洋整体状况具有很大的进步空间。全球海洋健康指数相对稳定，维持在一定水平。

表 1　2012～2019 年全球主要海洋国家（地区）海洋健康指数

年份	2012	2013	2014	2015	2016	2017	2018	2019	变化率（%）
德国	84.50	84.84	85.48	86.11	86.32	85.67	86.23	86.44	2.30
意大利	77.96	79.22	79.32	79.66	80.08	80.12	80.66	80.70	3.51
澳大利亚	77.95	77.39	77.60	78.37	78.74	78.12	77.68	77.32	-0.81
韩国	75.40	75.08	75.86	75.91	76.28	76.47	76.94	75.87	0.62
加拿大	72.52	72.51	72.86	72.74	73.10	73.67	72.72	72.07	-0.62
美国	71.80	73.19	73.82	72.69	71.02	69.65	69.20	69.60	-3.06
法国	71.68	72.24	71.46	71.17	71.17	71.44	71.40	72.46	1.09
英国	71.20	73.15	73.69	74.56	74.96	74.82	74.52	73.97	3.89
欧盟	70.03	70.85	71.37	71.55	71.85	71.68	71.15	71.13	1.57
日本	68.77	69.65	69.58	69.65	68.74	67.56	66.58	66.41	-3.43
西班牙	67.01	66.79	66.86	68.00	68.72	68.17	68.35	68.07	1.58
中国	60.81	61.87	62.35	61.82	61.87	62.13	62.15	62.71	3.12
全球平均	69.63	70.34	70.65	70.75	70.81	70.56	70.67	70.58	1.36

注：由于全球海洋健康指数从 2012 年开始评测，所以提供数据区间为 2012～2019 年。

资料来源：Ocean Health Index.

通过以上分析可以看出，全球各主要海洋国家（地区）在海洋经济发展规模、海洋经济发展结构、海洋经济发展质量和海洋经济可持续发展能力方面都呈现了不同的发展特征，但是它们的发展趋势还是呈现了一定的相似性。因此，综合测度各国（地区）的海洋经济发展并进行发展趋势的分析具有一定的意义。

二　全球主要国家（地区）海洋经济
发展指数的设计和构建

全球主要国家（地区）海洋经济发展指数是衡量一段时期内一个国家（地区）海洋经济综合发展的动态变化指数。该指数以海洋经济发展理论等为基础，参考海洋健康指数（OHI）、海洋强省/强市指数、全球海洋科技创新指数等的构建方法以及相关原理，从海洋经济发展规模、海洋经济发展结构、海洋经济发展质量和海洋经济发展可持续能力四个方面，建立科学全面的指标分析体系，并综合使用德尔菲法以及熵权法等多种方法对指标进行赋权，合成全球主要国家（地区）海洋经济发展指数，从而对全球主要海洋国家（地区）的海洋经济发展进行综合评价。

（一）全球海洋经济发展评价指标设计

基于对全球海洋国家对海洋经济统计口径的差异和相关海洋经济数据获得局限性的考虑，本文选取了中国、美国、英国、法国、德国、加拿大、澳大利亚、韩国和欧盟作为样本来进行分析。由于各个国家（地区）对海洋产业划分不一致，本文参照新西兰经济学家费希尔首先创立的三次产业分类方法把海洋产业分为三个层次。（见表2）。

根据海洋经济的发展特点，综合诸多专家的观点及相关文献，遵循指标选取的科学性和实用性等原则，利用综合法、分析法和目标层次法，并结合定量分析和定性分析、规范分析和实证分析，构建全球海洋经济综合实力测评指标体系。其中，4个一级指标、9个二级指标、22个三级指标。构建的全球海洋经济发展水平指标体系，如表3所示。

表 2 全球典型海洋国家（地区）的海洋三次产业分类汇总

国家(地区)	海洋第一产业	海洋第二产业	海洋第三产业
中国	海洋渔业	海洋油气业 海洋矿业 海洋盐业 海洋化工业 海洋生物医药业 海洋电力业 海水利用业 海洋船舶业 海洋工程建筑业	海洋交通运输业 滨海旅游业等
美国	海洋生物资源业	海洋矿业 海洋船舶制造业	海洋运输业 海洋休闲旅游业
欧盟/英国/法国/德国	海洋生物资源业	海洋非生物资源业 海洋可再生能源 港口活动业 船舶修造业	海洋运输业 滨海旅游业
加拿大	海鲜业	海洋油气业 海洋制造与建筑业	海洋运输业 滨海旅游业 海洋公共部门业
澳大利亚	海洋渔业	海洋油气勘测与开采业 船舶建造修理与维护服务和基础设施	海洋运输业 海洋旅游及娱乐活动
韩国	海洋渔业	船舶和近海设备的建造和修理业 海洋及渔业设备制造业 海洋资源开发建设业	船舶业 港口业 海洋休闲旅游业 海洋及渔业服务业

资料来源：《中国海洋统计年鉴》、Wind 数据库、澳大利亚海洋科学研究所（AIMS）官网、加拿大渔业海洋部官网、韩国 KMI 官网。

表 3 全球海洋经济发展水平测评指标体系

一级指标	二级指标
海洋经济发展规模	海洋经济基础 涉海劳动力
海洋经济发展结构	海洋经济内部产业结构 海洋经济外部开放程度

一级指标	二级指标
海洋经济发展质量	海洋经济产出效率 海洋经济稳定性
海洋经济可持续发展能力	海洋科技创新驱动能力 海洋资源环境承载能力 海洋调控管理能力

（二）全球主要国家（地区）海洋经济发展指数构建

通过德尔菲法以及熵值法确定指标的权重，利用指数功效函数无量纲化方法处理原始数据，基于公式（13.1）对海洋经济发展规模指数、海洋经济发展结构指数、海洋经济发展质量指数和海洋经济可持续发展能力指数四个分项指数进行测算。

$$I_j = \frac{\sum_i W_{ij} Z_{ij}}{\sum_i W_{ij}} \quad (j = 1,2,3,4) \tag{13.1}$$

其中，I_j表示某国或经济体在某一年的海洋发展规模指数/海洋经济发展结构指数/海洋经济发展质量指数/海洋经济可持续发展能力指数，Z_{ij}代表相应的二级指标经过指数功效函数无量纲化处理后的数据，W_{ij}代表权重。

利用算术加权平均的方法，按照公式（13.2）计算得到全球主要国家（地区）海洋经济发展指数。

$$I = \frac{\sum_j W_j Z_j}{\sum_j W_j} \quad (j = 1,2,3,4) \tag{13.2}$$

其中，W_1、W_2、W_3、W_4分别表示海洋经济发展规模指数、海洋经济发展结构指数、海洋经济发展质量指数和海洋经济可持续发展能力指数的权重，I_1、I_2、I_3、I_4分别表示某国或经济体在某一年的海洋经济发展规模指数、海洋经济发展结构指数、海洋经济发展质量指数和海洋经济可持续发展能力指数，I表示海洋经济发展指数。

三 全球主要国家（地区）海洋经济发展指数的测算和分析

本文以 2009 年为基期，按照上述指数构建的方法进行计算，得到欧盟和全球主要海洋国家 2009～2019 年的海洋经济发展指数和四个分项指数。指数计算所需要的数据均从《中国海洋统计年鉴》、Wind 数据库、*The Eu Blue Economy Report 2020*、澳大利亚海洋科学研究所（AIMS）官网、加拿大渔业海洋部官网、韩国 KMI 官网、OECD 数据库和世界银行等获得，对于缺失的部分数据使用灰色关联以及趋势外推等方法进行了技术替代，由于各个国家（地区）对于海洋经济的统计口径差异较大，因此各个国家（地区）之间的测算结果不能直接进行比较，但是发展趋势具有一定的可比性。

（一）全球主要国家（地区）海洋经济发展指数

1. 全球主要海洋国家海洋经济发展指数分析

全球主要海洋国家海洋经济发展指数如表 4 所示。2008 年全球金融危机之后，全球主要海洋国家的海洋经济发展呈现不同态势。其中法国 2010～2011 年海洋经济发展指数增速高达 14.68%，2012～2019 年持续展现欧盟海洋经济发展领头羊的实力；美国与韩国指数曲线呈现波浪形走势，政府的大力支持与海洋领域高科技的发展是两国能够成为海洋强国的重要因素；中国海洋经济发展指数虽有波动但幅度较小，直到 2017 年十九大召开提出加快建设海洋强国战略，海洋经济发展指数有所回升；英国、德国海洋经济发展指数平稳；加拿大海洋经济发展恢复速度相对较慢；澳大利亚海洋经济发展指数在 2009～2012 年和 2015～2019 年都呈现逐年下降趋势。

表 4 全球主要海洋国家海洋经济发展指数

年份	2009	2010	2011	2012	2013	2014	2015	2016	2017	2018	2019
中国	100.00	106.29	107.34	98.80	98.36	98.52	96.97	98.80	106.05	101.33	105.18
美国	100.00	107.92	110.15	110.24	115.06	117.15	109.31	105.54	107.53	107.11	111.60

续表

年份	2009	2010	2011	2012	2013	2014	2015	2016	2017	2018	2019
加拿大	100.00	102.12	103.80	105.08	116.41	121.26	110.71	116.24	121.15	116.24	117.06
澳大利亚	100.00	97.53	94.64	91.21	100.39	103.35	106.44	101.35	97.86	97.04	98.24
英国	100.00	97.65	101.59	101.41	107.60	100.97	101.74	111.16	105.81	107.47	107.28
德国	100.00	102.13	99.86	102.91	107.83	103.98	106.81	116.14	109.75	109.12	119.00
法国	100.00	101.21	116.07	108.39	113.71	111.73	109.22	113.93	109.37	111.27	116.12
韩国	100.00	109.37	114.68	110.81	115.09	113.12	101.75	106.87	101.75	103.55	100.34

注：海洋经济发展指数主要用于各国海洋经济发展的纵向趋势对比分析，不具有国家间的绝对可比性。

2. 欧盟海洋经济发展指数分析

欧盟海洋经济发展指数如图3所示，2009～2011年欧盟海洋经济发展指数呈现持续下降态势；2013～2014年发展缺乏动力，出现短暂颓势；2014年欧盟推进实施"蓝色经济"创新计划，增投近1.45亿欧元，着重发展高新技术产业和可再生能源产业，促进海洋产业成长，拉动欧盟沿海区域海洋经济的发展，整体呈现上升趋势。2018～2019年欧盟连续两年发布蓝色海洋年度报告，统计2009～2017年海洋为欧盟经济做出的贡献，再次证明海洋经济已成为拉动欧盟经济增长的重要引擎。

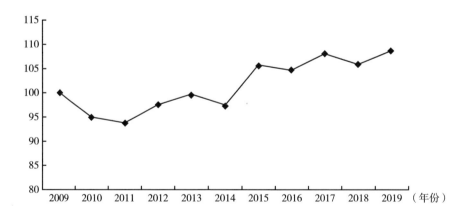

图3　欧盟海洋经济发展指数

（二）全球海洋经济发展分项指数

1. 海洋经济发展规模指数分析

（1）全球主要海洋国家海洋经济发展规模指数分析

全球主要海洋国家海洋经济发展规模指数如表5所示。从各个国家来看，中国海洋经济发展规模在2010年达到峰值，之后保持相对稳定的发展；美国海洋经济发展规模总体保持稳定上升的态势，但是在2015～2016年以油气勘探业为主的美国海洋经济的发展规模受油气价格下降的影响较大；加拿大海洋经济发展规模指数总体保持上升；澳大利亚在这些国家中海洋经济发展指数波动最小；韩国海洋经济发展规模指数较为特别，下降得比较明显，这与韩国过度依赖造船以及造船修理行业有关。

表5　全球主要海洋国家海洋经济发展规模指数

年份	2009	2010	2011	2012	2013	2014	2015	2016	2017	2018	2019
中国	100.00	132.11	118.76	101.47	101.77	96.83	91.13	87.90	106.78	88.67	93.05
美国	100.00	109.51	113.38	126.98	130.33	126.41	115.81	113.55	118.77	121.10	122.88
加拿大	100.00	104.48	105.47	108.52	127.58	103.78	107.68	130.68	127.69	134.37	141.95
澳大利亚	100.00	95.03	96.30	88.82	95.17	112.81	113.84	112.99	112.93	113.67	113.44
英国	100.00	91.67	92.15	94.93	98.24	70.72	71.68	97.35	89.77	89.06	90.84
德国	100.00	99.59	89.36	89.94	96.08	88.32	90.08	104.44	102.89	108.29	109.66
法国	100.00	95.56	104.64	83.81	95.49	83.92	70.76	89.86	79.77	86.78	82.14
韩国	100.00	100.74	104.64	95.26	107.98	85.63	73.53	79.02	74.40	72.35	72.33

注：海洋经济发展规模指数主要用于各国海洋经济发展的纵向趋势对比分析，不具有国家间的绝对可比性。

（2）欧盟海洋经济发展规模指数分析

欧盟海洋经济发展规模指数如图4所示，欧盟海洋经济发展规模指数曲线分成两段。2009年欧洲主权债务危机的爆发对海洋经济发展形成了很多的不确定性，欧盟海洋经济发展中投资占比最大的油气资源开采以及占比次之的海洋航运业的投资出现大幅下滑。此后在2014年和2016年均出现相对低点，主要原因分别是欧盟主要成员国政权更替以及内部政治分歧较大和油气价格下降。

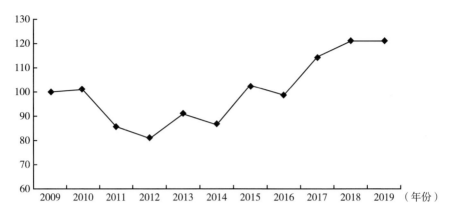

图4 欧盟海洋经济发展规模指数

2.海洋经济发展结构指数分析

（1）全球主要海洋国家海洋经济发展结构指数分析

全球主要海洋国家的海洋经济发展结构指数如表6所示，2009～2019年，各国的海洋经济发展结构指数呈现不同的发展态势。英国、法国、德国和加拿大的发展结构指数总体保持稳步增长。其中，加拿大的增长势头最好。加拿大的渔业资源丰富，海鲜业发展良好，外部开放程度呈现稳步增长，海鲜业特别是渔业产品出口带动海洋经济发展的作用明显增强。德国的海洋经济发展结构指数2009～2016年发展势头强劲；但2016年以后，由于海洋第二、三产业发

表6 全球主要海洋国家海洋经济发展结构指数

年份	2009	2010	2011	2012	2013	2014	2015	2016	2017	2018	2019
中国	100.00	95.73	105.10	89.96	89.64	86.03	83.22	82.77	84.67	81.66	82.38
美国	100.00	107.15	129.81	115.47	118.97	123.78	111.86	111.17	118.97	114.69	118.81
加拿大	100.00	103.37	105.50	106.97	108.15	129.81	112.44	113.65	119.77	115.76	132.26
澳大利亚	100.00	91.61	88.13	81.49	86.26	82.80	88.33	75.28	73.59	72.81	72.98
英国	100.00	97.78	104.68	100.40	98.91	106.46	102.96	115.74	112.02	122.15	115.83
德国	100.00	103.80	110.50	116.15	118.50	126.13	123.13	140.71	121.17	115.69	124.26
法国	100.00	100.71	120.86	111.31	113.46	117.66	116.44	124.33	119.97	119.94	118.67
韩国	100.00	104.21	114.49	110.99	104.26	101.33	99.94	100.20	98.17	101.74	104.96

注：海洋经济发展结构指数主要用于各国海洋经济发展的纵向趋势对比分析，不具有国家间的绝对可比性。

展后劲不足，结构指数显著下滑。另外两个表现较好的法国和英国，其结构指数其间呈现波动上升的趋势。

澳大利亚在2009~2019年发展结构指数波动下降，中期略有回升的主要原因是产业结构优化。中国和韩国海洋经济发展结构指数前期由于海洋经济产业结构的变动波动幅度较大，中后期产业结构较为稳定，近两三年出现回升趋势。美国的发展结构指数变化较为明显，波动幅度较大。

（2）欧盟海洋经济发展结构指数分析

欧盟海洋经济发展结构指数如图5所示。2009~2019年，欧盟海洋经济发展结构指数表现疲软、整体呈现下降态势。2014年和2019年发展结构指数略有回升，主要原因是其间欧盟的海洋第二、三产业发展良好，海洋新兴产业特别是海洋运输业和滨海旅游业发展势头强劲。

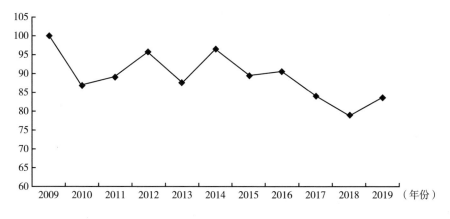

图5　欧盟海洋经济发展结构指数

3. 海洋经济发展质量指数分析

（1）全球主要海洋国家海洋经济发展质量指数分析

全球主要海洋国家海洋经济发展质量指数如表7所示，可以看出中国海洋经济发展质量指数整体呈现上升趋势。2010年以来，中国在山东、浙江等沿海省份开展海洋经济发展试点工作，推动海洋领域供给侧结构性改革，从而提高全要素生产率，促进了海洋经济发展质量的提升。美国海洋经济发展质量指数在2017年前呈现波动下降趋势；2017年后，特朗普政府转变美国海洋领域政策，推出了"实施美国首部海洋能源战略的总统行政令"等一系列涉海政策，使美国海洋经济发展质量指数出现明显上升。英国、法国、澳大利亚等典型海洋国家海洋经济发展质量指数呈现波动趋势；2014～2015年，全球油价剧烈波动，对各国以海洋油气勘探开采等第二产业为支柱的海洋经济产生一定的冲击，也对海洋经济发展质量造成影响。

表7　全球主要海洋国家海洋经济发展质量指数

年份	2009	2010	2011	2012	2013	2014	2015	2016	2017	2018	2019
中国	100.00	98.52	102.65	95.81	86.62	95.09	95.97	109.18	113.42	113.96	118.88
美国	100.00	102.20	91.50	89.09	93.16	95.16	89.28	85.71	86.27	88.28	97.00
加拿大	100.00	98.92	104.00	112.17	130.84	140.11	122.58	115.49	121.00	107.57	106.46
澳大利亚	100.00	108.97	110.59	114.91	142.26	143.89	136.16	130.66	123.73	120.90	130.00
英国	100.00	91.08	96.27	94.61	112.28	107.88	114.70	108.14	99.42	97.61	103.13
德国	100.00	96.26	97.57	102.24	108.08	87.20	95.21	95.80	97.15	86.65	110.93
法国	100.00	100.65	122.45	109.61	111.17	123.90	129.20	128.28	113.49	109.00	119.47
韩国	100.00	96.51	105.03	105.22	115.12	127.77	102.48	108.67	99.42	96.94	97.15

注：海洋经济发展质量指数主要用于各国海洋经济发展的纵向趋势对比分析，不具有国家间的绝对可比性。

（2）欧盟海洋经济发展质量指数分析

欧盟海洋经济发展质量指数如图6所示。2009～2019年，欧盟海洋经济发展质量指数呈波动上升态势。金融危机后，欧盟对海洋产业结构进行升级，

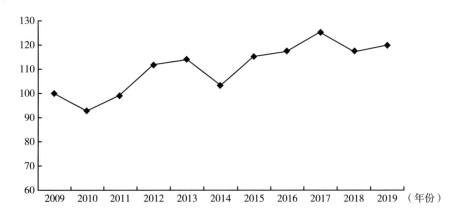

图6　欧盟海洋经济发展质量指数

法国、希腊等国大量淘汰老化的渔船，更新海洋油气业、海洋矿业中落后的生产设备。

4. 海洋经济可持续发展能力指数分析

（1）全球主要海洋国家海洋经济可持续发展能力指数分析

全球主要海洋国家海洋经济可持续发展能力指数如表 8 所示，在 2009 ～ 2019 年十年时间，增速最快的为法国，年均增速达到了 4.7%。2009 ～ 2019 年，中国和德国的可持续发展能力指数增速维持在 3% 左右，海洋科技创新投入逐年扩大，海洋科技产出成果显著增加，专利授权数量与论文发表数量稳步上升，对环境保护的相关研发投入保持稳定，总体状况稳中向好。美国和英国作为老牌海洋强国，可持续发展能力较为稳定，其中美国科研产出结果优异，保持领先地位。2009 ～ 2019 年，韩国、加拿大和澳大利亚的海洋经济可持续发展能力指数表现出不同程度的下降。

表 8　全球主要海洋国家海洋经济可持续发展能力指数

年份	2009	2010	2011	2012	2013	2014	2015	2016	2017	2018	2019
中国	100.00	100.63	103.26	110.02	118.20	119.16	120.78	118.18	123.08	124.47	130.39
美国	100.00	113.79	108.98	113.23	121.74	127.19	123.94	115.29	109.80	107.72	110.15
加拿大	100.00	101.72	100.62	93.95	100.51	113.06	101.41	105.94	116.85	99.05	90.46
澳大利亚	100.00	97.55	87.85	85.76	88.33	85.63	96.39	96.48	90.44	89.71	87.23
英国	100.00	113.22	117.15	119.17	124.49	128.04	126.24	128.35	128.15	127.59	124.99
德国	100.00	109.69	103.61	105.01	110.26	117.58	121.97	126.57	119.54	127.60	133.07
法国	100.00	110.43	120.30	139.05	142.76	131.79	134.57	121.50	135.86	139.51	158.27
韩国	100.00	101.84	99.16	98.87	97.37	107.47	103.86	110.69	107.44	115.53	99.94

注：海洋经济可持续发展能力指数主要用于各国海洋经济发展的纵向趋势对比分析，不具有国家间的绝对可比性。

（2）欧盟海洋经济可持续发展能力指数分析

欧盟海洋经济可持续发展能力如图 7 所示，欧盟海洋经济可持续发展能力指数 2014 年经历了短暂的下跌之后，2015 年欧盟增加了海洋能源研发总预算，迎来了一波爆发式增长，随后欧盟的海洋能源研发投入占总预算的比重保持在 3% 左右，并逐步缩小投入规模，导致可持续发展能力相应下降、幅度较缓。

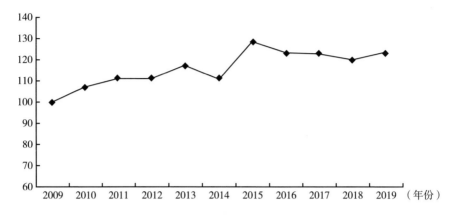

图7 欧盟海洋经济可持续发展能力指数

通过上述分析可以发现，全球各主要海洋国家（地区）的海洋经济发展与国际经济环境和国内海洋政策密切相关，各国海洋经济发展指数都呈现波动上升的态势。从海洋经济发展分项指数来看，海洋经济发展规模指数大多数呈现波动的U形发展趋势，这与各个国家（地区）海洋经济的去产能调结构有关；海洋经济发展结构指数虽然呈现出不同的发展态势，但大多数都保持着"三、二、一"的海洋产业结构布局发展；海洋经济发展质量指数和海洋经济可持续发展指数都呈现整体波动上升的发展态势。

四　发展趋势展望与政策建议

（一）发展趋势展望

近年来，全球主要国家（地区）逐步提高了对"蓝色经济"的注重程度，发布了针对海洋经济发展的相应战略，重视海洋科学技术的创新和发展，实现海洋经济与海洋资源环境并重。长期来看，全球主要海洋国家（地区）的海洋经济发展呈现向好趋势。但全球新冠肺炎疫情的暴发和蔓延以及中美贸易的紧张局势对全球的海洋经济发展带来了冲击。疫情会严重影响海洋交通运输业和滨海旅游业等海洋第三产业的发展；部分国家如加拿大、德国，海洋产业布局需要调整与完善，在各国（地区）的政策引导和市场调整下，各国海洋三次产业结构将进一步优化；另外，虽然我国正在复工复产，但是中美贸易的紧张局势也会在微观上影响海洋企业的订单和合作，从而影响海洋经济产出效率，同时经济环境的不确定性会减弱海洋经济发展的稳定性，因此会共同影响海洋经济发展质量；疫情的暴发也揭露了更多需要面对的难题，并提供了大量数据可供研究，因此基础研究成果相关论文的数量会提高并且会加大研发投入。因此，2020 年各国（地区）的海洋经济发展指数可能会下降，其中海洋经济发展规模指数、海洋经济发展结构指数和海洋经济发展质量指数可能都下降，而海洋经济可持续发展指数可能会上升。随着全球疫情的结束、国际经济环境的稳定和复苏，2021 年海洋经济发展指数及其分项指数可能都会出现不同程度的上升。

（二）政策建议

1. 树立海洋经济发展的基本取向，全面贯彻落实科学发展观

时刻谨记"绿水青山就是金山银山"，转变粗放型的海洋经济发展模式，保持海洋经济发展规模与发展质量相适应，保持涉海就业人员的海洋发展意识与海洋经济发展水平相适应。

2. 优化海洋产业结构，培育海洋新兴产业

海洋新兴产业较传统产业能够更灵活地适应国际宏观经济环境的冲击并且能够创造新的供给和就业机会，从而推动海洋经济发展。因此，推动海洋经济发展不仅要优化海洋产业结构，还要培育壮大海洋新兴产业，拓展提升海洋服务业，促进产业集群化发展。首先，政府要进一步加强对海洋战略性新兴产业的扶持与引导，进一步培育富有创新性的海洋战略性新兴企业，加快海洋经济发展的新旧动能转换；其次，加快海洋战略性新兴产业相关政策制定和标准修订，建立海洋新兴产业统计指标框架；最后，要积极引导金融服务实体海洋经济发展。加大对海洋弱势产业的政策支持和资金扶持力度，积极发展新兴海洋产业。

3. 提升经济产出效率，推动海洋经济高质量发展

海洋经济发展不仅要注重数量更要重视质量，提升海洋产出效率。首先，要促进海洋生产要素优化配置，使高效要素容易进入、低效要素可以退出，促进生产要素合理流动，同时还要激发创新潜能；其次，以创新驱动为核心培育

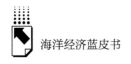

产业链，进一步加大关键核心技术的攻关力度，提升海洋经济的核心竞争力；最后，要加强海陆统筹，实现海洋经济的区域协调发展。

4. 聚焦海洋资源环境，实现海洋经济可持续发展

为了进一步识别海洋生态系统的变化规律，国家要聚集科学家资源，研究分析海洋生态的变化规律，加大海洋经济的科研投入力度；不断加强海洋信息化监测预警，发展以信息化技术为支撑的海洋监测管理、关键数据采集分析和应用的智慧海洋解决方案，增强公众的环保和可持续发展意识。

参考文献

范柏乃、张维维、贺建军：《我国经济发展测度指标的研究述评》，《经济问题探索》2013 年第 4 期。

殷克东、王智、吴昊：《中国海洋强国、强省（市）指数测算研究》，《中国渔业经济》2014 年第 6 期。

国家海洋信息中心：《中国海洋经济发展指数》，2016。

殷克东：《中国海洋经济周期波动监测预警研究》，人民出版社，2016。

殷克东：《中国沿海地区海洋强省（市）综合实力评估》，人民出版社，2013。

Halpern B. S. , Longo C. , Hardy D. , et al. , "An Index to Assess the Health and Benefits of the Global Ocean," *Nature*, 2012, 488 (7413): 613 – 620.

热 点 篇

Key Issues

B.14

沿海地区自由贸易试验区发展分析

黄志勇　张　磊*

摘　要： 2019 年，中国实现了沿海地区自由贸易试验区全覆盖。年内，沿海地区各自由贸易试验区均围绕发展定位和目标，积极创新发展，在体制机制改革、制度创新、招商引资、贸易便利、金融创新、开放合作等领域取得了显著成效。未来，沿海地区自由贸易试验区将形成以上海自由贸易试验区和广西自由贸易试验区为引领的"双雁头"，及以海南自贸港为创新高地的发展格局；上海自由贸易试验区以中国国际进口博览会为主要平台，引领东部沿海各自由贸易试验区形成面向全球的一个雁阵；广西自由贸易试验区以"南宁渠道"为主要平台，形成引领中西部自由贸易试验区发展的区域性雁阵。

---

* 黄志勇，中共广西壮族自治区委员会党史研究室副主任、研究员；张磊，广西社会科学院台湾研究中心副研究员。

关键词： 沿海地区 自由贸易试验区 雁阵

中国自由贸易试验区（简称自贸区）是指中国自己设立的，准许外国商品豁免关税自由进出的特殊园区。截至 2019 年，中国自由贸易试验区的数量已达 18 个，覆盖从南到北、从沿海到内陆，多点开花。其中实现沿海地区全覆盖是其一大重要特征，辽宁、河北等 11 个沿海省市区全部成为自由贸易试验区试验范围。① 目前，沿海各自由贸易试验区均积极创新，围绕目标定位采取多种举措，取得了良好的发展成效，并形成了以上海自由贸易试验区和广西自由贸易试验区为引领的"双雁头"发展格局，这也将成为未来沿海自由贸易试验区发展的趋势。

因沿海地区各自由贸易试验区成立时间不一、目标定位不同，各地制度创新、招商引资、新增企业等数据统计时间段等存在明显差异，且自由贸易试验区与现有综合保税区、出口加工区等相比，尚未形成公认的评价指标体系，因此本文以定性分析为主。

一 沿海地区自由贸易试验区概况及发展成效

（一）沿海地区自由贸易试验区概况

2013 年 8 月，国务院正式批准设立上海自由贸易试验区；9 月 29 日，上海自由贸易试验区挂牌成立，成为中国第一个，也是沿海地区第一个自由贸易试验区。2015 年、2017 年、2018 年、2019 年，国务院相继公布新的自由贸易试验区，并实现了沿海省份全覆盖。除了上海自由贸易试验区和海南自由贸易试验区，其他沿海自由贸易试验区面积均在 120 平方千米以内。

沿海地区各自由贸易试验区的片区选择和发展目标定位立足于各地的发展基础和发展优势，使各自由贸易试验区发展特色鲜明。沿海地区各自由贸易试

---

① 《中国自贸区总数增至 18 个 沿海省份已全是自贸区》，中国新闻网，http://www.china news.com/cj/2019/08-27/8938478.shtml，2019 年 8 月 27 日。

验区目标定位充分体现了各地的发展特色，如广西自由贸易试验区立足中央赋予广西的"三大定位"，突出面向东盟的开放合作，积极打造有机衔接"一带一路"的重要门户；辽宁自由贸易试验区突出面向东北亚的合作特色；福建自由贸易试验区则凸显与台湾地区的合作优势；浙江自由贸易试验区则重点发展以油品为核心的优势产业等。

（二）沿海地区自由贸易试验区建设成效

沿海地区各自由贸易试验区自成立后，均围绕发展定位和目标，积极创新发展，在体制机制改革、制度创新、招商引资、贸易便利、金融创新、开放合作等领域取得了显著成效。

1. 制度创新不断取得突破

制度创新是设立自由贸易试验区的核心任务和最主要目的。沿海各自由贸易试验区在体制机制改革和制度创新方面不断取得突破。负面清单、证照分离改革、单一窗口、准入前国民待遇等多个方面的改革创新成为沿海地区各自由贸易试验区制度创新的突破点。如创建了"一个平台、一个界面、一点接入、一次申报"的"单一窗口"是福建自由贸易试验区的代表性成效。截至2020年3月，福建自由贸易试验区内的国际贸易等3个环节实现了"单一窗口"的全覆盖，有43个部门接入"单一窗口"。[①]海南自由贸易试验区/港成立以来，相继发布6批次71项制度创新案例，如以"海南e登记"为载体推行自主申报登记制度改革成为海南创新的重点代表（见图1）。

2. 招商引资及企业发展成效显著

自由贸易试验区是稳定外资基本盘的重要阵地，沿海地区自由贸易试验区在招商引资和企业发展方面取得了显著成效。如2015～2019年，广东自由贸易试验区实际利用外资总额由28亿美元增至73亿美元，年均增长27.07%，累计实际利用外资总额达255.6亿美元；[②]累计新开设企业29.8万家，居全国自由贸易试验区首位。[③]其中：77家世界500强企业在广东自由贸易试验区内

---

① 《敢闯敢试天地宽——写在福建自贸试验区成立五周年之际》，中国（福建）自由贸易试验区网站，http://www.china-fjftz.gov.cn/article/index/aid/14620.html，2020年4月21日。
② 《广东自贸试验区五周年：形成527项改革创新成果》，《羊城晚报》2020年4月30日。
③ 《广东自贸试验区制度创新不止步 5年新设企业29.8万家》，《南方日报》2020年4月21日。

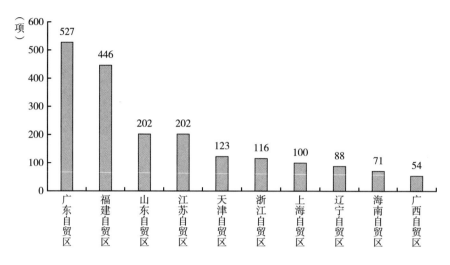

图1　沿海自由贸易试验区成立以来制度创新数量

资料来源：各自由贸易试验区网站。

设立了388家企业，吸引145家企业总部进驻。截至2020年3月，上海自由贸易试验区新开设的企业达6.4万家，其中外资企业达1.2万家，外资企业数量占比由2013年的5%增至约20%，跨国公司地区总部增至332家;① 天津自由贸易试验区内新入驻央企累计70多家，新设400多家创新类金融企业,② 累计新设立企业1.17万家，其中外资企业1471家；辽宁自由贸易试验区内累计新增企业2.48万家，注册资本3626.1亿元。③ 浙江自由贸易试验区新设立企业1.85万家，其中外资企业420家，实际利用外资7.7亿美元。④ 在新冠肺炎疫情冲击下，沿海各自由贸易试验区仍积极开展外资企业服务和招商引资工作。2020年1～2月，上海、广东自由贸易试验区吸收外资分别同比增长13%和

① 《成立六年多，推进百余项改革，上海自贸区——用制度创新释放生产活力》，中国（上海）自由贸易试验区管理委员会网站，2020年4月30日。
② 《天津自贸试验区挂牌五年来有何亮点？商务部发布会回应》，中国（天津）自由贸易试验区网站，http：//www.china－tjftz.gov.cn/html/cntjzymyqn/YWZX24993/2020－04－29/Detail_584387.htm，2020年4月29日。
③ 《辽宁自贸区晒出成绩单　新增24829家企业》，https：//mvp.leju.com/article/6385277591397947471.html。
④ 《中国（浙江）自由贸易试验区的"浙"三年》，新华网，http：//www.xinhuanet.com/energy/2020－04/07/c_1125821065.htm，2020年4月7日。

12.8%，海南、福建、浙江自由贸易试验区吸收外资增速更是分别高达230.2%、149.5%和140%。[①]

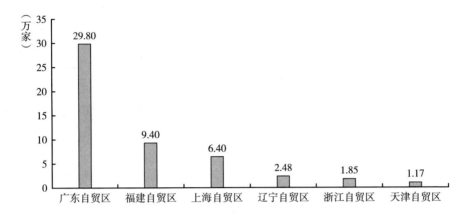

图2 沿海地区部分自由贸易试验区累计新增企业数量

资料来源：各自由贸易试验区网站。

3. 贸易服务体系不断完善

沿海地区自由贸易试验区不断推进贸易便利化改革，贸易便利化水平不断提升，贸易服务体系不断完善。上海自由贸易试验区积极开展离岸转手买卖业务，形成新的增长亮点。2020年4月，上海自由贸易试验区离岸转手买卖产业服务中心投入运营，离岸转手买卖在上海自由贸易试验区进入了常态化、规范化、规模化的产业发展阶段。广东自由贸易试验区大力提升通关便利化水平，创新的通关便利化措施达45项，占广东自由贸易试验区复制推广改革创新经验总数的36.8%。[②] 2015～2019年，广东进出口总额从7663亿元增长至11535亿元，增长了50%；广东自由贸易试验区投资贸易便利化最佳案例之一为打造"MCC前海"新物流模式。[③] 福建自由贸易试验区成立5年来，进出口

[①] 《18个自贸区，引资开放不停步》，《人民日报》（海外版）2020年3月24日。

[②] 《广东自贸试验区制度创新不止步 5年新设企业29.8万家》，《南方日报》2020年4月21日。

[③] 即前海蛇口片区依托深圳西部港口群、大湾区机场群以及中欧班列等核心要素，在前海湾保税港区综合运用"先入区、后报关""跨境快速通关""货物按状态分类监管""非侵入式查验"等通关便利措施。《广东自贸试验区挂牌5周年 30项制度创新最佳案例出炉》，《南方日报》2020年4月30日。

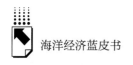

总额年均增长12.6%，高于全省6.5个百分点。①

4. 金融市场体系日益完备

扩大金融开放、推动金融创新是我国自由贸易试验区建设的重要内容。在沿海地区各自由贸易试验区的总体方案中，除了广东自由贸易试验区，其他自由贸易试验区发展目标中均有金融领域的内容。如沿海自由贸易试验区均提到人民币跨境使用、外汇管理改革试点、发展融资租赁等；上海、广东、天津、福建、海南等自由贸易试验区均提出探索人民币资本项目可兑换；多个自由贸易试验区提出跨国公司或总部机构本外币资金集中运营管理、发展航运金融等。以上海自由贸易试验区为例，其分账核算账户体系得到长足发展，2018年，其跨境人民币结算总额达2.55万亿元，同比增长83.9%；跨境双向人民币资金池收支总额4826亿元，较上一年增长了1.8倍。

5. 特色优势产业逐步形成

浙江自由贸易试验区作为唯一以油气全产业链建设为特色的自由贸易试验区，成立3年来初步形成了万亿级油气产业格局。截至2019年，浙江自由贸易试验区累计集聚油气企业6000多家，油气等大宗商品贸易交易额累计突破10000亿元，探索创新政府储备与企业储备相结合的石油储备模式，油气储存规模达到2790万吨（3100万立方米），年油气吞吐量突破8800万吨。② 融资租赁业是天津自由贸易试验区的特色产业，飞机租赁、船舶租赁业务在全国占有重要地位。自试验区成立以来，航空、船舶制造维修及培训机构等特色产业项目不断增多，截至2019年底已新增60多个。截至2020年3月，天津自贸区东疆片区实现设备租赁资产累计约945.52亿美元，跨境租赁业务占全国的80%以上。③ 旅游业是海南自由贸易试验区/港的特色优势产业。2019年7月，海南进一步优化59国人员入境游免签政策，符合免签条件的外国人可自行申报或通过单位邀请接待免签入境，并扩大了外国人免签入境事由。政策的优化

---

① 《福建自贸试验区成立五周年：敢闯敢试天地宽》，《福建日报》2020年4月21日。
② 《新华社：浙江自贸区成立三周年，从"不产一滴油"到初步形成万亿级油气产业格局》，中国（浙江）自由贸易试验区网站，http://china-zsftz.zhoushan.gov.cn/art/2020/4/15/art_1228974568_42575352.html，2020年4月15日。
③ 《天津自贸试验区跨境租赁业务占全国80%以上》，新华网，http://www.xinhuanet.com/2020-05/02/c_1125936055.htm，2020年5月2日。

极大地促进了海南旅游业的发展，2019 年海南省入境外国游客达到 143.59 万人次，同比增长 13.6%。海南还以博鳌乐城国际医疗旅游先行区为平台，积极发展医疗旅游。此外，离岛免税购物成为海南旅游业发展的重要优势。目前，海南省免税购物限额已提高至 3 万元，截至 2019 年 12 月，海南免税购物销售件数和销售额分别达 1746 万件、128.86 亿元，同比增速均超过 30%。①

二 沿海地区自由贸易试验区的发展特点

（一）自由贸易试验区与国家战略协同发展

近年来，中国的发展面临越来越多的挑战，国际和国内的发展环境变得更加复杂多变。在此背景下，国家相继出台了一系列的改革措施和发展举措，如促进东西部协调发展的长江经济带建设和珠江—西江经济带建设；促进毗邻省区协同发展的长江三角洲区域一体化发展、京津冀一体化发展、粤港澳大湾区建设，以及带动西部地区开放发展的西部陆海新通道等。这些发展举措形成了立体式的战略组合，致力于克服内外部环境压力，期望通过深层次的结构性改革，提高资源配置效率，释放市场增长潜力。

沿海地区自贸区的设立和发展是与这些国家战略协同发展的。如上海自由贸易试验区的改革与上海国际金融中心建设紧密联系，因此发展之初便确立了金融及外汇领域改革的重要地位，之后中国人民银行及相关监管机构也相继出台了多项政策②，支持上海自由贸易试验区金融业的开放发展，推进上海自由贸易试验区改革深入发展，加快上海国际金融中心建设。随着自由贸易试验区金融改革的深化，上海国际金融中心的地位也得到逐步确立。根据第 25 期全球金融中心指数排名（GFCI25），上海已连续两期稳居前五的位置。

---

① 《制度创新 开放提速 旅游升级——海南自贸区建设两年观察》，《经济参考报》2020 年 4 月 16 日。

② 主要有《中国（上海）自由贸易试验区分账核算业务实施细则》《中国（上海）自由贸易试验区分账核算业务风险审慎管理细则》《进一步推进中国（上海）自由贸易试验区金融开放创新试点加快上海国际金融中心建设方案》《关于进一步拓展自贸区跨境金融服务功能支持科技创新和实体经济的通知》。

河北自由贸易试验区和天津自由贸易试验区与京津冀一体化发展战略相协同。天津自由贸易试验区设立了总规模 100 亿元的京津冀产业结构调整引导基金。天津自由贸易试验区与河北自由贸易试验区签署了《津冀自由贸易试验区战略合作框架协议》，总结推出了 178 项可与京津冀地区联动发展的经验。①2019 年，天津自由贸易试验区承接了 600 多个非首都核心功能疏解项目，京津冀企业投资占自贸区新增市场主体总量的比重超过 50%。江苏自由贸易试验区与长江经济带及长江三角洲区域一体化发展战略相协同。

此外，沿海地区自由贸易试验区在服务国家区域发展战略的同时，均需要服务"一带一路"建设。以广东自由贸易试验区为例，广东自由贸易试验区既与粤港澳大湾区建设相辅相成，也与"一带一路"建设紧密相连。2019 年广东对共建"一带一路"国家（地区）进出口 1.71 万亿元，同比增长6.3%。②

（二）沿海地区自由贸易试验区的片区选择和发展目标均紧密结合了各省（区、市）的发展优势和基础

沿海地区各自贸区的片区选择和发展目标均紧密结合了各省（区、市）的发展优势和基础。如上海和广东作为中国改革开放的前沿和代表地区，其发展目标也与之相对应，上海自由贸易试验区将建设成为高度开放、包括货币自由兑换在内的自由贸易园区。2019 年 8 月，上海自由贸易试验区临港新片区正式揭牌成立，该片区将对标国际公认的竞争力最强的自由贸易试验区，在2035 年前建成具有较强国际市场影响力和竞争力的特殊经济功能区，成为我国深度融入经济全球化的重要载体；广东自由贸易试验区则积极对标国际，将建成投资便利、法制规范、监管有效等的国际高标准的自由贸易试验区。

福建是大陆对台交流合作的前沿，增强闽台合作是福建自由贸易试验区的主要目标；福建自由贸易试验区建立 5 年来不断凸显与台湾交流合作的特色优势，在自由贸易试验区内积极开展台资企业管理、两岸征信合作、两岸生态环

① 《天津自贸试验区挂牌五年来有何亮点？商务部发布会回应》，中国（天津）自由贸易试验区网站，2020 年 4 月 29 日。
② 《2019 年广东对"一带一路"沿线国家进出口 1.71 万亿元》，中国贸易新闻网，2020 年 1月 20 日。

境管理标准、台湾同胞到福建自由贸易试验区就业、两岸司法标准等方面的改革创新。截至 2020 年 7 月，福建自由贸易试验区已经形成 98 项对台合作的创新举措。① 广西自由贸易试验区的发展目标则紧紧围绕中央赋予广西的"三大定位"设立。辽宁自由贸易试验区则主要面向东北亚，截至 2020 年 3 月，辽宁自由贸易试验区区内新增注册资本 6987 亿元，新增东北亚地区的外资企业 217 家。②

三 沿海地区自由贸易试验区未来发展趋势

（一）将逐步形成以上海自由贸易试验区和广西自由贸易试验区为引领的"双雁头"发展格局

设立自由贸易试验区作为我国深化改革、扩大开放的重要举措，其差异化发展布局已基本形成。在差异化发展的基础上，沿海地区自由贸易试验区将形成以上海自由贸易试验区和广西自由贸易试验区为引领的"双雁头"发展格局。

1. 上海自由贸易试验区以中国国际进口博览会为主要平台，引领东部沿海自由贸易试验区形成面向全球的一个雁阵

一是上海自由贸易试验区具有引领东部沿海自由贸易试验区发展的区位优势。上海自由贸易试验区地处长江入海口，拥有显著的地理优势。从我国海岸线来看，上海处于较为中间的位置，具有辐射带动沿海各自贸易区发展的区位优势。

二是上海自由贸易试验区具有引领东部沿海自由贸易试验区发展的改革创新优势。上海自贸区具有成立时间最早、经验最丰富、经济能力最强、开放化水平最高等特点和优势。2019 年上海新设的临港新片区总结了上海自贸区开放式发展的丰富经验，主要聚焦于突破其他地区的不足以及没有实施条件的关键领域，旨在打造中国全面深化改革开放的新引擎，建设成中国全面融入经济

---

① 《福建自贸试验区新推出 36 项制度创新成果》，中国（福建）自由贸易试验区网站，2020 年 7 月 24 日。
② 《三岁辽宁自贸区 制度创新成硬核》，中国（辽宁）自由贸易试验区网站，2020 年 4 月 23 日。

全球化的重要载体。① 因此，上海自由贸易试验区具有引领沿海地区各自贸区发展的改革基础和条件。

三是上海自由贸易试验区具有引领东部沿海自由贸易试验区参与"一带一路"建设的平台优势。沿海各自由贸易试验区均需要服务"一带一路"建设，而落户上海的中国国际进口博览会则成为我国主动面向全球开放、推进"一带一路"建设走深走实的重要平台，为"一带一路"建设注入新的活力，也成为新时代我国高水平对外开放的标志性工程。首届中国国际进口博览会有58个共建"一带一路"国家（地区）参加；② 因此，上海自由贸易试验区可以集聚和引领东部沿海地区自由贸易试验区的发展。

因此，未来会逐步形成以上海自由贸易试验区为"雁头"，江苏自由贸易试验区、浙江自由贸易试验区等长三角地区自由贸易试验区为第一梯队，向北辐射山东、河北、天津和辽宁自由贸易试验区，向南辐射福建、广东自由贸易试验区的、面向全球的雁阵发展格局。

2. 广西自由贸易试验区以"南宁渠道"为主要平台，形成引领中西部自由贸易试验区发展的区域性雁阵

一是广西自由贸易试验区具有引领中西部自由贸易试验区发展的区位优势。中国陆地海岸线的终点在广西，由于历史等多方面原因，广西的发展相对缓慢，这使广西与东部沿海的多数自由贸易试验区关联不够紧密。而作为拥有陆地边境线的沿海自由贸易试验区，广西自贸区与东盟海陆相连，这使广西具有了引领中西部自由贸易试验区发展的区位优势，区位优势进一步凸显。

二是广西自由贸易试验区具有引领中西部自由贸易试验区参与"一带一路"建设的平台优势。与上海自由贸易试验区一样，广西拥有由中国—东盟博览会、西部陆海新通道、面向东盟的金融开放门户等组成的"南宁渠道"，具有引领中西部自由贸易试验区参与"一带一路"建设的平台优势。但与上海自由贸易试验区面向全球不同，广西以面向东盟为主。中国—东盟博览会（简称东博会）、中国—东盟商务与投资峰会自从2004年永久落户南宁以来已

① 黄志勇、蒙飘飘、申韬：《面向东盟金融开放门户：广西自贸区实现后发赶超跨越发展的关键点研究》，《南宁师范大学学报》（哲学社会科学版）2019年第6期。
② 王珂：《首届中国国际进口博览会成果丰硕——访商务部部长钟山》，《人民日报》2018年11月19日，第3版。

经成功举办了 16 届。中西部地区通过参与东博会，加深了与东盟的经贸合作，促进了双向投资合作等。南宁片区也是广西自由贸易试验区的重要组成部分，通过"南宁渠道"广西自由贸易试验区具备引领中西部地区自由贸易试验区参与"一带一路"建设，尤其是面向东盟开放合作的独特优势和基础。

2017 年，西部陆海新通道建设以来，更是将中西部地区的开放发展与广西紧密结合起来。根据《西部陆海新通道总体规划》提出的三条主通道①的具体走向来看，三条主通道均经过广西，这进一步强化了广西自由贸易试验区在引领中西部发展中的平台优势。此外，西部陆海新通道建设的实质就是促进"一带"与"一路"的有机衔接，有助于进一步激发我国内生发展和对外合作动力，形成陆海内外联动、东西双向互济的开放格局，有助于促进中国与共建"一带一路"国家和地区的紧密合作、共同发展。

面向东盟的金融开放门户也使广西自由贸易试验区具有独特优势和先行优势。建设面向东盟的金融开放门户，是党的十九大以来中央批复的第一个省级全域金融开放战略，将推动广西形成开放发展的新动能，这极大地提升了广西引领中西部地区自由贸易试验区发展的政策优势。目前，广西面向东盟的金融开放门户建设已经取得了显著成效，截至 2019 年底，已有 57 家金融机构或企业进驻广西自由贸易试验区南宁片区，代表性企业有中银香港东南亚业务运营中心等。金融改革是所有自由贸易试验区改革创新的重点领域，广西建设面向东盟的金融开放门户强化了广西引领中西部自由贸易试验区金融改革的先行优势。

因此，未来将逐步形成以广西自由贸易试验区为"雁头"，依托中国—东盟博览会、西部陆海新通道等组成的"南宁渠道"，辐射带动重庆、陕西、四川、云南等地自由贸易试验区发展，并与海南自由贸易试验区/港相互协同的区域性雁阵发展格局。

（二）海南自由贸易港将逐步成为创新高地

2018 年 4 月，海南自由贸易港作为国家战略部署被正式提出。2019 年 11 月 5 日，习近平总书记在第二届中国国际进口博览会开幕式主旨演讲中再次强

---

① 分别是重庆经贵阳、南宁至北部湾出海口（北部湾港、洋浦港）；自重庆经怀化、柳州至北部湾出海口；自成都经泸州（宜宾）、百色至北部湾出海口。

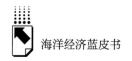

调"加快海南自由贸易港建设"。2020年4月26日，十三届全国人大常委会第十七次会议审议了《关于授权国务院在中国（海南）自由贸易试验区暂时调整实施有关法律规定的决定（草案）》；6月1日，国家正式印发《海南自由贸易港建设总体方案》，标志着海南自贸港建设进入全面实施阶段。

一是制度集成创新是海南自贸港建设的重中之重，其将成为沿海自由贸易试验区的创新高地。海南自贸港实行的是更高层次的规则和制度性开放，这需要制度创新作为保障。因此，制度集成创新并形成政策制度体系，并给沿海其他自由贸易试验区提供创新经验将是海南自贸港发展的重点方向。

二是海南自贸港与沿海其他自由贸易试验区将实现错位发展。从沿海其他各自由贸易试验区的战略定位和发展目标看，高端制造产业、高新技术产业、金融业等是多数自由贸易试验区重点发展的目标产业。而海南自贸港则基于其独特的地理区位和资源优势，重点发展旅游业、现代农业、金融业，这在最大限度发挥海南自身优势的基础上，也实现了与其他沿海自由贸易试验区的错位发展，避免了不必要的竞争。

三是海南自贸港将与沿海自贸区的两个"雁阵"形成优势互补。首先，上海自由贸易试验区是我国第一个自由贸易试验区，其形成的经验可以在海南自贸港复制推广，而后面建设的海南自贸港则可在借鉴上海自由贸易试验区经验的基础上有更大的创新空间，国家也赋予了海南自贸港创新发展更大的自主权，这将与上海自由贸易试验区形成优势互补。其次，海南自贸港将与广西自由贸易试验区建设相互协同。"南宁渠道"尤其是中国—东盟博览会与亚洲博鳌论坛性质不同，双方形成了优势互补和良性互动，推动了中国—东盟自由贸易试验区与海南自由贸易港的对接，这也使广西自由贸易试验区与海南自贸港不存在竞争关系，而是相互协同发展，广西北部湾港则可在自由贸易试验区框架下，借鉴海南相关举措，积极推动向自由贸易港方向发展。

四 结语：沿海地区自由贸易试验区发展机遇与挑战并存

沿海地区自由贸易试验区建设，将会进一步发挥沿海地区的改革和开放优势，深化投资领域改革，推动贸易转型升级，加速产业转型升级发展，密切与周边国家和地区的合作。但发展的机遇与挑战并存。

一是如何有效控制自由贸易试验区发展创新改革所带来的风险成为主要挑战之一。如贸易风险、金融风险等。以金融风险为例，沿海各自由贸易试验区建设均提出要金融创新，如要求实施资金便利收付的跨境金融管理制度，探索资本自由流动及自由兑换。但资本自由流动必然会带来国际资本特别是投机资本的大量流动，进而会产生金融市场混乱的风险并在一定程度上影响并削弱我国宏观经济政策的效果。二是自由贸易试验区发展目标的实现需要人才的支撑，而沿海地区多个自由贸易试验区的片区存在地域偏僻、交通不便、基础设施缺乏、社会服务落后等现实问题，如何吸引人才进入自由贸易试验区工作及生活是需要解决的问题。三是受新冠肺炎疫情影响，沿海各自由贸易试验区企业发展和招商引资面临巨大挑战。由于防疫需要，各省（区、市）采取了严密的举措限制人员流动，这导致自由贸易试验区企业工人无法返岗工作。由于疫情的全球流行，部分国家对华采取了贸易限制等举措，一方面导致自由贸易试验区内外贸企业面临订单取消和减少的困境，另一方面导致许多外商企业对华的投资撤出并保持观望的态度，自由贸易试验区面临着吸引外资的困难和开拓国外市场的困难。另外，加上中美贸易摩擦、国际贸易保护主义抬头、国际经济复苏缓慢等的影响，以及我国劳动力价格上涨、原材料成本上升，导致国内投资回报率降低，这致使一些跨国公司将在中国的生产能力向东南亚等新兴经济体转移，这对各自由贸易试验区引进外资等产生了负面影响。

因此，沿海地区各自由贸易试验区除了要进一步提升贸易便利化、投资自由化水平，进一步推进政府职能转变，立足地方特色和现实基础，积极服务国家战略，以实现更好的发展外，还需积极发挥自由贸易试验区是我国开放前沿的优势和制度优势、资源优势，使沿海各自由贸易试验区成为我国在全球疫情蔓延背景下稳外资、稳外贸的中坚力量。如借鉴上海发布的 28 条政策支持企业抗击疫情，[①] 加强对外商投资企业的跟踪服务，提供更加便利化的外汇金融服务，并结合各自由贸易试验区的发展定位和发展特色筹划线上招商推介等，推动重大外资项目落户沿海各自由贸易试验区，并加快新项目储备，保障各自由贸易试验区的稳定发展。

---

① 主要包括实施资本项目外汇收入支付便利化业务，开展跨国公司资金集中运营管理业务等。

参考文献

黄志勇等：《畅通"南宁渠道"——广西抢占新时代全面扩大开放制高点研究》，广西师范大学出版社，2019。

黄志勇、蒙飘飘、申韬：《面向东盟金融开放门户：广西自贸区实现后发赶超跨越发展的关键点研究》，《南宁师范大学学报》（哲学社会科学版）2019 年第 6 期。

张磊、黄志勇：《"南宁渠道"的性质、功能作用与成功经验》，《东南亚纵横》2014 年第 12 期。

王珂：《首届中国国际进口博览会成果丰硕——访商务部部长钟山》，《人民日报》2018 年 11 月 19 日。

刘儒：《自贸区建设的必要性及发展情况研究》，《淮北职业技术学院学报》2019 年第 6 期。

刘再起、张瑾：《中国特色自由贸易试验区开放升级研究——基于负面清单的分析》，《学习与实践》2019 年第 12 期。

陈林、肖倩冰、邹经韬：《中国自由贸易试验区建设的政策红利》，《经济学家》2019 年第 12 期。

翟崑：《为"一带一路"建设推出可复制可推广的成功模式》，《广西日报》2020 年 3 月 3 日。

《专家解读：制度集成创新是海南自贸港建设的重中之重》，《海南日报》2020 年 6 月 1 日。

王方宏、杨海龙：《我国自由贸易试验区金融创新的观察与思考》，《人民币国际化研究》2020 年第 1 期。

中国海洋经济高质量发展水平分析

赵爱武　冯敏　孙珍珍*

摘　要：　海洋经济高质量发展以五大发展理念为引导，通过"理念—技术—制度"三重创新，实现"理念、动力、结构、效率、质量"五大变革，具有与传统海洋经济发展模式不同的本质特征。本报告立足于新时代海洋经济发展的新内涵、新特征和新形态，围绕海洋经济高质量发展"五位一体"核心要素，构建了海洋经济高质量发展水平测评体系，设计海洋经济总量指数、海洋经济结构指数、海洋经济创新能力指数、海洋经济绿色程度指数、海洋经济开放程度指数和海洋经济共享程度指数，分析了海洋经济高质量发展综合水平及前景，并提出了我国海洋经济高质量发展的政策建议。

关键词：　海洋经济　高质量发展　全要素生产率

一　海洋经济高质量发展的内涵与特点

实现海洋经济高质量发展是海洋经济发展方式转变的目标，也是实现由海洋资源大国到海洋经济强国转变的手段。新时代海洋经济高质量发展以五大发展理念为引导，通过"理念—技术—制度"三重创新，实现"理念、动力、结构、效率、质量"五大变革，具有与传统海洋经济发展模式不同的本质特

---

* 赵爱武，山东财经大学管理科学与工程学院副教授，海洋经济与管理研究院研究员、硕士生导师，主要研究方向海洋经济高质量发展；冯敏、孙珍珍，山东财经大学管理科学与工程学院博士研究生。

征和基本内涵。本部分梳理了现阶段国内学者关于海洋经济高质量发展的有关研究，并在此基础上进一步分析了海洋经济高质量发展的内涵和特点。

（一）海洋经济高质量发展的内涵

经济高质量发展是能够在满足人民日益增长的美好生活需求的基础上，更加体现经济发展本真性质的经济发展方式、发展结构和动力状态。海洋经济高质量发展是针对海洋经济发展、海洋产业结构、海洋科技创新、海洋生态环境等多方面海洋经济问题在更高要求层面的整体讨论。

目前，关于海洋经济高质量发展的研究得到了国内学术界的广泛关注，许多专家学者针对海洋经济高质量发展开展了制度讨论、科技创新等相关研究，但对于海洋经济高质量发展本身的内涵还未给出一个的确切的定义。鲁亚运等从创新、协调、绿色、开放、共享五大发展理念的角度构建了海洋经济高质量发展的评价指标体系，通过该评价指标体系对我国沿海城市的海洋经济高质量发展整体水平进行评价，并根据评价结果提出了一系列对策建议。[①] 陈明宝强调了制度创新对于海洋经济发展的重要意义，阐述了在海洋经济高质量发展的制度创新需求下制度创新系统的具体内容，并对制度创新供给层面的相关问题做出解答。[②] 李大海和韩立民提出科技创新是海洋经济高质量发展的根本动力，并且强调用科技创新来推动海洋经济高质量发展是解决目前海洋经济发展过程中难题的焦点，也是建设海洋强国的迫切需求。[③]

经济发展新常态下，我国海洋经济传统产业进入深度调整期。本报告认为，海洋经济高质量发展是以人为本，"科技、文化、产业、生态"四位一体的协调发展，是五大发展理念在海洋经济发展领域的集中体现。新时代海洋经济高质量发展以"理念、政策、创新、开放"四轮驱动为发展动力，以理念创新、科技创新和体制机制创新为核心引擎，通过"理念、动力、结构、效

① 鲁亚运、原峰、李杏筠：《我国海洋经济高质量发展评价指标体系构建及应用研究——基于五大发展理念的视角》，《企业经济》2019 年第 12 期。
② 陈明宝：《要素流动、资源融合与开放合作——海洋经济在粤港澳大湾区建设中的作用》，《华南师范大学学报》（社会科学版）2018 年第 2 期。
③ 李大海、翟璐、刘康、韩立民：《以海洋新旧动能转换推动海洋经济高质量发展研究——以山东省青岛市为例》，《海洋经济》2018 年第 3 期。

率、质量"五大变革，深化海洋资源供给侧结构性改革，拓展海洋空间、升级传统产业、发展新兴产业、优化产业结构，推动海洋经济绿色、高效、可持续健康发展，实现海洋经济向高质量发展阶段的整体跃升。

（二）海洋经济高质量发展的特点

简单来说，海洋经济高质量发展主要有以下几个特点。

1. 高效率性

海洋经济高质量发展是创新和效率提高的发展，创新将成为海洋经济发展的主旋律，效率将成为海洋经济发展的关键词。通过优化产业结构提高全要素生产率，对海洋资源进行高效率利用，使企业的投入产出效率不断提高，尽可能地降低资源消耗、减少对生态环境造成的负面影响，并产出更多具有竞争力的产品和服务，是海洋经济高质量发展的鲜明特征。

2. 高效益性

高效益是指海洋经济高质量发展呈现结构优化、效益增长的态势，以改善民生作为海洋经济高质量发展的出发点和落脚点，关注发展过程、生产方式、发展动力、发展效果的全面提升，转变增长方式、切换增长动力、提升经济效益和分享发展成果，实现经济效益、社会效益、生态效益的有机统一，并使参与海洋经济活动的劳动者共享发展成果。高效益成果是海洋经济高质量发展的最直接体现。

3. 稳定性

随着海洋资源总量、海洋环境容量和海洋科技水平的不断变化，海洋相关产业的就业、产品价格、劳动收入等重要指标整体协调，海洋经济以平稳增速增长，海洋经济空间结构和产业结构在平稳中不断优化，使海洋经济成为我国经济平稳增长的重要动力。海洋经济稳定发展是衡量海洋经济高质量发展的重要标志。

4. 可持续性

与之前传统的以过度消耗海洋资源、破坏海洋原始生态环境为开发代价的海洋开发利用理念不同，海洋经济高质量发展强调通过合理运用法律途径、政府相关政策和市场调控机制，利用新兴的科学技术工具，科学合理地开发利用海洋资源，维护海洋自然再生产能力，提高海洋产业的经济效益和社会效益，

坚持开发和保护并重、污染防治和生态修复并举，保证人与海洋关系和谐。

5. 协调性

随着经济全球化和区域经济一体化的进程持续加快，海洋经济从之前的单一产业发展到多元化产业，这就要求海洋经济中的海陆一体经济、海洋产业结构、区域经济等多种经济与社会、文化、政治各方面协调发展。海洋经济高质量发展强调不仅要保持海洋经济系统中元素之间的协调，而且要保持海洋系统中的元素与外部环境之间的整体协调。

6. 长期性

海洋经济高质量发展并不是某个阶段性的目标，而是需要持续发力的长期过程。高质量发展是能够充分体现科技创新、经济协调、生态和谐、对外开放、成果共享的发展，能够更好地满足人民日益增长的美好生活需要。

二 中国海洋经济发展现状分析

（一）中国海洋经济规模分析

1. 海洋生产总值

2019 年全国海洋生产总值 89415 亿元，比上年增长 6.2%，海洋生产总值占国内生产总值的比重为 9.0%，海洋经济在国民经济发展中占据着越来越重要的位置。除此之外，2007～2019 年海洋生产总值实现 8.83% 的年均增长。除了 2009 年由于受到金融危机的影响其增速有所下降并在之后明显提高之外，从 2012 年开始，全国海洋生产总值增速逐渐趋于平稳，由之前的高速增长转变为常态稳步增长。

2. 涉海就业人员

我国涉海就业人员自 2007 年起呈现逐年递增的态势，且 2018 年全国涉海就业人员多达 3684 万人。与此同时，全国涉海就业人员占全国就业人员比重也在稳步增长，从 2007 年的 4.18% 增长到 2018 年的 4.75%。特别是在沿海城市当中，涉海就业人员在地区就业人员中所占比重更大，在沿海地区每十个就业人员中都会有一个涉海就业人员。

（二）中国海洋经济产业结构分析

我国海洋第一产业增加值十年来变化不大，且较海洋第二、第三产业来说微乎其微，2019 年我国海洋第一产业增加值仅有 3729 亿元。我国海洋第二、三产业增加值较第一产业增加值来说相对较大，且均呈逐年递增趋势。尤其是我国海洋第三产业，从 2010 年开始其增加值开始超过我国海洋第二产业，成为我国海洋产业中增加值最大且增长最快的产业，2019 年我国海洋第三产业增加值为 53700 亿元。

我国海洋产业结构不断优化。2011 年之前，我国海洋第一、第二、第三产业增加值占海洋生产总值的比重变化不大；2011 年之后，海洋第三产业增加值逐渐增加，且在海洋生产总值中的比重越来越大，开始超过第二产业并将此优势逐渐加大，我国海洋经济产业结构转变为"三、二、一"格局。2011 ~ 2019 年海洋产业结构由 5.1∶47.9∶47 调整为 4.2∶35.8∶60。

（三）中国海洋经济增长动力

图 1 是 2007 ~ 2019 年以海洋电力业和海洋生物医药业为代表的海洋新兴产业的增长情况。自 2007 年开始，海洋生物医药业、海洋电力业等海洋新兴产业发展迅速，2007 ~ 2019 年海洋生物医药业增加值增长 10 倍，从 40 亿元增长到 443 亿元；海洋电力业更是从 5 亿元增长到了 199 亿元。尽管随着基数不断增大，海洋电力业和海洋生物医药业的增长速度有所下降，但也维持在 10% 左右的高增长范围内。正是由于这些需要科技水平作强大支撑的海洋产业规模不断增加，我国的海洋经济增长动力从要素驱动不断向科技创新驱动转变。

（四）中国海洋经济全要素生产率

1. 海洋经济全要素生产率测算

根据海洋经济高质量发展中绿色发展的需要，在海洋经济全要素生产率测算投入变量中加入"当年安排废水治理项目"作为环境治理投入指标之一，在产出中加入了"工业废水直接排入海量"作为环境负效益这一非期望产出，构建了我国海洋经济全要素生产率的指标体系如表 1 所示。

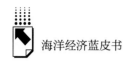

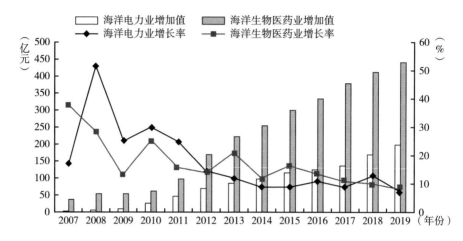

图1　2007~2019年海洋新兴产业增长情况

资料来源：《中国海洋经济统计公报》（2007~2019）。

表1　中国海洋经济全要素生产率指标体系

目标层	准则层	指标层
投入变量	资本投入	固定资产投资总额（亿元）
	劳动力投入	涉海就业人员数（万人）
	资源投入	确权海域面积（公顷）
	环境治理投入	当年安排废水治理项目（个）
产出变量	期望产出（经济效益）	海洋生产总值（亿元）
	非期望产出（环境负效益）	工业废水直排入海量（万吨）

采用 DEA-Malmquist 指数模型测算的海洋经济全要素生产率及其分解结果如表2所示。整体看来，在测算期间技术效率、技术进步效率与纯技术效率对海洋经济全要素生产率起到促进作用，而规模效率对海洋经济全要素生产率起抑制作用，我国海洋经济总体呈现正向增长趋势，但呈现不同程度的波动情况。

表2　2003~2018年海洋经济绿色全要素生产率指数测算分解结果

年份	技术效率	技术进步效率	纯技术效率	规模效率	全要素生产率
2003~2004	0.929	1.230	0.929	1.000	1.143
2004~2005	1.002	1.025	1.002	1.000	1.027

年份	技术效率	技术进步效率	纯技术效率	规模效率	全要素生产率
2005~2006	1.099	1.038	1.099	1.000	1.141
2006~2007	1.099	0.887	1.099	1.000	0.975
2007~2008	1.157	1.222	1.157	1.000	1.414
2008~2009	0.851	0.955	0.851	1.000	0.813
2009~2010	1.071	0.863	1.076	0.996	0.924
2010~2011	1.071	1.045	1.076	0.996	1.119
2011~2012	1.158	1.325	1.156	1.002	1.534
2012~2013	0.907	1.149	0.905	1.002	1.042
2013~2014	1.051	1.010	1.062	0.989	1.062
2014~2015	1.006	1.002	1.021	0.985	1.008
2015~2016	0.995	1.022	0.986	1.009	1.017
2016~2017	1.016	1.008	1.016	1.000	1.024
2017~2018	1.020	1.005	1.028	0.993	1.026
均值	1.028	1.053	1.031	0.998	1.083

三 海洋经济高质量发展指数分析

(一)海洋经济高质量发展指标设计

本报告从海洋经济总量、海洋经济结构、创新能力、绿色程度、开放程度、共享程度几个方面出发,根据指标选择的原则和方法,综合定性、定量分析的具体要求,构建了包含全国海洋生产总值、涉海劳动力投入产出比等关键指标的海洋经济高质量发展水平测评指标体系,如表3所示。

表3 海洋经济高质量发展水平测评指标体系

一级指标	二级指标	指标属性
海洋经济总量	海洋生产总值	正向
	海洋生产总值/国民生产总值	正向
	海洋生产总值增长速度	正向

续表

一级指标	二级指标	指标属性
海洋经济结构	海洋第二产业增加值/海洋生产总值	正向
	海洋第三产业增加值/海洋生产总值	正向
	海洋产业结构变化值指数	正向
	消费者价格指数	逆向
海洋经济创新能力	海洋科研机构数目	正向
	海洋科研从业人员数目	正向
	海洋科研机构经费收入	正向
	海洋科研机构科技课题、论著、专利数目	正向
	涉海劳动力投入产出比	正向
海洋经济绿色程度	单位海洋工业废气排放量	
	单位海洋工业废水排放量	逆向
	单位海洋工业固体废物倾倒丢弃量	逆向
	海洋类型保护区数量	正向
	海洋污染治理项目数量	正向
海洋经济开放程度	港口客货吞吐量	正向
	港口国际标准集装箱吞吐量	正向
	海洋原油出口量	正向
	沿海城市接待入境游客人数	正向
海洋经济共享程度	全国海洋专业学生数量	
	涉海就业人员/全国就业人员	正向
	沿海地区人均可支配收入	正向

（二）海洋经济高质量发展指数设计

1. 海洋经济总量指数

海洋经济总量由海洋生产总值、海洋生产总值占国民生产总值比重和海洋生产总值增长速度构成，能够最直观反映和衡量我国海洋整体经济发展水平。

2. 海洋经济结构指数

海洋经济结构指数能够直观反映当前海洋经济产业结构是否合理，海洋经济结构指数由海洋第二产业增加值占海洋生产总值比重、海洋第三产业增加值占海洋生产总值比重、海洋产业结构变化值指数和消费者价格指数构成，能够帮助把握当前海洋经济产业结构是否有利于促进近期海洋经济增长的同时又有利于海洋经济的长远发展。

3. 海洋经济创新能力指数

海洋经济创新能力指数是评价海洋经济高质量发展水平的关键，由海洋科研机构数目，海洋科研从业人员数目，海洋科研机构经费收入，海洋科研机构科技课题、论著、专利数目和涉海劳动力投入产出比构成。

4. 海洋经济绿色程度指数

海洋经济绿色程度指数的高低是判断海洋经济是否高质量发展的基本特征，由单位海洋工业废气排放量、单位海洋工业废水排放量、单位海洋工业固体废物倾倒丢弃量、海洋类型保护区数量和海洋污染治理项目数量构成。

5. 海洋经济开放程度指数

海洋经济开放是推动海洋经济高质量发展的重要动力，海洋经济开放程度指数由港口客货吞吐量、港口国际标准集装箱吞吐量、海洋原油出口量和沿海城市接待入境游客人数构成。

6. 海洋经济共享程度指数

海洋经济共享是海洋经济高质量发展最终成果的体现，海洋经济共享程度指数由全国海洋专业学生数量、涉海就业人员/全国就业人员、沿海地区人均可支配收入构成。

（三）海洋经济高质量发展指数测评

1. 测评方法

为了在减少主观权重随意性的前提下考虑决策专家的主观意见，同时充分反映评价指标的客观数据信息，最终得出准确科学的海洋经济高质量发展指数，本报告采用所构建的海洋经济高质量发展水平测评指标体系以及能够将主观权重法和客观权重法有机结合的组合赋权法进行实证测评。

（1）基于 AHP 的主观权重法

AHP 方法的具体步骤如下：

①根据问题建立层次递阶结构。

②构造比较判断矩阵。在计算评价因素权重时，通过矩阵中的元素 b_{ij} 来表

示该层次 B_i 和 B_j 对于上层目标 A_k 的相对重要性。

$$B = (b_{ij})_{n \times n} = \begin{bmatrix} b_{ij} & b_{ij} & \dots & b_{ij} \\ b_{ij} & b_{ij} & \dots & b_{ij} \\ \dots & \dots & \dots & \dots \\ b_{ij} & b_{ij} & \dots & b_{ij} \end{bmatrix} \tag{1}$$

③层次内排序。对于上层目标计算本层次内元素重要性次序的权值。

④一致性检验。

$$CR = CI/RI \tag{2}$$

$$CI = (\lambda_{max} - n)/(n - 1) \tag{3}$$

其中，CR 为一致性比例，CI 为一致性指标，n 为判断矩阵的阶数，RI 为平均随机一致性指标（见表4）。

表4 平均随机一致性指标 RI 值

阶数	1	2	3	4	5	6	7	8	9
RI	0.00	0.00	0.58	0.90	1.12	1.24	1.32	1.41	1.45

当 $CR < 0.1$ 时，认为判断矩阵的一致性令人满意，否则判断矩阵不符合一致性要求，需要继续调整。

层次总排序及一致性检验。根据某一层次内所有层次单排序的结果，计算本层内元素对于上层元素重要性的权值。如果该层次为最高层次，则该层次为层次总排序。

（2）基于熵值法的客观权重法

①数据标准化

由于本报告所构建的海洋经济高质量发展水平测评指标体系中涉及正向和逆向两种指标属性，为了避免指标间存在的差异对评测结果产生影响，需要首先按照公式（4）对数据进行标准化处理。

$$X_{ij} = \begin{cases} \dfrac{x_{ij} - \min x_j}{\max x_j - \min x_j}, x_j \text{ 为正向指标} \\ \dfrac{\max x_j - x_{ij}}{\max x_j - \min x_j}, x_j \text{ 为逆向指标} \end{cases} \tag{4}$$

其中, x_{ij} 表示第 i 个城市的第 j 个评价指标。

②计算信息熵

$$E_j = -\frac{1}{\ln N} \sum_{i=1}^{N} p_{ij} \ln p_{ij}$$

$$\text{其中}, p_{ij} = \frac{X_{ij}}{\sum_{i=1}^{N} X_{ij}}, \quad i = 1, 2, \ldots, N \tag{5}$$

③计算指标权重

$$\omega_j = \frac{1 - E_j}{M - \sum_{j=1}^{M} E_j}, \quad j = 1, 2, \ldots, M \tag{6}$$

④组合权重法

设主观权重向量为 $\alpha = (\alpha_1, \alpha_2, \ldots, \alpha_n)$, 且 $\sum_{j=1}^{n} \alpha_j = 1, 0 \leq \alpha_j \leq 1$; 客观权重为 $\eta = (\eta_1, \eta_2, \ldots, \eta_n)$, 且 $\sum_{j=1}^{n} \eta_j = 1, 0 \leq \eta_j \leq 1$。令组合权重为 $W = (\omega_1, \omega_2, \ldots, \omega_n)$, 则有:

$$\omega_j = \frac{\alpha_j \times \eta_j}{\sum_{j=1}^{n} \alpha_j \times \eta_j} \tag{7}$$

2. 海洋经济高质量发展个体指数测评

通过上述计算方法对海洋经济高质量发展综合实力个体指数进行测评得到我国沿海省区市 2009~2018 年海洋经济总量指数、海洋经济结构指数、海洋经济创新能力指数、海洋经济绿色程度指数、海洋经济开放程度指数和海洋经济共享程度指数（见表 5 至表 10），其中 2017 年、2018 年两年沿海省区市海洋经济总量指数为预测数据计算得出。

由表 5 可以看出，2009~2018 年，广东、山东两省在海洋经济总量上长期处于沿海 11 省区市的前两位。2018 年广东省和山东省的海洋生产总值分别为 18410.6 亿元和 14341.6 亿元，为各自海洋经济高质量发展在经济总量上奠定了一定的基础。

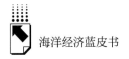

表5　2009～2018年沿海省区市海洋经济总量指数

年份	2009	2010	2011	2012	2013	2014	2015	2016	2017	2018
天津	0.576	0.521	0.539	0.527	0.553	0.535	0.592	0.595	0.597	0.598
河北	0.077	0.078	0.098	0.089	0.083	0.093	0.084	0.057	0.064	0.078
辽宁	0.296	0.269	0.318	0.271	0.275	0.245	0.188	0.148	0.145	0.143
上海	0.605	0.607	0.583	0.532	0.521	0.434	0.428	0.426	0.483	0.526
江苏	0.366	0.390	0.424	0.407	0.388	0.380	0.379	0.368	0.385	0.397
浙江	0.474	0.433	0.457	0.430	0.421	0.368	0.373	0.368	0.374	0.396
福建	0.444	0.407	0.428	0.382	0.399	0.412	0.452	0.462	0.473	0.488
山东	0.673	0.653	0.668	0.651	0.643	0.651	0.675	0.699	0.701	0.713
广东	0.770	0.680	0.694	0.713	0.685	0.714	0.758	0.913	0.765	0.833
广西	0.000	0.000	0.000	0.001	0.002	0.010	0.009	0.007	0.008	0.011
海南	0.205	0.201	0.205	0.200	0.203	0.200	0.206	0.209	0.205	0.211

表6显示了2009～2018年沿海11省区市海洋经济结构指数的具体情况。从表中可以明显看出，上海市、广东省的海洋经济结构指数长期位于前列，说明上海市、广东省的海洋经济结构相对合理，而广西壮族自治区的海洋经济结构指数一直不高，说明广西壮族自治区的海洋经济结构有待于进一步优化。另外，表中数据进一步显示，随着沿海11省区市海洋经济的不断增长，各省区市的海洋经济结构也不断优化。

表6　2009～2016年沿海省区市海洋经济结构指数

年份	2009	2010	2011	2012	2013	2014	2015	2016	2017	2018
天津	0.292	0.369	0.427	0.428	0.465	0.472	0.381	0.759	0.654	0.603
河北	0.342	0.435	0.517	0.496	0.518	0.490	0.424	0.509	0.504	0.478
辽宁	0.290	0.445	0.469	0.471	0.473	0.482	0.436	0.346	0.426	0.457
上海	0.838	0.795	0.761	0.747	0.710	0.695	0.749	0.629	0.730	0.769
江苏	0.343	0.462	0.557	0.515	0.537	0.424	0.249	0.329	0.354	0.368
浙江	0.458	0.528	0.560	0.537	0.540	0.532	0.529	0.466	0.498	0.523
福建	0.459	0.528	0.556	0.538	0.528	0.510	0.514	0.462	0.477	0.526
山东	0.367	0.481	0.532	0.496	0.503	0.464	0.385	0.415	0.436	0.467
广东	0.627	0.619	0.639	0.602	0.602	0.574	0.550	0.529	0.570	0.574
广西	0.209	0.337	0.377	0.361	0.375	0.343	0.281	0.280	0.283	0.287
海南	0.495	0.522	0.556	0.515	0.422	0.412	0.469	0.295	0.365	0.421

由表 7 可以明显地看出，广东省、山东省、上海市和江苏省的海洋经济创新能力指数居沿海 11 省区市的前四位，原因是这四个省市位于我国东部沿海地区，汇集了大批海洋科技创新企业，且拥有许多海洋科研院所和高校，其海洋相关科技课题、论著和专利成果也非常显著。2018 年广东省科研机构申请课题 4098 项，发表科技论文 3956 篇，申请受理专利 1526 件；而海南省、广西壮族自治区和河北省海洋经济创新发展水平较低，位于沿海 11 省区市后三位，2018 年海洋经济创新能力指数均未超过 0.1，由于海洋科研机构和科技从业人员较少，因此科研成果也比较匮乏。

表 7   2009～2018 年沿海省市海洋经济创新能力指数

年份	2009	2010	2011	2012	2013	2014	2015	2016	2017	2018
天津	0.478	0.438	0.429	0.458	0.487	0.479	0.418	0.346	0.407	0.418
河北	0.054	0.051	0.051	0.058	0.062	0.060	0.047	0.046	0.051	0.049
辽宁	0.327	0.330	0.329	0.339	0.349	0.360	0.420	0.292	0.295	0.307
上海	0.822	0.806	0.867	0.822	0.801	0.860	0.843	0.802	0.826	0.809
江苏	0.767	0.805	0.769	0.711	0.756	0.788	0.630	0.519	0.537	0.521
浙江	0.408	0.347	0.357	0.383	0.429	0.445	0.398	0.407	0.416	0.427
福建	0.342	0.329	0.306	0.290	0.331	0.317	0.271	0.282	0.293	0.274
山东	0.861	0.876	0.852	0.827	0.901	0.836	0.704	0.669	0.684	0.691
广东	0.927	0.928	0.948	0.945	0.929	0.980	1.000	1.000	1.000	0.973
广西	0.096	0.100	0.093	0.098	0.096	0.180	0.157	0.073	0.089	0.096
海南	0.055	0.051	0.054	0.056	0.066	0.067	0.072	0.065	0.063	0.074

从表 8 可以发现，海南省海洋经济绿色程度指数在沿海 11 省区市中长期处于领先地位，2018 年海洋经济绿色程度指数为 0.852，说明海南省的海洋经济在绿色环保方面做得比较好，对环境的破坏相对较少，主要因为海南省海洋经济发展以旅游业为主，且海南省第二产业发展水平较低，因此带来的污染较少。河北省的海洋经济绿色程度指数在沿海 11 省区市中最低，2018 年为 0.247。从海洋经济绿色程度指标来看，河北省单位海洋生产总值废气和固体废物排放量最高，且能

源利用率较低，海洋类型保护区数量较少，说明其海洋经济发展主要来源于污染高、能耗高的第二产业，且绿色环保工作不到位。

表8　2009～2018年沿海省区市海洋经济绿色程度指数

年份	2009	2010	2011	2012	2013	2014	2015	2016	2017	2018
天津	0.427	0.439	0.474	0.445	0.415	0.495	0.413	0.415	0.417	0.425
河北	0.245	0.256	0.241	0.310	0.253	0.232	0.249	0.236	0.239	0.247
辽宁	0.642	0.797	0.832	0.725	0.801	0.814	0.798	0.795	0.799	0.804
上海	0.710	0.749	0.797	0.704	0.704	0.795	0.790	0.777	0.795	0.773
江苏	0.242	0.277	0.219	0.229	0.229	0.210	0.202	0.188	0.196	0.201
浙江	0.085	0.060	0.117	0.028	0.098	0.152	0.137	0.329	0.273	0.306
福建	0.158	0.194	0.186	0.143	0.211	0.228	0.784	0.773	0.787	0.794
山东	0.280	0.340	0.331	0.351	0.383	0.598	0.576	0.529	0.532	0.541
广东	0.773	0.740	0.871	0.788	0.763	0.787	0.763	0.760	0.769	0.770
广西	0.287	0.258	0.215	0.288	0.241	0.218	0.238	0.257	0.261	0.264
海南	0.825	0.847	0.809	0.846	0.833	0.802	0.833	0.841	0.839	0.852

由表9可以看出，上海市开放程度居沿海11省区市首位，2018年其海洋经济开放程度指数达到0.796，原因是上海市区位条件比较优越，经济辐射腹地广阔且特色的外向型经济显著，上海市2018年水路运送国际标准集装箱多达2001万箱；除上海市之外，广东省开放程度也很高，2018年其海洋经济开放程度指数达到0.712，远高于位于第三的山东省（0.356），这是因为广东省地理位置优越，毗邻香港特别行政区和澳门特别行政区，省内有深圳、珠海、汕头三个经济特区，具有明显的政策优势。据统计，广东省2018年客货吞吐量高达165430万吨。而广西壮族自治区和海南省的海洋经济开放程度指数长期以来均未超过0.1，处于落后水平，说明其开放程度较低，今后的开放发展潜力较大。

表9　2009～2016年沿海省区市海洋经济开放程度指数

年份	2009	2010	2011	2012	2013	2014	2015	2016	2017	2018
天津	0.115	0.108	0.109	0.104	0.103	0.114	0.116	0.109	0.112	0.115
河北	0.156	0.166	0.187	0.183	0.205	0.215	0.206	0.196	0.198	0.207
辽宁	0.129	0.122	0.123	0.116	0.115	0.119	0.119	0.108	0.109	0.116
上海	0.854	0.840	0.839	0.837	0.832	0.812	0.791	0.790	0.792	0.796

年份	2009	2010	2011	2012	2013	2014	2015	2016	2017	2018
江苏	0.187	0.179	0.200	0.189	0.220	0.197	0.213	0.171	0.191	0.185
浙江	0.274	0.269	0.299	0.305	0.326	0.345	0.369	0.334	0.347	0.382
福建	0.189	0.173	0.185	0.187	0.217	0.247	0.294	0.231	0.235	0.247
山东	0.307	0.321	0.311	0.316	0.328	0.344	0.350	0.337	0.345	0.356
广东	0.668	0.699	0.663	0.580	0.684	0.675	0.784	0.663	0.679	0.712
广西	0.029	0.040	0.083	0.088	0.090	0.096	0.118	0.097	0.124	0.119
海南	0.011	0.042	0.066	0.056	0.041	0.042	0.035	0.017	0.026	0.031

由表 10 可以看出，上海市的海洋经济共享程度最高，2018 年上海市海洋经济共享程度指数达到了 0.983，从海洋经济开放程度具体指标来看，2016 年上海市城镇居民平均每人全年家庭可支配收入为 65494.1 元，比第二位的江苏多出 20603.4 元。而河北省、广西壮族自治区、海南省的海洋经济共享程度指数较低，居沿海 11 省区市海洋经济共享程度指数的后三位，其城镇居民平均每人全年家庭可支配收入分别为 31423.7 元、31169.3 元和 31938.8 元。表 7 的数据显示不同省区市之间的海洋经济共享程度指数差距较大，说明我国沿海省区市海洋经济惠民程度在空间上的差距较大，上海市海洋教育水平、福利水平较高，涉海就业机会较多，而河北省、广西壮族自治区和海南省的海洋公共服务保障能力则较差。

表 10　2009～2018 年沿海省区市海洋经济共享程度指数

年份	2009	2010	2011	2012	2013	2014	2015	2016	2017	2018
天津	0.507	0.536	0.481	0.462	0.291	0.298	0.297	0.301	0.307	0.314
河北	0.064	0.042	0.038	0.017	0.039	0.007	0.005	0.002	0.003	0.006
辽宁	0.133	0.131	0.121	0.136	0.240	0.200	0.186	0.157	0.163	0.179
上海	0.920	0.931	0.937	0.965	0.973	0.976	0.982	0.983	0.985	0.983
江苏	0.451	0.453	0.449	0.465	0.381	0.413	0.411	0.404	0.405	0.476
浙江	0.720	0.724	0.707	0.713	0.559	0.658	0.655	0.645	0.665	0.663
福建	0.386	0.381	0.369	0.382	0.254	0.266	0.266	0.264	0.268	0.271
山东	0.269	0.268	0.251	0.265	0.175	0.206	0.201	0.196	0.197	0.203
广东	0.519	0.512	0.480	0.493	0.332	0.324	0.321	0.320	0.325	0.331
广西	0.113	0.091	0.031	0.036	0.054	0.021	0.010	0.003	0.006	0.011
海南	0.064	0.073	0.004	0.019	0.059	0.014	0.008	0.007	0.008	0.007

3. 海洋经济高质量发展指数测评

根据沿海 11 省区市 2009～2018 年海洋经济总量指数、海洋经济结构指数、海洋经济创新能力指数、海洋经济绿色程度指数、海洋经济开放程度指数和海洋经济共享程度指数，可以求得沿海 11 省区市 2009～2018 年海洋经济高质量发展指数（见表 11）。

表 11　2009～2018 年沿海省区市海洋经济高质量发展指数

年份	2009	2010	2011	2012	2013	2014	2015	2016	2017	2018
天津	0.486	0.494	0.491	0.503	0.492	0.490	0.472	0.474	0.475	0.479
河北	0.158	0.162	0.160	0.179	0.177	0.171	0.167	0.153	0.159	0.162
辽宁	0.315	0.361	0.360	0.350	0.378	0.371	0.372	0.311	0.344	0.351
上海	0.875	0.867	0.858	0.825	0.840	0.826	0.800	0.850	0.857	0.862
江苏	0.385	0.418	0.426	0.399	0.410	0.400	0.349	0.324	0.335	0.341
浙江	0.336	0.317	0.357	0.333	0.349	0.384	0.381	0.402	0.403	0.407
福建	0.184	0.184	0.187	0.187	0.188	0.201	0.222	0.217	0.219	0.225
山东	0.480	0.515	0.515	0.506	0.527	0.552	0.510	0.589	0.556	0.587
广东	0.762	0.767	0.785	0.747	0.750	0.750	0.770	0.753	0.762	0.771
广西	0.123	0.128	0.122	0.143	0.130	0.149	0.146	0.115	0.135	0.142
海南	0.268	0.276	0.264	0.278	0.266	0.253	0.267	0.229	0.241	0.256
全国	0.469	0.487	0.503	0.511	0.514	0.520	0.520	0.551	0.553	0.560

由表 11 可以看出，以上海、广东、山东、天津为代表的东海地区省区市海洋经济高质量发展指数在 2009～2018 年比较稳定，且相对于其他城市一直处在领先位置。2018 年，上海、广东、山东、天津的海洋经济高质量发展指数分别为 0.862、0.771、0.587 和 0.479；而广西、河北、福建三地的海洋经济高质量发展指数居全国后三位，分别为 0.142、0.162 和 0.225，尤其是广西的海洋经济高质量发展指数与位居第一的上海差距较大，说明其海洋经济高质量发展相对比较落后，同时说明我国海洋经济发展不均衡，各省区市之间高质量发展水平差异较大。

四　海洋经济高质量发展前景展望及政策建议

我国海洋经济的发展正在从资源要素投入型向科技创新驱动型转变，海洋经济整体上从高速度发展阶段向高质量发展阶段过渡。根据以上几个方面的分析，特提出以下几点建议。

首先，大力发展海洋新兴产业，通过创新驱动促进海洋产业优化升级。新兴产业具有科技含量大、技术水平高、环境友好的特征，处于海洋产业链和价值链高端，是我国海洋经济高质量发展的方向。要坚持做大做强海洋传统产业，更要做好做优海洋战略性新兴产业。

其次，以海洋高科技成果的开发和应用为核心，加快建立和完善绿色海洋经济的科技创新体系。在已有科学技术应用的基础上，加大海洋科研资金投入，整合各层级科研资源力量，不断引进和创造新的绿色海洋技术，培育和培养海洋专业高水平技术人才，充分发挥科技创新对海洋经济高质量发展的支撑作用。

然后，以新兴产业为主导，以传统产业改造升级和服务业提质增效为支撑，以深化改革为抓手，坚持海洋产业"三、二、一"的发展格局，完善海洋经济高质量发展产业体系和服务体系。在建设"海洋强国"的背景优势下，建立健全海洋经济高质量发展的相关法律法规，强化海洋经济高质量发展的开发管理协调机制，从而为海洋经济高质量发展提供制度保障。

最后，重视环境保护和民生福祉，在保持海洋经济发展规模和质量基础上，实现可持续健康发展。在海洋经济高质量发展的过程中，引入适应性管理机制，将"末端治理"的海洋环保思想转变为"前端防御"，既要重视海洋经济效益，也要重视海洋环境效益，从而促进海洋经济的高质量发展。

参考文献

鲁亚运、原峰、李杏筠：《我国海洋经济高质量发展评价指标体系构建及应用研究——基于五大发展理念的视角》，《企业经济》2019 年第 12 期。

陈明宝：《要素流动、资源融合与开放合作——海洋经济在粤港澳大湾区建设中的作用》，《华南师范大学学报》（社会科学版）2018 年第 2 期。

金碚：《关于"高质量发展"的经济学研究》，《中国工业经济》2018 年第 4 期。

谢凡：《"三个层面"认知"海洋经济高质量发展"》，《中国自然资源报》2020 年 3

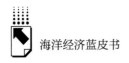
月 31 日，第 5 版。

李大海、翟璐、刘康、韩立民：《以海洋新旧动能转换推动海洋经济高质量发展研究——以山东省青岛市为例》，《海洋经济》2018 年第 3 期。

赵巍、汪彤欣、陆芸：《江苏海洋经济高质量发展水平评价与提升路径》，《大陆桥视野》2019 年第 12 期。

狄乾斌、高广悦：《新时代背景下海洋经济高质量发展评价与路径研究》，载《2019 年中国地理学会经济地理专业委员会学术年会摘要集》，2019。

冯俏彬：《我国经济高质量发展的五大特征与五大途径》，《中国党政干部论坛》2018 年第 1 期。

国家统计局：《中国统计年鉴》，中国统计出版社，2007~2018。

国家海洋局：《中国海洋统计年鉴》，海洋出版社，2010~2017。

B.16
海洋经济试验示范区发展水平分析

贺义雄*

摘　要： 山东省、浙江省、广东省、福建省及天津市5个省级海洋
经济试验示范区获批复以来，均取得了较大的发展成效。
但目前这些示范区的总体发展水平还需进一步提高，且发
展态势也不是十分稳定。为保障未来可持续性上升发展态
势的良好实现，应结合各地的实际情况，增加促进海洋经
济与社会发展的政策数量、加大海洋资源环境治理的投资
力度、提高海岸线利用效率与效益、大力开发利用深远海
区域、进一步发展陆域经济，并注重降低新冠肺炎疫情的
影响。

关键词： 海洋经济发展示范区　试验示范区

　　2011年1月以来，国务院先后批复了《山东半岛蓝色经济区发展规划》
《浙江海洋经济发展示范区规划》《广东海洋经济综合试验区发展规划》《福建
海峡蓝色经济试验区发展规划》《天津海洋经济发展试点工作方案》，促进了
这些区域海洋经济的快速发展。但是，经过多年的发展，这些区域也显现发展
状态不稳定、海洋污染增大等问题。目前，这5个区域虽然都呈现发展水平不
断上升的趋势，但如何促进其又快又好地可持续发展，是必须要考虑的现实
问题。

---

　　* 贺义雄，博士，浙江海洋大学经济与管理学院副教授、硕士生导师，主要研究方向为海洋资
源价值评估与核算、海洋经济运行评价与政策。

本文基于对影响这5个区域海洋经济发展因素的探析，结合各区域在2019～2023年的发展态势，并考虑新冠肺炎疫情对海洋经济的影响，分析促进我国海洋经济试验示范区未来发展的措施和办法，为各区域海洋经济高质量发展的实现提供理论支撑与参考借鉴。

一 发展回顾分析

（一）山东省

《山东半岛蓝色经济区发展规划》的制定和实施标志着山东省海洋经济试验示范区的建立。同时，这一方案还是国家"十二五"规划的首个战略，也是新中国第一个围绕海洋的区域发展规划。山东省海洋经济试验示范区发展规划的战略定位大致可分为四点，分别是发展引擎方面以黄河流域出海大通道为依托、作为环渤海经济圈的隆起带、连接长江三角洲和东北工业基地的经济区枢纽、中日韩三国自由贸易区先行区域。据此通过综合开展相关规划的实施与行动，统筹兼顾陆域及海域的发展，并协调海洋开发与保护。表1和表2展现了山东半岛蓝色经济区部分年份的发展情况。

表1　山东半岛蓝色经济区海洋生产总值情况

单位：亿元，%

年份	合计	第一产业	第二产业	第三产业	海洋生产总值占地区生产总值比重
2018	12807.83	563.54	4738.90	7505.39	16.75
2017	12103.87	561.44	4693.01	6849.41	16.65
2016	13280.4	776.8	5730.7	6772.9	19.5
2015	12422.3	790	5522.4	6110.0	19.7
2014	11288	794.5	5089	5404.5	19
2013	9696.2	715.7	4593.9	4386.6	17.7
2012	8972.1	648.7	4362.8	3960.6	17.9
2011	7074.5	444	3552.2	3078.3	18.1

注：2017年、2018年海洋生产总值、海洋产业结构、涉海就业人数等数据，以当年该地区的GDP占全国GDP的比重进行推算。表4～表10相应指标采取同样处理方式。

资料来源：中国海洋统计年鉴、中国统计年鉴、山东省自然资源厅网站、山东省海洋局网站。

表2　山东半岛蓝色经济区具体行业情况

年份	中心渔港数量（个）	一级渔港数量（个）	货物吞吐量（万吨）	外贸量（万吨）	旅客吞吐量（万人次）	离港量（万人次）	涉海就业人数（万人）
2018	11	9	137772.6	70867.2	1304.9	615.3	530.2
2017	11	9	130200.1	66972.1	1233.1	581.5	501.1
2016	11	9	142856	73482	1353	638	549.8
2015	—	—	134218	67856	1378	671	544.7
2014	—	—	128593	66263	1321	623	539.4
2013	—	—	118137	65662	1298	641	533.4
2012	~	—	106655	58925	1313	656	526.5
2011	—	—	86421	49073	1145	568	519.4

注：2017年、2018年海洋生产总值、海洋产业结构、涉海就业人数等数据，以当年该地区的GDP占全国GDP的比重进行推算。表4～表10相应指标采取同样处理方式。

资料来源：中国海洋统计年鉴、中国统计年鉴、山东省自然资源厅网站、山东省海洋局网站。

（二）浙江省

《浙江海洋经济发展示范区规划》经国务院审核并于2011年2月正式获得批复。本规划突出围绕五大方面，为浙江省的海洋经济发展设定了具体的战略定位，分别是建设大宗商品国际物流中心、发展海洋及海岛对外开放改革示范区、建立现代海洋产业发展示范区、构建海陆协同发展示范区、打造海洋生态文明及清洁能源发展示范区。

当前，浙江省已逐步发展了第二、三产业带头的特色海洋产业体系，2016年实现海洋产业生产总值6597.8亿元。宁波舟山港已连续11年位居世界港口货物吞吐量第一。此外滨海旅游业、海洋生物医药业及海洋能源等新兴产业也发展迅猛。表3～表4展现了浙江海洋经济发展示范区部分年份的发展情况。

表3　浙江海洋经济发展示范区海洋生产总值情况

单位：亿元，%

年份	合计	第一产业	第二产业	第三产业	海洋生产总值占地区生产总值比重
2018	9412.38	414.14	3482.58	5515.65	16.75
2017	7540	349.74	2923.47	4266.78	14.56
2016	6597.8	499.3	2292.6	3805.9	14

续表

年份	合计	第一产业	第二产业	第三产业	海洋生产总值占地区生产总值比重
2015	6016.6	462	2164.2	3390.4	14
2014	5437.7	427.6	2004.5	3005.7	13.5
2013	5257.9	378.1	2258.2	2621.5	14
2012	4947.5	369.7	2180.4	2397.4	14.3
2011	3883.5	286.7	1763.3	1833.6	14

资料来源：中国海洋统计年鉴、中国统计年鉴、浙江省自然资源厅网站。

表4 浙江海洋经济发展示范区具体行业情况

年份	中心渔港数量（个）	一级渔港数量（个）	货物吞吐量（万吨）	外贸量（万吨）	旅客吞吐量（万人次）	离港量（万人次）	涉海就业人数（万人）
2018	9	13	162919.8	64969.9	950.1	473.6	628.7
2017	9	13	130510.6	52045.6	761.1	379.4	503.6
2016	9	13	114202	45542	666	332	440.7
2015	—	—	109930	44183	698	346	436.6
2014	—	—	108177	44042	705	351	432.3
2013	—	—	100591	40740	719	356	427.5
2012	—	—	92760	36516	834	414	422
2011	—	—	78846	29375	1065	530	416.3

资料来源：中国海洋统计年鉴、中国统计年鉴、浙江省自然资源厅网站。

（三）广东省

2011年8月《广东海洋经济综合试验区发展规划》经国务院研究正式批复。广东省海洋经济综合试验区对海洋经济空间布局进行了优化改造，全力打造珠江三角洲、粤东海洋经济重点区、粤西海洋经济重点区三大海洋经济的主体区域，推动粤港澳、粤闽、粤桂琼三大海洋经济合作圈的建设步伐，全面统筹海岸带、近海海域、深海海域三大海洋保护带的开发与利用，大力发展海洋交通运输业、现代海洋渔业、海洋船舶工业等传统优势海洋产业，对海洋生物医药、海洋工程装备制造、海水综合利用、海洋可再生能源等新兴产业进行根植培养，此外还壮大开发临海高端产业及相应服务行业，全面提升和扩大海洋经济的发展速度和规模。

目前，广东省已形成了较为健全完整的海洋产业体系，以广州、深圳为核心的港口岸线已成为推动海洋经济发展及海洋生产总值不断增加的重要引擎。同时，广东省还汇集了大批科研机构及高精尖人才，拥有较为突出的海洋科技力量，为海洋经济的发展提供智慧奠定基础。表 5 ~ 表 6 展现了广东海洋经济综合试验区部分年份的发展情况。

表 5　广东海洋经济综合试验区海洋生产总值情况

单位：亿元，%

年份	合计	第一产业	第二产业	第三产业	海洋生产总值占地区生产总值比重（%）
2018	16292.95	716.89	6028.39	9547.67	16.75
2017	14968.53	694.32	5803.73	8470.49	16.65
2016	15968.4	273.8	6500.9	9193.8	19.8
2015	14443.1	254	6223.3	7965.9	19.8
2014	13229.8	201	5993.9	7034.9	19.5
2013	11283.6	192.7	5352.6	5738.3	18.2
2012	10506.6	180.1	5134.9	5191.7	18.4
2011	8253.7	194	3920	4139.6	17.9

资料来源：中国海洋统计年鉴、中国统计年鉴、广东省自然资源厅网站。

表 6　广东海洋经济综合试验区具体行业情况

年份	中心渔港数量（个）	一级渔港数量（个）	货物吞吐量（万吨）	外贸量（万吨）	旅客吞吐量（万人次）	离港量（万人次）	涉海就业人数（万人）
2018	8	11	152054.9	52295.7	2913	1495.8	886.2
2017	8	11	139694.7	48044.7	2676.2	1374.2	814.1
2016	8	11	149026	51254	2855	1466	868.5
2015	—	—	142059	48246	2867	1469	860.3
2014	—	—	137631	48385	2843	1445	852
2013	—	—	130831	47093	2598	1326	842.6
2012	—	—	121265	44952	2457	1278	831.6
2011	—	—	105299	39231	2109	1091	820.4

资料来源：中国海洋统计年鉴、中国统计年鉴、广东省自然资源厅网站。

（四）福建省

2012年11月1日，国务院正式批准《福建海峡蓝色经济试验区发展规划》。在试验区发展规划实施过程中，在原有渔业捕捞等传统海洋第一产业继续保持巩固和发展的同时，福建省以海洋生物、海洋工程装备制造等为代表的新兴产业近年来也取得了较为明显的进步。此外，福建省还在提升海洋科技创新能力、强化海洋资源科学利用、突出生态环境保护、加强沿海基础设施建设、强化海洋公共服务能力建设、深化闽台海洋开发合作、推进海洋经济对内对外开放、健全海洋科学开发体制机制能力等方面精准发力。表7～表8展现了福建海峡蓝色经济试验区部分年份的发展情况。

表7　福建海峡蓝色经济试验区海洋生产总值情况

单位：亿元，%

年份	合计	第一产业	第二产业	第三产业	海洋生产总值占地区生产总值比重
2018	5996.78	263.86	2218.81	3514.11	16.75
2017	5378.97	249.5	2085.58	3043.89	16.65
2016	7999.7	584.5	2853.1	4562.1	27.8
2015	7075.6	512.7	2625.4	3937.4	27.2
2014	5980.2	480.8	2299.3	3200.2	24.9
2013	5028	450.6	2026.2	2551.2	23.1
2012	4482.8	416.3	1815.9	2250.7	22.8
2011	3682.9	317.7	1602.5	1762.7	25

资料来源：中国海洋统计年鉴、中国统计年鉴、福建省海洋与渔业局网站。

表8　福建海峡蓝色经济试验区具体行业情况

年份	中心渔港数量（个）	一级渔港数量（个）	货物吞吐量（万吨）	外贸量（万吨）	旅客吞吐量（万人次）	离港量（万人次）	涉海就业人数（万人）
2018	8	13	38063	15249.6	729.4	364.3	334.6
2017	8	13	34141.6	13678.6	654.2	326.8	300.2
2016	8	13	50776	20343	973	486	446.4
2015	—	—	50282	20174	1012	509	442.2

年份	中心渔港数量（个）	一级渔港数量（个）	货物吞吐量（万吨）	外贸量（万吨）	旅客吞吐量（万人次）	离港量（万人次）	涉海就业人数（万人）
2014	—	—	49166	20988	980	489	437.9
2013	—	—	45475	18564	1008	505	433
2012	—	—	41359	16695	1115	557	427.4
2011	—	—	32687	12789	995	499	421.6

资料来源：中国海洋统计年鉴、中国统计年鉴、福建省海洋与渔业局网站。

（五）天津市

2013 年 9 月，国家发展和改革委员会正式批复了天津市有关海洋经济发展的试点工作方案。规划方案实施以来，天津市围绕现代海洋渔业、海水综合利用、海洋工程装备制造、海洋石油化工、现代港航物流、海洋旅游等六个方面进行了核心产业链的打造，主要举措体现在引导海水作为工业冷却水、推广工厂化海水养殖模式、打造集群式旅游产品等方面，并构筑了新的现代化海洋产业体系和集群，促进了海洋经济的不断发展和壮大。

但是，新时期天津市在海洋经济发展的过程中也面临着很多问题和挑战。存在的短板主要体现在受海洋资源环境制约的瓶颈较为突出，原因在于天津市所管辖的海域面积较小、海岸线较短，海岛数量也很少，同时由于地处渤海湾底，环境较为脆弱。表 9 ～ 表 10 展现了天津市海洋经济部分年份的发展情况。

表9 天津市海洋生产总值情况

单位：亿元，%

年份	合计	第一产业	第二产业	第三产业	海洋生产总值占地区生产总值比重
2018	3150.41	138.62	1165.65	1846.14	16.75
2017	3096.88	143.65	1200.75	1752.48	16.65
2016	4045.8	14.5	1838.6	2192.7	22.6

续表

年份	合计	第一产业	第二产业	第三产业	海洋生产总值占地区生产总值比重
2015	4923.5	15.2	2803.3	2105.1	29.8
2014	5032.2	14.6	3127.3	1890.4	32
2013	4554.1	8.7	3065.7	1479.7	31.7
2012	3939.2	7.9	2626	1305.3	30.6
2011	3021.5	6.1	1979.7	1035.7	32.8

资料来源：中国海洋统计年鉴、中国统计年鉴、天津市规划和自然资源局网站。

表10　天津市海洋经济具体行业情况

年份	货物吞吐量（万吨）	外贸量（万吨）	旅客吞吐量（万人次）	离港量（万人次）	涉海就业人数（万人）
2018	42871.3	23121.5	61.5	30.4	142.4
2017	42143	22728.7	60.5	29.9	140
2016	55056	29693	79	39	182.9
2015	54051	29852	52	26	181.2
2014	54002	29493	33	16	179.4
2013	50063	26738	33	17	177.4
2012	47697	24326	29	15	175.1
2011	41325	20709	23	12	172.7

资料来源：中国海洋统计年鉴、中国统计年鉴、天津市规划和自然资源局网站。

二　发展形势研判

（一）指标选取与数据来源

1. 海洋经济试验示范区发展现状分析指标设计

基于创新、协调、开放、共享、绿色等五大发展理念，依据全面性、系统性、可操作性、目标导向性等基本原则，构建发展现状指标体系，其中包括海洋经济发展水平、海洋生态环境发展水平、海洋社会发展水平等在内的3个二级指标、41个三级指标，具体如表11所示。

表 11　海洋经济试验示范区发展水平评价指标体系

一级指标	二级指标	三级指标	指标解释与计算说明
海洋经济试验示范区发展水平	海洋经济发展水平 A	地区海洋产业总产值 A_1	根据统计值
		海洋产业总产值占全国海洋产业总产值比重 A_2	地区海洋产业总产值/全国海洋产业总产值
		海洋产业增加值占全国海洋产业增加值比重 A_3	地区海洋产业增加值/全国海洋产业增加值
		地区单位海岸线海洋产业总产值 A_4	地区海洋产业总产值/地区海岸线长度
		地区单位面积海洋产业总产值 A_5	地区海洋产业总产值/地区海域面积
		地区单位岸线海洋产业增加值 A_6	地区海洋产业增加值/地区海岸线长度
		地区海洋产业贡献率 A_7	地区海洋产业总产值/地区 GDP
		地区海洋产业纳税额占地区税收额比重 A_8	地区海洋产业纳税额/地区税收额
		地区海洋产业固定资产投资占全国海洋产业固定资产投资比重 A_9	地区海洋产业固定资产投资/全国海洋产业固定资产投资
		地区海洋产业固定资产投资占地区固定资产投资比重 A_{10}	地区海洋产业固定资产投资/地区固定资产投资
		地区现代海洋产业贡献度 A_{11}	地区现代海洋产业产值/地区海洋产业 GDP
		地区海洋第三产业增长弹性系数 A_{12}	地区海洋第三产业增长率/地区海洋产业总产值增长率
		地区非渔产业比重 A_{13}	地区海洋第二、三产业产值之和/地区海洋产业总产值
	海洋生态环境发展水平 B	地区工业废水直排入海量 B_1（ - ）[1]	根据统计值
		地区海洋类自然保护区面积占地区海陆域总面积比重 B_2	地区海洋类自然保护区面积/地区海陆域总面积
		地区自然岸线保有率 B_3	地区自然海岸线长度/地区海岸线总长度
		地区近海天然湿地保有率 B_4	地区近海天然湿地现有面积/地区近海天然湿地历史面积
		地区海洋倾倒区面积 B_5（ - ）	地区海洋倾倒区面积
		地区近海水域排污口数量占地区总面积比重 B_6（ - ）	地区近海水域排污口数量/地区总面积

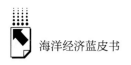
续表

一级指标	二级指标	三级指标	指标解释与计算说明
海洋经济试验示范区发展水平	海洋生态环境发展水平 B	地区入海排污口总达标排放率 B_7	根据统计值
		地区河流入海污染物总量 B_8（-）	根据统计值
		地区二类及以上海水面积占地区海域面积比重 B_9	地区二类及以上海水面积/地区海域面积
		地区近岸海域劣四类水质占地区海域面积比重 B_{10}（-）	地区近岸海域劣四类海水面积/地区海域面积
		地区入海点线面源污染达标排放率 B_{11}	根据统计值
		地区海洋环境灾害风险状况 B_{12}（-）	地区发生赤潮、绿潮、溢油等污染次数，根据统计值
	海洋社会发展水平 C	地区海洋科研机构数量 C_1	根据统计值
		地区海洋科研机构数量占地区科研机构数比重 C_2	地区海洋科研机构数量/地区科研机构数
		地区海洋科研从业人员数 C_3	根据统计值
		地区海洋科研从业人员数占地区科研从业人员数量比重 C_4	地区海洋科研从业人员数/地区科研从业人员数
		地区海洋科技经费投入数 C_5	根据统计值
		地区海洋科技经费投入数占地区科技经费投入数量比重 C_6	地区海洋科技经费投入数占地区科技经费投入数量比重
		地区涉海就业人员数量 C_7	根据统计值
		地区海洋就业贡献率 C_8	地区海洋产业吸纳就业人数/地区就业总人数
		地区海岸线人口密度 C_9	地区沿海总人口/地区海岸线长度
		地区涉海专业在校生人数 C_{10}	根据统计值
		地区涉海专业在校生人数占地区高校在校生人数比重 C_{11}	地区涉海专业在校生人数/地区高校在校生人数
		地区海洋文化活动次数 C_{12}	根据统计值
		地区海洋文化活动参与人数 C_{13}	根据统计值
		地区海洋文化活动参与人数占地区总人口比重 C_{14}	地区海洋文化活动参与人数/地区总人口数
		地区海洋专业图书、期刊出版量 C_{15}	包括电子形式，根据统计值
		地区海洋专业图书、期刊出版量占地区文化出版物总量比重 C_{16}	地区海洋专业图书、期刊出版量/地区文化出版物总量（均包括电子形式）

注：（-）表示指标为负向，下同。

2. 海洋经济试验示范区发展影响因素指标设计

区域海洋经济的发展离不开政府的支持及对海洋资源环境的维护治理；同时，当地的海洋资源禀赋条件也制约了海洋经济的发展；此外，考虑陆海联动性，陆域经济的发展水平也会对海洋经济的发展产生一定影响。因此，本文基于上述分析，选取海洋经济试验示范区发展影响因素指标如下：①政府海洋经济与社会发展政策数，反映了政府对海洋经济发展的支持重视程度；②政府海洋资源环境治理投资额，反映了政府对海洋资源环境的管理状况；③地区海岸线长度占全国海洋线长度比重；④地区海域面积与陆域面积的比值；（③④这两个指标反映了区域的海洋资源禀赋情况）⑤地区 GDP，反映了当地的陆域经济发展水平。

3. 数据来源与处理

数据来源于中国海洋统计年鉴、中国统计年鉴、中国海洋环境状况公报、各省（市）海洋环境状况公报、海洋灾害公报、渔业统计年鉴、渔业环境公报；自然资源部，生态环境部，财政部，各省（市）自然资源厅、生态环境厅、财政厅、规划和自然资源局、海洋局等网站。样本区间为 2009～2018 年，数据频率为年度。

同时，海洋经济发展水平相关指标，由于涉及地区的税收、投资等没有相关记载，以该地区海洋产业总产值占全国海洋产业总产值的比重来进行推算。2017 年、2018 年各试验示范区的海洋产业总产值等相关数据，以当年该地区的 GDP 占全国 GDP 的比重来进行推算。非渔等具体产业的发展数据，通过对内部各产业进行分解并重新加成后计算得到。海洋社会发展方面涉及的活动数、参与人数等指标信息，采用读秀搜索（https：//www.duxiu.com），通过逐年找寻网站、相关文献刊物等有信息记载的媒介并进行统计加和后得出。

（二）测评方法与结果

1. 发展现状分析

决策中获得信息的数量和质量是影响最终效果的关键因素，而熵又是信息论中最重要的基本概念，因此本文先利用 min-max 无量纲化方法处理原始数据，再通过熵值法确定各指标权重，最后按照公式（1）计算得到各海洋经济

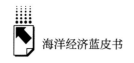

试验示范区发展状况综合得分（见表12）。

$$F = \sum_{j}^{n} I_j W_j \tag{1}$$

其中，F 表示各海洋经济试验示范区在某一年的发展状况分值；I 代表各项指标经过无量纲化处理后的数据值；W 代表权重。

表12　2009～2018年各海洋经济试验示范区发展状况综合得分

年份	2009	2010	2011	2012	2013	2014	2015	2016	2017	2018
天津	0.0189	0.0240	0.0253	0.0265	0.1157	0.0310	0.0303	0.0244	0.0203	0.0214
山东	0.0101	0.0115	0.1735	0.0118	0.0113	0.0123	0.0123	0.0127	0.0124	0.0128
浙江	0.0063	0.0054	0.0063	0.0075	0.0099	0.0082	0.0075	0.0075	0.0084	0.0086
福建	0.0081	0.0089	0.0080	0.0076	0.0083	0.0097	0.0102	0.0106	0.0074	0.0076
广东	0.0091	0.0113	0.0102	0.0111	0.0116	0.0121	0.0142	0.0126	0.0126	0.1145

2. 影响因素分析

（1）模型建构

考虑本文的数据为面板数据，因此设立面板静态方程与动态方程如下：

$$AOED_{it} = \alpha_0 + \beta_1 PN_{it} + \beta_2 IN_{it} + \beta_3 CLR_{it} + \beta_4 OAR_{it} + \beta_5 AGDP_{it} + \varepsilon_{it} \tag{2}$$

$$AOED_{it} = \alpha_0 + \delta_1 AOED_{i,t-1} + \beta_1 PN_{it} + \beta_2 IIN_{it} + \beta_3 CLR_{it} + \beta_4 OAR_{it} + \beta_5 AGDP_{it} + \varepsilon_{it} \tag{3}$$

上述公式中，$AOED$ 表示地区海洋经济整体发展状况，$AOED_{i,t-1}$ 为其1阶滞后项，δ 为滞后项系数。PN 表示政府海洋经济与社会发展政策数，IN 表示政府海洋资源环境治理投资额，CLR 表示地区海岸线长度占全国海洋线长度比重，OAR 表示地区海域面积与陆域面积的比值，$AGDP$ 表示地区 GDP，i 和 t 分别表示具体的地区和年份。β 为系数矩阵，ε_{it} 表示随机扰动项。

（2）静态面板回归结果

为了分析不同影响因素对各海洋经济试验示范区总体发展的影响，本文采用 OLS 和面板模型等计量方法进行定量评估。

表 13 为 OLS 和面板模型的回归结果，其中共包含五种模型。模型（1）调整之后的拟合优度为 0.544，说明模型的整体拟合效果较好。政府海洋经济与社会发展政策数、政府海洋资源环境治理投资额、地区海岸线长度占全国海洋线长度比重、地区 GDP 在 5% 的水平上高度显著，说明这些因素是影响海洋经济试验示范区总体发展情况的较关键因素。而地区海域面积与陆域面积的比值对海洋经济试验示范区总体发展情况的影响程度较低。

但是，由于本文的数据是面板数据格式，只采用 OLS 估计可能会导致遗漏变量问题，因此模型（2）和模型（3）分别为控制个体因素的固定效应模型和随机效应模型的回归结果。依据调整之后的 $R2$ 值，模型（2）为 0.529，要高于模型（3）的 0.489，同时模型（2）和模型（3）之间的 Hausman 检验为 38.41，且在 1% 水平上高度显著，说明固定效应模型要比随机效应模型更好。在此模型下，政府海洋经济与社会发展政策数、地区海岸线长度占全国海洋线长度比重的影响程度更加显著（在 1% 的水平上），其余因素的影响情况不变，只是数值有略微出入。

另外，考虑到存在一些随着时间变化而不对个体变化的遗漏变量因素，在模型（2）和模型（3）的基础之上进一步考虑年份固定效应，即采用双向固定模型来检验。模型（4）和模型（5）分别为相应的估计结果。同理，首先依据调整之后的 $R2$ 值，模型（4）为 0.576，模型（5）为 0.491，且模型（4）和模型（5）之间的 Hausman 检验为 28.47，且在 5% 水平上高度显著，说明固定效应模型要比随机效应模型更好，这和模型（2）、模型（3）得出的结论是一致的。但是模型（4）的回归结果显示，只有地区海岸线长度占全国海洋线长度比重为最显著相关因素，同时大部分自变量的系数绝对值要低于模型（2）的结果，因此本文认为模型（2）的拟合优度更好。

综上所述，模型（2）是经过对比之后遴选出的最适宜模型，从它的回归结果来看，政府海洋经济与社会发展政策数、地区海岸线长度占全国海洋线长度比重为对海洋经济试验示范区总体发展产生影响的关键指标，政府海洋资源环境治理投资额、地区 GDP 为对海洋经济试验示范区总体发展产生影响的较关键指标。

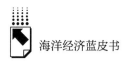

表 13　静态面板回归结果

项目	（1）OLS	（2）FE1	（3）RE1	（4）FE2	（5）RE2
x1	0.210 **	0.232 ***	0.210 **	0.117 **	0.200 **
	(0.041)	(0.008)	(0.031)	(0.039)	(0.026)
x2	0.187 **	0.176 **	0.187 **	0.159 **	0.115 **
	(0.017)	(0.027)	(0.016)	(0.038)	(0.021)
x3	0.621 **	0.546 ***	0.600 ***	0.492 ***	0.516 **
	(0.037)	(0.006)	(0.001)	(0.003)	(0.043)
x4	0.0725 *	0.0654 *	0.0725 *	0.0481 *	0.0245 *
	(0.075)	(0.068)	(0.053)	(0.084)	(0.077)
x5	0.420 **	0.194 **	0.420 **	0.550 **	0.335 **
	(0.046)	(0.048)	(0.041)	(0.034)	(0.027)
常数项	0.012 ***	0.058 **	0.042 **	0.032 **	0.0982 ***
	(0.000)	(0.029)	(0.042)	(0.027)	(0.009)
省份固定效应	No	Yes	Yes	Yes	Yes
年份固定效应	No	No	No	Yes	Yes
Hausman 检验		38.41 ***		28.47 **	
		(0.000)		(0.041)	
N	50	50	50	50	50
adj. R^2	0.544	0.529	0.489	0.576	0.491

注：*、** 和 *** 分别代表 10%、5% 和 1% 的显著性水平；（）内为对应系数的 p 值。

（3）动态面板回归结果

理论上，海洋经济试验示范区之前的总体发展情况会对当期的发展水平产生影响。因此，为了深度检验各因素与海洋经济试验示范区总体发展情况之间的影响关系，本文加入了滞后项作为工具变量，并选择差分 GMM 动态面板模型。具体而言，本文使用海洋经济试验示范区整体发展 AOED 的滞后一期值作为工具变量。表 14 所示的结果表明，四个模型的 Sargan 检验结果均显示工具变量不存在过度识别问题，同时 AR 检验结果均显示扰动项无自相关问题，模型效果较好。

表 14　动态面板回归结果

项目	（1） DiffGMM	（2） SyseGMM	（3） DiffGMM	（4） SyseGMM
L. y	0. 481 ***	0. 327 ***	0. 541 ***	0. 574 ***
	(0. 000)	(0. 002)	(0. 000)	(0. 003)
x1	0. 128 ***	0. 109 **	0. 128 ***	0. 113 **
	(0. 005)	(0. 015)	(0. 000)	(0. 024)
x2	0. 222 **	0. 216 **	0. 204 **	0. 225 ***
	(0. 045)	(0. 029)	(0. 019)	(0. 006)
x3	0. 281 **	0. 562 ***	0. 483 ***	0. 439 **
	(0. 032)	(0. 006)	(0. 000)	(0. 026)
x4	0. 0641	0. 0517 *	0. 0347	0. 0427 *
	(0. 234)	(0. 084)	(0. 187)	(0. 091)
x5	0. 571 **	0. 409 ***	0. 509 **	0. 424 ***
	(0. 028)	(0. 002)	(0. 026)	(0. 001)
常数项	0. 026 ***	0. 015 **	0. 023 ***	0. 018 **
	(0. 003)	(0. 045)	(0. 001)	(0. 033)
年份哑变量	No	No	Yes	Yes
AR(2)	0. 651	0. 632	0. 641	0. 632
	(0. 332)	(0. 287)	(0. 318)	(0. 326)
Sargan 检验	1. 509	1. 668	1. 617	1. 580
	(0. 473)	(0. 249)	(0. 256)	(0. 213)
N	50	50	50	50

注：*、** 和 *** 分别代表10%、5%和1%的显著性水平；( ) 内为对应估计系数及参数检验的 p 值。

从海洋经济试验示范区总体发展视角看，滞后一期即为正的高显著水平，表示上一期的海洋经济试验示范区总体发展情况对本期具有明显的促进作用。该结果意味着各地区整体的前一期发展情况较令人满意，决定了在本期相关行为将持续发生，以维持类似的状态。

另外，由于模型（3）（4）是在模型（1）（2）基础之上考虑了年份固定效应，因此模型（3）（4）更加合理。此外，模型（3）（4）之间还互为稳健性检验。

综合静态分析与动态分析的结果，可以判断政府海洋经济与社会发展政策

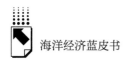

数、政府海洋资源环境治理投资额、地区海岸线长度占全国海洋线长度比重、
地区 GDP 都是能够对海洋经济试验示范区总体发展产生显著影响的指标。同
时，政府海洋经济与社会发展政策数、地区海岸线长度占全国海洋线长度比重
为对海洋经济试验示范区总体发展产生影响的关键指标。地区海域面积与陆域
面积的比值这一指标的显著性水平相对较低，可能的原因在于当前海洋经济的
发展主要还是集中于海岸线附近的区域，而深远海的开发利用程度较低。

三 发展趋势分析与政策建议

（一）发展趋势预测与分析

通过运用 ARIMA 模型，对 5 个海洋经济发展试验示范区 2019～2023 年的
整体发展情况进行预测（其中，$p=1$，$D=1$，$q=1$）。结果显示，5 个海洋经
济发展试验示范区在预测期内均呈现上升的发展态势。到 2023 年，天津市将
会在 2018 年的基础上上升 2.25 倍；山东省将会在 2018 年的基础上上升 2.76
倍；广东省将会在 2018 年的基础上上升 2.84 倍；浙江省将会在 2018 年的基
础上上升 1.13 倍；福建省将会在 2018 年的基础上，上升 1.22 倍。广东省、
山东省的上升幅度最大。同时，其他省（区、市）与广东省的差距也将进一
步拉大，说明广东省的海洋经济综合质量会呈现更优的情况，其在我国的海洋
事业发展中将占据更加重要的地位。

但是，这一结果没有考虑新冠肺炎疫情的影响。具体来看，短期内全球性
传染病对经济的冲击主要是对总需求的不利影响，即实际消费的下降。对此，
和大部分需求不足型经济危机的解决办法相类似，政府的积极政策对刺激经济
快速恢复有较好效果。同时，由于这种负面冲击所涉及的行业类型较为集中，
因此具有行业针对性的专项政策会更加适合。最终，经济的恢复速度会远远快
过大部分由经济系统内生原因造成的危机。但是，如果全球性传染病所带来的
消费者信心下降无法在短期内恢复，很可能会带来较为长期的经济危机。因
此，缩短疫情的影响时间是降低全球性传染病对经济不利影响深度和广度的关
键。这时候，高针对性和有效的微观政策和中观行业政策能帮助大部分经济指
标在短期内快速恢复，同时宏观的扩张性刺激政策能够加速某些长期性的经济

指标的恢复。

因此本次疫情的影响总体看来具有阶段性特点，影响轨迹应大概率类似于2003 年的 SARS 疫情，2020 年的经济增长应该仍具有较多的支点，年度 GDP 增速不会受到太大影响。特别是疫情暴发以来业已出台的各类政策措施效果已逐渐显现，因此下半年经济运行出现补偿性增长的可能性极大。

（二）发展的政策建议

依据前文分析，本文提出如下促进 5 个海洋经济试验示范区在未来更好、更快发展的政策建议。

总体上，各试验示范区均应进一步增加促进海洋经济与社会发展的政策数量，加大海洋资源环境治理的投资力度，进一步做大做强已有优势海洋产业并提高海岸线利用效率与效益，进一步发展陆域经济，提升本地区的 GDP 水平。同时，要大力开发利用深远海区域，为海洋经济的发展开拓新的空间。

此外，虽然此次新冠肺炎疫情对我国经济的整体影响程度不会很大，但参照 SARS 疫情的影响，对于海洋旅游业的影响可能会较为显著。因此，为尽可能地降低疫情对该类海洋产业的影响，应针对业已表现出的就业不足、企业产出缺口等问题，对受创严重的企业进行直接扶持，对短期失业和就业不足人员进行直接援助；同时可以设立系统性的冲击应急项目，建立企业和务工人员的长期恢复机制。

分区域看，为保障综合发展的平稳、顺畅，进一步地，浙江省和福建省要发挥好各自优势，提升海洋产业总产值水平。其中，浙江省应进一步注重海洋新兴产业的发展，更好发挥其对海洋经济的拉动作用。港口运输方面，鉴于2020 年上半年宁波舟山港、杭州港等主要港口的货物吞吐量不但没有下降，还取得了上升的好成绩，就要更好地发挥其对浙江省海洋经济增长的促进作用。福建省要继续做好海洋水产业工作，特别是海产品的加工与出口工作，同时利用好跨境电商等多种业态，做好海洋经济对内、外的开放工作。

山东省要做好削减河流入海的污染物数量工作，注意海洋生态环境的保护。为此，应做好陆海统筹，加强陆、海不同管理部门间的沟通协作。同时，在充分考虑省内各地区正当利益诉求的前提下，建立完善的地区间沟通协调与合作机制并深化实施，实现跨地区的良好协同效应（由于水体的流动性、开

发性特点，海洋环境污染问题的解决往往需要跨区域的合作）。

天津市应加大海洋文化活动的参与人数（规模），提升海洋社会的发展水平。为此，应进一步促进社会公众的参与。同时，可以出台促进相关社会组织发展的政策措施，以更好地发挥其在涉及海洋经济、海洋生态协调发展和多方利益均衡的海洋资源、环境、社会等问题解决中的作用。

广东省要注重保持目前的海洋产业发展趋势，以取得更好的发展成效。为达到这一目标，广东省在发展好海洋电子信息产业、海上风电产业、海洋生物产业、海工装备产业、天然气水合物产业、海洋公共服务产业这六大省自然资源厅确立的海洋产业外，还要注重传统海洋产业的稳定发展。

参考文献

郁鸿胜：《我国沿海经济发展新态势》，《社会科学报》2012 年 3 月 15 日。

沈佳强、叶芳：《海洋经济示范区的浙江样本》，《浙江日报》2017 年 5 月 24 日。

朱坚真、周珊珊、李蓝波：《广东海洋经济发展示范区建设对江苏的启示》，《大陆桥视野》2020 年第 2 期。

《天津实施海洋经济科学发展示范区规划》，《政策瞭望》2013 年第 10 期。

纪岩青：《加快示范区建设 促进海洋经济科学发展》，《中国海洋报》2013 年 10 月 15 日。

李宁：《广东建设海洋经济强省的新时代探索》，《中国海洋报》2019 年 9 月 17 日。

殷克东：《中国沿海地区海洋强省（市）综合实力评估》，人民出版社，2013。

伍业锋：《中国海洋经济区域竞争力测度指标体系研究》，《统计研究》2014 年第 11 期。

谢一青、邵军：《SARS 的经济影响以及对新型冠状病毒疫情经济影响的启示》，《上海经济》2020 年第 3 期。

海洋命运共同体发展现状与趋势分析

郭新昌　吴慧敏*

摘　要： 海洋命运共同体是人类命运共同体在海洋领域的体现，是中国向世界提供的海洋治理的新方案。本报告分析海洋命运共同体的发展现状，对海洋命运共同体的未来发展趋势进行预测。各国间政治制度、文化习俗等的不同决定了海洋命运共同体的构建不可能是一个固定的模式，国家间战略互信的缺失使构建过程中矛盾频发。不断丰富政治、经济、文化、生态、安全方面理论内涵，缓解构建过程中来自其他国家的外在压力，健全海上安全合作机制、增强国家间的战略互信是未来海洋命运共同体的重要发展趋势；为此在海洋命运共同体的构建过程中应注重完善国际海洋法律体系、共同推动国际海洋法体系的重构；建立健全评价机制，做到求同存异以及制定阶段性目标、分层次推进。

关键词： 海洋命运共同体　海洋资源　海上安全

一　海洋命运共同体发展现状

海洋命运共同体理念并不是一蹴而就的，它是在继承前人海洋发展战略的基础上，根据时代发展要求而形成的。进入新时代，随着陆地资源的日益紧

---

* 郭新昌，中国海洋大学海洋发展研究院研究员、马克思主义学院副教授，研究方向为中日海洋权益争端；吴慧敏，中国海洋大学马克思主义学院，研究方向为海洋命运共同体。

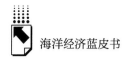
张，越来越多的国家开始把目光转向海洋，企图在新一轮的国际竞争中抢占先机。世界主要海洋国家纷纷制定并实施了符合本国战略利益的海洋发展战略，我国也迎来了海洋发展的重要战略机遇期。与此同时，我国与周边国家的海洋主权争端日益严重，使我国的海洋权益和发展利益遭到了严重的威胁。面对机遇与挑战并存的海洋发展形势，以习近平同志为核心的党中央在继承历代领导人海洋发展战略的基础上，准确把握时代方向，对新时代我国在海洋领域的发展形势进行科学的研究和判断，发表一系列重要讲话、做出一系列重大部署，形成了系统的以"强国"为核心的外向型海洋体系，为我们进一步开发利用海洋提供了行动指南。

2012年党的十八大报告中提出："坚决维护国家海洋权益，建设海洋强国"。① 这是首次从国家层面正式提出"建设海洋强国"的战略部署，也是对我们党几代领导集体海洋战略的继承与发展。随后在2013年中共中央政治局第八次集体学习中，习近平总书记进一步阐明了建设海洋强国在国家海洋发展战略中的重要地位，并对"建设海洋强国"进行了深入的探讨，指出"要关心海洋、认识海洋、经略海洋"。② 建设海洋强国，并不意味着中国会和西方某些国家一样走上"强而必霸"的道路，中国海洋强国战略是建立在与各国和谐相处、友好交流的基础之上的。2013年10月3日，习近平主席在印尼国会发表演讲时表示：中国愿同东盟国家加强海上合作……发展好海洋合作伙伴关系，共同建设21世纪"海上丝绸之路"。"一带一路"的建设，为中国与世界各国友好交流提供了一个平台，其中"海上丝绸之路"的建设加强了中国与沿线海洋国家之间的多边合作，兼顾了各国海洋发展利益，丰富和发展了海洋战略体系。2017年党的十九大报告中明确提出"坚持陆海统筹，加快建设海洋强国"，③ 再一次吹响了建设海洋强国的号角。

随着各国对海洋资源以及海洋空间的争夺，海洋安全与治理面临着巨大的

---

① 胡锦涛：《坚定不移沿着中国特色社会主义道路前进 为全面建成小康社会而奋斗》，《人民日报》2012年11月9日。

② 《习近平在中共中央政治局第八次集体学习时强调进一步关心海洋认识海洋经略海洋 推动海洋强国建设不断取得新成就》，《人民日报》2013年8月1日。

③ 习近平：《决胜全面建成小康社会夺取新时代中国特色社会主义伟大胜利——在中国共产党第十九次全国代表大会上的报告》，人民出版社，2017。

威胁，如何理性地看待海洋，成为当前各国亟待解决的重大难题。"我们人类居住的这个蓝色星球，不是被海洋分割成了各个孤岛，而是被海洋联结成了命运共同体，各国人民安危与共"。① 2019 年 4 月 23 日，习近平首次提出构建海洋命运共同体的倡议。2020 年 7 月 11 日，中国第 16 个航海日发布公告指出"全国其他地区在常态化疫情防控情况下，因地制宜开展各类航海日活动，旨在推动中国与全球海运界更高层次、更多维度的交流合作，推动构建海洋命运共同体"。②

二 未来发展趋势分析

海洋命运共同体的提出符合时代发展潮流，当前已有越来越多的国家认可并自愿加入海洋命运共同体的构建中，但在推进海洋命运共同体构建过程中所遇到的困难与挑战也是无法忽视的。丰富海洋命运共同体的理论内涵、缓解构建过程中的外在压力以及建立健全海洋安全合作机制是今后推进构建海洋命运共同体构建需要重点把握的方向。

（一）丰富理论内涵

海洋命运共同体作为人类命运共同体在海洋领域的体现，包含政治、经济、文化、生态和安全等五个方面，这五个部分相互联系、相互影响，构成有机统一的整体。

在政治方面，海洋命运共同体强调建立蓝色伙伴关系，增强各国之间的战略互信。1982 年《联合国海洋法公约》公布了 200 海里专属经济区和大陆架法律制度，这一制度的实施使沿海国家对周边海洋的管辖权扩大至少 200 海里，各国之间存在重叠的司法管辖区，导致出现了大范围的争议水域。随着海洋在国家发展中战略地位的上升，国家间关于海洋主权与权益的争端愈演愈烈，仅靠单个国家难以有效解决，海洋领域存在大量的威胁与挑战。海洋命运

---

① 《习近平集体会见应邀前来参加中国人民解放军海军成立 70 周年多国海军活动的外方代表团团长》，新华网，2019 年 4 月 23 日。

② 《2020 中国航海日公告》，人民网，2020 年 7 月 11 日。

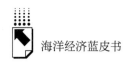

共同体主张各国以平等对话的方式解决海洋争端，化解海上冲突，构建海上危机管控以及沟通机制，增强各国之间的战略互信，为各国以友好对话方式解决海洋争端提供了平台。

在经济方面，海洋命运共同体主张各国协作共赢，共同推动蓝色经济发展。海底蕴藏着丰富的资源，随着陆地资源以及开发空间的日趋紧张，越来越多的国家将注意力转向包含石油和天然气等丰富资源的海洋空间。随着全球化的推进，任何一个国家都不可能离开全球这个大环境实现独立的发展。海洋命运共同体的提出，为协作共赢，共同开发海洋资源贡献出了中国智慧，使世界各国在战略互信的基础上，在不丧失主权立场的条件下，通过资金、技术的整合来实现资源的合理利用，从而实现了全球海洋利益的共享。

在文化方面，海洋命运共同体致力于实现海洋文化的和谐共生。在探索海洋的过程中，各国因地理、环境等因素的不同，形成了独具特色的海洋文化。海洋命运共同体继承了中华民族传统文化中"和而不同"的思想，主张不同海洋文化间相互交融、和谐共处，有助于消除国家间的海洋文化隔阂，避免文化差异引起的海洋冲突。

在生态方面，海洋命运共同体主张要像对待生命一样对待海洋，实现可持续发展。进入 21 世纪，人类对海洋的开发利用程度加大，一系列不合理的活动以及无节制的开发使海洋生态环境遭到了严重的损害。随着海洋意识的不断增强，各国也开始注重海洋环境的改善，但未能取得根本性进展。海洋命运共同体将全球各国的命运紧密地联系在一起，构建了一个同呼吸共命运的全球联合体，呼吁全世界共同承担海洋开发利用后的治理责任，实现海洋的可持续发展，以此来维护人类的生存空间与发展空间。

在安全方面，海洋命运共同体主张加强各国海军交流合作，倡导树立新安全观。当前海洋发展问题日益突出，各种非传统安全威胁与新兴的海洋问题层出不穷，对各国海洋的开发利用都形成了不同程度的阻碍。海洋命运共同体倡导树立共同、综合、合作、可持续的新安全观，主张各国应坚持互利共赢，以和平的方式解决海上争端，共同维护海洋的安宁。

海洋命运共同体的构建需要国际社会的共同努力。各国间政治制度、文化习俗等的不同决定了海洋命运共同体不可能是一个固定的模式。推动构建海洋命运共同体，要不断丰富海洋命运共同体的理论内涵，使其既适应发达国家的海洋发展需要，又能满足发展中国家的海洋利益需求，发展新型国际海洋关系。

（二）缓解外在压力

进入新时代，国际海洋形势发生重大变化，海洋战略力量也进行了新的调整，全球海洋治理面临着前所未有的威胁，海洋发展问题日益突出，各种非传统安全威胁与新兴的海洋问题更是层出不穷，对各国海洋的开发利用都形成了不同程度的阻碍。面对海洋领域出现的问题与挑战，大多数国家选择独善其身，将希望寄托在别国身上，在各国望而却步之时，中国审时度势提出构建"海洋命运共同体"倡议，旨在通过国际合作解决难题。当前已有越来越多的国家参与到海洋命运共同体的建设中，致力于构建国际海洋新秩序，但仍有极个别国家无视人类共同需求，一味地将本国利益置于人类公共利益之上，制定并实施双重标准，不仅对国际社会的正常秩序造成了严重的破坏，同时也会对推进构建海洋命运共同体的国际氛围产生不利的影响。

此外，大国间协调机制的退化以及个别国家理想信念的缺失，也会对海洋命运共同体的构建带来一定的压力。首先，以美国为首的个别发达国家质疑全球治理体系，不愿意承担应尽的国际责任。例如美国拒绝签署《联合国海洋法公约》以及《京都协定书》，退出巴黎协定等一系列国际组织，对全球气候的改善以及环境的治理都起到了阻碍作用。其次，全球海洋治理涉及全球各个国家，包括政治、经济、社会等多个领域，可以说是一个全球性的活动。然而目前的状况是部分国家在全球海洋治理中缺乏互信，进行"碎片化"治理，未能形成有效的沟通机制与合作机制，只是单纯地进行自我治理甚至是只开发不治理，谁都不愿意主动承担全球海洋治理的责任，一味地寄希望于别的国家，企图"搭便车"来逃避海洋治理责任，导致治理的效率低，海洋环境日益恶化。最后，随着海洋治理对象范围的扩展和领域的加深，原有管控规则的实施未能取得理想的效果。国际组织在全球海洋治理方面力度不够以及原有管控规则的不作为，使海洋治理未能取得实质性的进展。

海洋命运共同体，是中国在全球海洋治理方面提出的中国智慧，是中国向

世界发出的建设"生态海洋""合作海洋""和谐海洋"的信号。面对这一系列问题，在未来要逐步缓解海洋命运共同体构建过程中来自其他国家的外在压力。既要坚定地维护我国的海洋核心利益，恪守底线，又要与世界其他海洋国家进行合作交流，坚持建设"和谐海洋"；既要对那些企图遏制中国的发展、侵害中国正当海洋利益的国家予以强烈的反击，又要尽最大努力做大做强中国在海洋领域的朋友圈，处理好与其他国家在海洋方面的关系；既要作为负责任的世界大国，积极构建公平合理的国际海洋经济、政治、法律、文化和安全新秩序，又要充分考虑第三世界落后国家对维护海洋利益的合理关切，保持权利与义务的协调平衡。

（三）建立健全海上安全合作机制

海洋事务的安全与稳定，是实现海洋命运共同体最基本的要求，其内容包括在海洋事务中的国家安全、军事安全、经济安全等传统安全，也包括海洋环境安全、海洋能源安全、海洋资源安全等多个非传统安全方面。如何在加强各国海上交流合作的同时维护国家的海上安全是当前海洋命运共同体构建过程中的重大难题，也是未来构建中亟须解决的重大课题。建立健全国家海上安全合作机制，增强各国间的战略互信，是解决这一难题的重要措施，也是未来海洋命运共同体的重要发展趋势。

构建海洋命运共同体，需要建立健全海上安全合作机制。强大的海军是海上安全的重要保障，对维护海洋秩序具有关键性的作用。海洋作为人类生产生活资源的重要提供者，其开放性的特点决定了各国在处理海洋事务中不可避免地会有所交流与合作，任何一个国家都不可能退回到封闭的孤岛。同时正是这种开放性使各国面临的海上传统安全威胁与非传统安全威胁日益严重，仅靠一国之力很难得以解决，需要国际社会联合应对。作为海洋命运共同体的倡导国，中国切实履行维护海洋安全的职责，积极参加互访交流活动，在国际社会上展示了中国文明友好的形象，加深了与其他国家的交流。积极参加各国组织的联合军演，加强各国海军间的交流合作，展示了中国与各国共同维护海洋安全的决心以及构建海洋命运共同体的强烈意愿。积极履行国际海洋责任，多次为中外船舶实施护航行动，维护海上通道的安全，彰显了中国负责人的大国形象，深化了各国海上安全领域的合作，有助于建立新型海上安全合作关系。未来，中国海军将与各国海军进一步加强海上安全合作，共同应对海上安全威胁，坚持走互利共赢道路，更好地构建海洋命运共同体。

三　政策建议

海洋命运共同体理念并不是一蹴而就的，它是在总结前人海洋思想的基础上，根据国内外形势的具体变化而提出的，体现了中国共产党关于海洋发展战略的一脉相承以及与时俱进，是不断发展着的中国化的马克思主义。海洋命运共同体是继"人类命运共同体"倡议后的又一中国智慧、中国方案，是中国向世界发出的构建"和平之海""合作之海""生态之海""绿色之海"的信号，体现了中国负责任的大国形象，向世界传播了中国好声音。

（一）完善海洋命运共同体构建的法律体系

以1982年《联合国海洋法公约》为代表的国际海洋法律体系的构建对于海洋的有序开发利用具有重要的意义，规范了各国在海洋领域的行为。但随着对海洋开发利用程度的加深，现存的海洋法律制度的局限性日益显露。首先，作为海洋领域"宪章"的《联合国海洋法公约》由于制定的时代背景具有一定的滞后性，其对于当前海洋发展中遇到的一些问题没有进行明确规定，从而造成各国对公约条款的肆意解释，未能形成统一明确的标准。其次，国际海洋法律体系出现"碎片化"现象。随着海洋在国家发展中重要性的日益提升，各区域纷纷制定有利于自身发展的相关海洋法律法规，忽略了海洋的整体性。同时，不同的立法主体为争夺在海洋领域的话语权，不断制定新的有利于增强自身海洋竞争力的海洋法律制度，导致国际海洋法律体系的"碎片化"现象日益严重，影响了各国在海洋领域正常的交流。

海洋命运共同体打破了海洋划分的条块状，强调了海洋的整体属性。针对当前国际海洋法律体系存在的缺陷，在海洋命运共同体构建过程中要注重推动国际海洋法律体系的完善，一方面完善国内的海洋法律制度，形成一套与当前

海洋发展相适应的海洋法律体系；另一方面，当前国际海洋法律体系无法适应海洋领域的发展需求，存在较多的缺陷，构建海洋命运共同体需要各国共同推动国际海洋法体系的完善与重构。

（二）建立健全海洋命运共同体构建的评价体系

海洋命运共同体的构建并不是仅仅一个或几个国家就可以实现的，需要全球各国共同推进。当前，海洋命运共同体已经得到越来越多国家的认可和支持，构建进程持续推进，与此同时，各国在处理海洋问题上方式方法、评价标准的不同导致了海洋命运共同体构建过程中各种矛盾的产生，阻碍了海洋命运共同体的构建。

作为海洋命运共同体倡议的提出国，中国既要建立自己的一套完整的评价体系，将海洋命运共同体的构建融入国家海洋发展的大战略和总体目标之中，对于海洋命运共同体构建过程中取得的成果及存在的不足进行及时的归纳与总结，与时俱进，不断调整，以此推动海洋命运共同体往纵深方向发展；海洋的流动性与开放性使海洋事务具有复杂性，各国间很难建立一个统一的评价体系，因此中国在建立评价体系的同时又要兼顾其他国家，关注其他国家的合理关切，参考其评价标准，做到求同存异，保证公平客观。

（三）分阶段推进海洋命运共同体的构建

同时，我们也应该清醒地认识到，海洋命运共同体的构建不是一蹴而就的，是一个漫长的过程，需要分阶段、分层次地进行。当前海洋命运共同体的构建仍面临着许多困难，如某些国家不支持甚至是阻碍全球海洋治理体系的构建；国家间缺乏战略互信与沟通，处于无秩序的合作状态；国家间的法律依据不同，对利益的分配难以满足所有国家的需求，人身以及财产安全难以得到切实的保障等，这些困难的解决不是一蹴而就的，在未来的发展中可能还会遇到其他的阻碍。

海洋命运共同体的构建任重道远，道路是曲折的，前途却是光明的。面对构建过程中遇到的重重困难，我们不能丧失信心，要立足于当前的发展现状，着力解决眼下的难题，不断丰富海洋命运共同体理念的内涵，缓解构建过程中的外在压力，制定阶段性的发展目标，致力于阶段性目标的实现。作为海洋命运共同体倡议的发起国，中国更应该以身作则，分阶段、有步骤地构建海洋命运共同体，同时呼吁世界上更多的国家加入，共同建设和谐安宁、和平发展的海洋大环境。

参考文献

孙中山：《建国方略》，中州古籍出版社，1998。

《江泽民在视察海军部队时的讲话》，《解放军报》1995年10月19日。

胡锦涛：《坚定不移沿着中国特色社会主义道路前进　为全面建成小康社会而奋斗》，《人民日报》2012年11月9日。

《习近平在中共中央政治局第八次集体学习时强调进一步关心海洋认识海洋经略海洋推动海洋强国建设不断取得新成就》，《人民日报》2013年8月1日。

习近平：《决胜全面建成小康社会夺取新时代中国特色社会主义伟大胜利——在中国共产党第十九次全国代表大会上的报告》，人民出版社，2017。

张景全：《海洋安全危机背景下海洋命运共同体的构建》，《东亚评论》2018年第1期。

仲光友、徐绿山：《关于构建"海洋命运共同体"理念的认识和思考》，《政工学刊》2019年第8期。

陈秀武：《东南亚海域"海洋命运共同体"的构建基础与进路》，《华中师范大学学报》（人文社会科学版）2020年第2期。

孙超、马明飞：《海洋命运共同体思想的内涵和实践路径》，《河北法学》2020年第1期。

王芳、王璐颖：《海洋命运共同体：内涵、价值与路径》，《人民论坛·学术前沿》2019年第16期。

袁沙：《倡导海洋命运共同体　凝聚全球海洋治理共识》，《中国海洋报》2018年7月26日。

全永波、盛慧娟：《海洋命运共同体视野下海洋生态环境法治体系的构建》，《环境与可持续发展》2020年第2期。

任筱锋：《对"国家海洋基本法"起草工作的几点思考》，《边界与海洋研究》2019年第4期。

杨泽伟：《论"海洋命运共同体"构建中海洋危机管控国际合作的法律问题》，《中国海洋大学学报》（社会科学版）2020年第3期。

黄高晓、洪靖雯：《从海洋强国战略到海洋命运共同体思想的内生逻辑》，《浙江海洋大学学报》（人文科学版）2019年第5期。

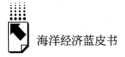

何良：《以命运共同体促海洋发展繁荣》，《学习时报》2019年5月10日。

冯梁：《与时俱进推进海洋命运共同体构建》，《社会科学报》2020年1月9日。

孙凯：《海洋命运共同体理念内涵及其实现途径》，《中国社会科学报》2019年6月13日。

国 际 篇

International Reports

B.18
美国海洋经济发展分析与展望

叶　芳*

摘　要： 受地缘政治和经济社会环境的影响，美国政府高度重视海洋
经济发展，制定了完善的海洋科技和法律政策，推动美国由
海洋大国走向海洋强国。2016 年，海洋和五大湖经济为美国
创造了丰厚的 GDP，对美国国民经济发展做出了较大贡献；
海洋旅游与休闲娱乐业、海洋矿业、海洋运输业是美国海洋
经济的支柱产业；各海洋产业的空间分布各具特色，得克萨
斯、加利福尼亚、佛罗里达和纽约是美国海洋经济的重点地
区，中大西洋地区、墨西哥湾地区和西海岸地区是美国海洋
GDP 的主要创造区。

关键词： 海洋经济　海洋产业　海洋科技　美国

---

* 叶芳，博士，浙江海洋大学讲师，高级经济师，研究方向为海洋经济运行、技术创新管理与
绿色发展。

一 美国海洋经济发展现状分析

（一）美国海洋经济发展环境分析

1. 经济环境

进入 21 世纪，美国采取量化宽松政策，使经济发展有所起色，但还是难掩其潜在的经济问题。2017 年美国总统唐纳德·特朗普实行减税与就业政策法案，美国经济改善，工资持续增长，失业率创 50 年新低。但是，特朗普"美国优先"的经济政策，对世界经济全球化以及区域贸易自由化产生阻碍。总体而言，美国的工业化和城镇化程度较高，城市基础设施比较完备，以资本主义私有制为基础的市场竞争以及监管机制也逐渐完善，并形成了以消费为主的经济发展模式。

2. 社会环境

美国是一直主张"海权论"的国家。"海权论"对美国经济社会发展，乃至美国全球海洋发展战略都产生了深远的影响。

（1）海洋资源文化

马汉海权论的最终目的是为美国谋取和扩张国家利益。为此，美国建立了以战列舰为核心的主力舰队，保护和拓展美国的海外殖民领土，强力推动美国海军由近海防御型向远洋进攻型转变。

美国在海外领土扩张的同时，也重视海洋资源的可持续发展。进入 21 世纪，美国重视海洋开发与海洋生态保护有机结合，出台了一系列海洋生态可持续发展的保护政策，形成了完善的海洋产业体系，使美国逐渐发展成为实力雄厚的海洋经济强国。

（2）美国航运文化

美国拥有丰富的岸线资源，建有众多的港口，发展了海上运输业。美国也拥有世界一流的造船技术，造船产业规模较大。马汉提出，美国应当大力发展海外贸易，建设强大的商业船队，为美国发展海上力量奠定物质基础和人才基础；美国应当建立海外基地，构筑美国进军东方的桥梁和美国西海岸防线。因此，美国建设了一支超大规模的远洋舰队，致力于美国海外贸易和海外基地的拓展。

（3）海洋环境和教育文化

美国注重海洋环境执法，增强海洋环境的保护和防治。联邦环境保护总署是美国重要的海洋环境执法机构，承担着开展海洋环境保护行动、保护民众环境健康的职责。近年来，美国积极实施"海援计划"（Sea Grant Programme）推动海洋高等教育发展，各州也有特色的海洋教育活动。总之，美国着力构建了一个中央与地方、科学家与教育工作人员互相合作的海洋教育体系，以提高国民海洋教育水平。

3. 海洋政策与法律环境

（1）海洋政策环境

进入 21 世纪以来，世界各国开始将目光投向海洋，加快对海洋的探索，美国也加速海洋政策的制定和完善。近年来，美国充分认识到海洋在创造财富和就业中的作用。2018 年美国总统特朗普签署了一项行政命令：建立一个机构间海洋政策委员会，以简化联邦协调。同时，特朗普政府强调利用水域促进经济增长的新方法。

（2）海洋法律环境

美国十分注重海洋资源开发的立法工作，以推动海洋经济发展。为防止海洋开发引起环境破坏，也为了提升国民的海洋环境保护意识，美国制定了多部海洋环境保护的法律法规。与此同时，美国还组建了美国海岸警卫队，以加大海岸执法力度。

4. 海洋资源与科技环境

（1）海洋资源环境

美国三面环海，海岸线较长，管辖海域面积位居世界第一，海洋资源丰富。但在很长一段时间，海域资源并没有引起美国政府的重视。然而，丰富的港口资源一直支撑着美国经济的发展，美国近 80% 的双边贸易是通过海港进行的。可以说，港口是实现美国经济发展的重要保障。

（2）海洋科技环境

进入 21 世纪以来，美国颁布了作为美国海洋科学技术总规划的《海洋国家的科学：海洋研究优先计划》，着力加快海洋科学新热点研究，在推动美国海洋科学发展的同时，利用海洋研究成果支撑决策。2020 年 2 月底，最新发布的《2019 年美国 NOAA 科学报告》强调了深海珊瑚栖息地调查、机器学习应用于恶劣天气预警和鱼类调查、升级美国的全球天气预报模型等一系列最新科研成果。

（二）美国海洋经济发展效益分析

美国海洋经济的概念主要来源于海洋和五大湖区域的直接和间接经济活动和产业。早在 20 世纪 70 年代美国就提出了"海洋 GDP"概念，该数据主要展示海洋经济对美国经济的贡献。

如表 1 所示，2016 年海洋经济创造了 3038.65 亿美元，占当年美国 GDP 的 1.6%，提供了 32 万多个就业岗位，约占全国就业岗位数的 2.3%。从各产业发展情况来看，服务密集型的海洋旅游和休闲娱乐业占比最大；其次是海洋运输业。另外，资本密集型产业中海洋矿业最高，占海洋经济 GDP 的 26.37%，仅次于旅游和娱乐，但占海洋经济总就业数的比重相对较小，仅为 4.05%。可见，就业和产出贡献率等要素在美国海洋经济六大产业中差异较大，海洋旅游和休闲娱乐业的贡献最大。

表 1　2016 年美国海洋经济状况

单位：个，亿美元

海洋部门	产业活动机构数	就业岗位	工资	GDP
海洋建筑业	3053	45092	32.67	63.97
海洋生物资源	8517	87869	39.42	112.93
海洋采矿业	4960	132007	202.42	801.30
船舶和舟艇修造业	1751	157912	105.21	174.99
海洋旅游和休闲娱乐业	125972	2367746	587.28	1242.33
海洋运输业	10191	467453	327.26	643.13
合计	154444	3258079	1294.26	3038.65

资料来源：美国 NOEP 数据库。

（三）美国海洋产业结构分析

1. 海洋产业部门构成

从产业结构变动状态来看，美国海洋经济六大产业部门出现了相对变化态势，服务密集型产业的占比逐步上升，资本密集型产业占比下降。

自 2008 年受次贷危机影响以来，美国海洋产业整体发展走向低迷。图 1 显示，2010～2016 年海洋采矿业呈现下滑态势，2010～2011 年海洋建筑业、海洋生物资源出现下滑。而海洋旅游与休闲娱乐业、海洋运输业等服务密集型海洋产业呈现积极发展势头，海洋运输业2011年和2016年出现短暂下滑。

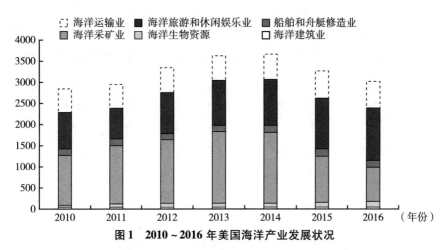

图1 2010～2016年美国海洋产业发展状况

资料来源：美国NOEP数据库。

2. 海洋三次产业结构

2005年，美国海洋经济三次产业结构为2.3∶45.8∶51.9。受金融危机影响，到2010年，第三产业小幅下降，比重为49.9%；第一、第二产业小幅上升。再到2016年，海洋经济三次产业结构为3.7∶34.2∶62.0。目前，美国海洋经济基本形成"三、二、一"的产业格局，海洋产业结构不断趋于合理化。

表2 2005年、2010年和2016年美国海洋三次产业结构

单位：亿美元，%

海洋三次产业	2005年		2010年		2016年	
	产值	占比	产值	占比	产值	占比
海洋一产	55.93	2.3	68.10	2.4	112.93	3.7
海洋二产	1091.03	45.8	1367.16	47.7	1040.26	34.2
海洋三产	1236.17	51.9	1430.42	49.9	1885.46	62.0
合计	2383.13	100.0	2865.68	100.0	3038.65	100.0

资料来源：美国NOEP数据库。

（四）美国海洋经济发展区域差异

1. 州区海洋经济的贡献差异

美国拥有海岸、湾岸和湖岸的州共有 30 个，有 22 个州位于海岸或湾岸，另外有 8 个州濒临五大湖，纽约州两者皆备。这些州是美国经济社会发展的基础和引擎。

2016 年美国海洋经济呈现稳步增长的态势，但各州区的贡献差异比较明显。从海洋部门机构数来看，加利福尼亚州、佛罗里达州和纽约州较多，这些州海洋经济积极发展。从海洋产业就业人数来看，加利福尼亚州最高，印第安纳州最低。从单位海岸线海洋 GDP 来看，伊利诺伊州最高，超过 1，其余各州的岸线产出均在 1 以下；阿拉斯加州最低，仅为 0.003。

表 3　2016 年美国各州区海洋经济贡献差异

州区	机构数（个）	就业人数（人）	总工资（亿美元）	占全国的比重（%）	海洋 GDP（亿美元）	占全国的比重（%）	单位海岸线产出
亚拉巴马州	1332	30538	9.84	0.76	20.86	0.69	0.034
阿拉斯加州	2412	47561	27.45	2.12	86.44	2.84	0.003
加利福尼亚州	23841	561777	226.10	17.47	457.73	15.06	0.134
康涅狄格州	3048	54835	22.44	1.73	45.28	1.49	0.073
特拉华州	1403	28289	6.78	0.52	12.59	0.41	0.033
佛罗里达州	22749	496256	146.36	11.31	313.41	10.31	0.037
佐治亚州	1283	28299	7.58	0.59	15.33	0.50	0.007
夏威夷	4338	118083	44.65	3.45	86.25	2.84	0.082
伊利诺伊州	3071	89272	33.34	2.58	75.80	2.49	1.203
印第安纳州	532	13504	4.92	0.38	11.28	0.37	0.251
路易斯安那州	4221	104401	52.60	4.06	131.88	4.34	0.017
缅因州	3381	51181	18.73	1.45	28.93	0.95	0.008
马里兰州	4743	100490	39.40	3.04	80.11	2.64	0.025
马萨诸塞州	5773	95125	34.97	2.70	74.27	2.44	0.049
密歇根州	3891	64830	15.67	1.21	29.40	0.97	0.009
明尼苏达州	444	12549	4.94	0.38	13.30	0.44	0.070
密西西比州	1078	33122	12.60	0.97	21.75	0.72	0.061

州区	机构数（个）	就业人数（人）	总工资（亿美元）	占全国的比重（%）	海洋GDP（亿美元）	占全国的比重（%）	单位海岸线产出
新罕布什尔州	593	15170	9.04	0.70	15.97	0.53	0.122
新泽西州	8895	138843	51.66	3.99	96.77	3.18	0.054
纽约州	21573	374066	134.04	10.36	276.78	9.11	0.105
北卡罗来纳州	3159	48003	9.37	0.72	24.94	0.82	0.007
俄亥俄州	2669	51283	12.51	0.97	25.98	0.85	0.083
俄勒冈州	2378	36610	11.72	0.91	27.30	0.90	0.019
宾夕法尼亚州	2785	53967	16.67	1.29	33.32	1.10	0.238
罗德岛	2389	43743	12.58	0.97	28.08	0.92	0.073
南卡罗来纳州	3439	78568	18.36	1.42	44.02	1.45	0.015
得克萨斯州	6197	181563	190.45	14.72	717.87	23.62	0.214
弗吉尼亚州	4092	124148	51.62	3.99	84.96	2.80	0.026
华盛顿州	6668	134729	57.35	4.43	136.15	4.48	0.045
威斯康星州	2114	47260	10.52	0.81	21.91	0.72	0.027

资料来源：美国 NOEP 数据库。

2. 区域海洋经济的贡献差异

美国 8 大海洋经济区区际海洋经济产值和相关产业创造的效益存在一定的差异。表 4 显示，中大西洋地区、墨西哥湾地区和西海岸地区创造的海洋GDP，占全国的 75.92%。其中，墨西哥湾地区海洋 GDP 最高，达到 1114.04 亿美元，占 36.66%。

表 4 2016 年美国各地区海洋经济贡献差异

地区	机构数（个）	就业人数（人）	总工资（亿美元）	占全国的比重（%）	海洋GDP（亿美元）	占全国的比重（%）
东北地区	15185	260056	97.76	7.55	192.53	6.34
中大西洋地区	41407	787652	293.72	22.69	571.92	18.82
东南地区	16316	324259	81.00	6.26	176.01	5.79
墨西哥湾地区	27142	676495	366.16	28.29	1114.04	36.66
大湖区	14805	310855	88.36	6.83	190.27	6.26
西海岸地区	32887	733118	295.17	22.81	621.18	20.44
北太平洋地区	2412	47561	27.45	2.12	86.44	2.84
太平洋地区	4338	118083	44.65	3.45	86.25	2.84

资料来源：美国 NOEP 数据库。

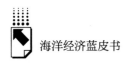

二 美国海洋主导产业发展分析

本部分主要选取海洋采矿业、海洋运输业、海洋旅游和休闲娱乐业三大影响美国海洋经济的主导产业进行分析。

(一)美国海洋采矿业发展分析

2016年,美国海洋采矿业生产总值达到801.3亿美元,创造了13.2万个就业岗位,海洋采矿业占海洋经济总就业人数仅为4.05%,但其占海洋生产总值的26.37%。该产业产生了202亿美元的工资额,每个雇员的平均工资每年15.3万美元,将近是全国平均水平(全国平均工资5.4万美元)的3倍,主要是由于石油和天然气勘探和生产行业工资相对较高。海洋采矿业是资本密集型产业,需要大量的技术投入,同时采矿具有一定的危险性,因此工资水平相对较高。

从采矿业的波动发展态势来看,表5显示,与2010年相比,2016年海洋采矿业就业岗位数减少了6825个,年平均下降0.84%;同期,2016年海洋采矿业GDP也下降,这一变化主要集中在油气勘探与生产业,2010~2016年油气勘探与生产业提供就业岗位数和产业GDP均呈倒"U"形发展态势。与油气勘探与生产业不同,石灰石、沙子和碎石开采业则表现出较高质量发展。

表5 2010年与2016年海洋采矿业发展情况

产业	就业岗位				GDP			
	2010年	2016年	变化量(个)	年平均变化率(%)	2010年	2016年	变化量(亿美元)	年平均变化率(%)
海洋采矿业总量	138832	132007	-6825	-0.84	1154.93	801.30	-353.63	-5.91
石灰石、沙子和碎石开采	6295	6184	-111	-0.30	15.60	18.59	2.99	2.96
油气勘探与生产	132537	125823	-6714	-0.86	1139.33	782.71	-356.62	-6.07

资料来源:美国NOEP数据库。

进一步研究发现（见表6），最近10多年来，美国原油产量处于高速发展态势。表6显示，美国海洋油气产业GDP未出现增长态势，一方面由于海洋天然气产量下降，另一方面主要由于近年来原油价格持续下跌，尤其是2014年开始原油价格由92美元/桶下降到2016年的41美元/桶，产业投资热情下降，从而导致海洋采矿业发展疲软。

表6　2008～2017年美国海洋石油、天然气产量

年份	原油			天然气		
	总产量（百万桶/天）	联邦近海产量（百万桶/天）	占比（%）	总产量（十亿立方英尺）	联邦近海产量（十亿立方英尺）	占比（%）
2017	9.367	1.695	18.10	33.178	1.112	3.35
2016	8.84	1.623	18.36	32.636	1.258	3.85
2015	9.408	1.548	16.45	32.915	1.355	4.12
2014	8.753	1.451	16.58	31.405	1.338	4.26
2013	7.466	1.31	17.55	29.523	1.386	4.69
2012	6.497	1.323	20.36	29.542	1.585	5.37
2011	5.643	1.377	24.40	28.479	1.896	6.66
2010	5.475	1.616	29.52	26.816	2.323	8.66
2009	5.349	1.629	30.45	26.057	2.523	9.68
2008	4.998	1.234	24.69	25.636	2.410	9.40

资料来源：http：//www.onrr.gov.U.S，http：//www.eia.gov，以及《美国联邦和非联邦地区的原油和天然气生产报告》。

（二）美国海洋运输业发展分析

从发展态势来看，海洋运输业呈现缓慢发展的趋势。表7显示，2016年比2010年就业岗位数增加了4.3万余个，年平均变化率1.64%；GDP增加了68.24亿美元，年平均变化率1.89%。仓储不仅是该产业的最大就业部门，也保持着较好的发展势头。搜救与航海设备在该产业中具有主导地位，产出量年均增加1.22%，但是就业岗位数减少了1.65万个。海洋运输服务业整体保持着稳健的发展，但是在2010～2014年略有下降，而后保持了年均接近2.5%的发展水平，但其提供就业岗位的能力则表现不同的状态。海洋

客货运输状况差异性较为明显，深海货物运输在经历了2010～2014年的增长后，步入下降阶段，产出的 GDP 和就业岗位提供数双双下降。而海上乘客运输则保持着稳健的增长，6 年年均增长接近 4%，提供就业岗位数则在 1% 左右。

表 7 2010 年与 2016 年美国海洋交通运输业发展状况

产业	就业岗位				GDP			
	2010 年（个）	2016 年（个）	变化量（个）	年均变化率（%）	2010 年（亿美元）	2016 年（亿美元）	变化量（亿美元）	年均变化率（%）
海洋运输总量	423985	467453	43468	1.64	574.90	643.13	68.24	1.89
深海货物运输	21458	21177	−281	−0.22	69.32	68.32	−1.00	−0.24
海上乘客运输	16962	18094	1132	1.08	35.48	44.88	9.40	3.99
海洋运输服务业	89591	94066	4475	0.82	102.57	117.15	14.58	2.24
搜救与航海设备	116707	100203	−16504	−2.51	230.61	248.03	17.42	1.22
仓储	179266	233911	54645	4.53	136.91	164.75	27.84	3.13

资料来源：美国 NOEP 数据库。

从海洋交通运输的港口货物吞吐量来看（见表 8），2015～2018 年美国前 25 个港口货物处理总吨位增长 7.5%，集装箱货物吞吐量增长 16.8%，处理的干散货总吨位数增长 4.2%，2016 年出现小幅下落。

表 8 2015～2018 年美国前 25 个港口货物处理吨位数、集装箱吞吐量和处理干散货吨位数

年份	货物处理总吨位（亿）	集装箱吞吐量（万 TEU）	处理干散货总吨位（亿）
2015	17.5	4620	7.02
2016	17.5 ↑	4760 ↑	6.84 ↓
2017	18.3 ↑	5110 ↑	7.29 ↑
2018	18.8 ↑	5400 ↑	7.32 ↑
2015～2018 年增长率	7.5% ↑	16.8% ↑	4.2% ↑

资料来源：《港口绩效运费统计 2018 年》，同时参考 www.aapa - ports.org/。

（三）美国海洋旅游与休闲娱乐业发展分析

美国的海洋旅游与休闲娱乐业一直保持世界较高水平，并获得美国政策的支持。美国人在旅游休闲娱乐项目上的消费居世界第一。

2015～2016年，该行业增加了7.3万个就业机会（6.7%的增长），占海洋经济就业增长的大部分，其增长速度明显快于美国整体经济的增长（1.7%），该部门雇用的美国人比整个房地产业要多。

从发展态势来看，海洋旅游与休闲娱乐业保持较好的发展势头。表10显示，与2010年相比，2016年该产业部门就业岗位增加了43.96万个，年均增长3.48%；GDP增加值为386.81亿美元，年均增长6.41%，远高于全国经济增长水平。

表9 2010年与2016年美国海洋旅游与休闲娱乐业发展增加值

产业	就业岗位				GDP			
	2010年（个）	2016年（个）	变化量（个）	年均变化率（%）	2010年（亿美元）	2016年（亿美元）	变化量（亿美元）	年均变化率（%）
海洋旅游与娱乐业	1928141	2367746	439605	3.48	855.52	1242.33	386.81	6.41
娱乐和休闲服务	47102	67297	20195	6.13	19.44	32.47	13.03	8.93
船舶销售	12531	13699	1168	1.50	10.13	14.10	3.97	5.66
饮食场所	1433207	1789850	356643	3.77	501.16	727.91	226.75	6.42
酒店业	378448	432980	54532	2.27	284.00	417.63	133.62	6.64
码头	18007	21457	3450	2.96	11.43	16.03	4.60	5.79
休闲公园和露营地	5816	6269	453	1.26	3.12	4.43	1.31	6.01
水上观光	8947	10738	1791	3.09	4.39	6.03	1.64	5.43
体育用品销售	4774	4901	127	0.44	6.79	6.63	−0.16	−0.41
动物园和水族馆	19304	20551	1247	1.05	15.04	17.09	2.05	2.16

资料来源：美国NOEP数据库。

三 美国海洋经济发展形势分析和对中国的启示

（一）美国海洋经济发展战略分析

近年来，美国政府充分认识到海洋经济在创造GDP和提供就业岗位中的

作用，对海洋经济发展给予高度重视。美国政府每年安排专项财政支出用于海洋科技研发等项目，促进了海洋科学技术的发展，推动了海洋经济效率的提升。在六大海洋产业中，海洋旅游与休闲娱乐业、海洋采矿业、海洋运输业是三大支柱产业，为美国创造了较高的 GDP 和就业岗位。海洋旅游与休闲娱乐业作为服务密集型产业，成为海洋经济中创造 GDP 和就业岗位最多的产业。海洋旅游与休闲娱乐业发展对海洋环境的影响很小，这得益于美国较好的海洋环境教育和较高的国民海洋素养。但是一些资本密集型产业，如海洋建筑业、海洋生物资源、船舶与舟艇修造业等产业呈现下滑趋势，尤其是舟艇修造业的下滑直接影响着海洋休闲娱乐业的发展，在一定程度上对造船技术的提升也产生阻碍作用。因此，这些产业的发展应该得到美国政府的重视，在积极扶持资本密集型海洋产业的同时推动海洋新兴产业的发展。

同时，美国强大的海洋科学技术实力和完善的海洋管理体制也保障了海洋经济的发展。美国拥有全世界最好的海洋科技成果。2011～2018 年，美国海洋大气局（NOAA）撰写或合作撰写了 15686 种出版物，其中超过 90% 的文章曾被引用。同时，美国建立了以国家海洋政策委员会和白宫海洋工作组为核心的海洋核心决策层，以及以国家海洋大气局为工作核心区的海洋管理体制，这些制度建设保障了美国海洋经济的发展。因此，美国应该发挥自身健全的海洋管理体制优势，不断提升海洋科学技术的转化效率，促进其服务于海洋经济发展。

美国海洋经济产业表现区域差异性，发展具有区域特色。墨西哥湾拥有丰富的油气资源，应在保护海洋环境的同时，积极推动海洋油气开采、海洋采矿业、海洋建筑业等产业发展，建立完善的海洋产业链条；夏威夷和阿拉斯加等地区独特的地理位置和丰富的海洋文化资源，使海洋旅游与休闲娱乐业成为该地区的主导产业；大西洋中部地区、西部沿海地区则发挥优越的地理优势，以港口为核心发展海洋运输业、造船和海洋建筑业等。各地区、各州加快海洋经济合作，在发挥区域优势的同时，注重延长海洋产业链，推动区域海洋经济的共同繁荣。

（二）对中国海洋经济发展的启示

1. 积极完善海洋财政支出体系

海洋经济的发展离不开中央财政的支持。NOAA 财政年度支持时间跨度为当年 10 月 1 日至下一年度 9 月 30 日，预算编制可分为行政预算和国会预算两个阶段。NOAA 总统预算反映了各项活动与子活动的预算需求。从 2011～2020 年预算情况来看，随着美国经济形势的变化，中央财政对海洋的支出有显著的变化，这对疫情下我国海洋经济发展有重要的借鉴意义。

第一，适度调整海洋财政支出结构。近年来，由于美国经济形势不景气，而海洋经济是增加国民就业的重要领域，因此，特朗普政府将海洋开发放在重要位置。然而自 2017 年开始 NOAA 海洋财政预算呈现明显的递减趋势。伴随预算的大幅削减，NOAA 及时调整了预算支出方向，对机构性支出进行了大幅缩减，保证海洋科技研发和基本管理支出。美国的海洋财政支出调整措施对我国有很大的启示。在新冠肺炎疫情下，政府涉海部门应该根据国家财政的预算情况，适度调整海洋财政支出结构，开展节约型海洋科技开发和民生支持，应更多地探索利用市场，开展商业化服务活动。

第二，合理确定优先海洋发展满足事项。NOAA 2020 年财报提出约 44.7 亿美元的自由支配拨款申请（自由支配拨款预算也呈现下降态势），用以支持促进国家安全、公共安全、经济增长和创造就业方面的广泛目标实现。美国将降低极端天气和水文事件的影响、最大化海洋和海岸带资源的经济贡献、空间创新等作为该领域优先发展方向，以确保美国在海洋观测预警、渔业可持续发展、海上空间资源利用等方面处于国际领先地位。在新冠肺炎疫情下，我国加大了财政预算压缩，但是对涉及国家安全、公共安全以及能够创造就业的事项要做出优先安排，保证海洋事业发展。

2. 提升海洋产业对国民经济的贡献度

海洋产业为美国创造了良好的 GDP，并提供了较多的就业岗位，尤其是其注重海洋旅游与休闲娱乐业的发展，对我国海洋经济发展有着重要的借鉴意义。

第一，加快海洋产业绿色发展。从美国海洋三次产业结构变动来看，海洋第三产业比重不断上升，第二产业比重大幅下落，基本形成较为合理的海洋产业格局。目前我国也呈现出"三、二、一"的海洋产业格局，但是对于如何实现海洋经济绿色发展，提升企业、公众的海洋可持续发展意识，尚需努力。下一阶段，我国应着力实现海洋经济绿色可持续发展，不断发挥科学技术在海洋经济高质量发展中的创新驱动作用，实现经济和生态的动态均衡，最终实现海洋经济发展和海洋生态保护的双赢。

第二，注重滨海旅游业发展。海洋旅游与休闲娱乐业作为美国海洋经济的第一大产业部门，在创造 GDP、提供就业岗位等方面发挥了积极作用，已经引起了美国高层的重视。当前，我国旅游行业呈现加速发展态势，尤其是居民对海洋旅游的需求和向往不断扩大，拓展了滨海旅游业发展的前景。不仅如此，由于滨海旅游业产生的环境污染相对较少，对沿海地区经济的带动作用明显，受到沿海地区的欢迎。近年来，我国沿海地区充分利用海洋资源优势，大力发展滨海旅游业，这对于挖掘海洋经济潜力具有很强的带动作用，也为海洋产业发展带来新的活力。

3. 强调海洋开发与保护并重，实现高质量发展

美国特朗普政府崇尚"美国优先""利益至上"的价值观，盲目追求经济利益和增加就业岗位，破坏性地开发海洋资源，对海洋环境势必造成严重破坏，也会降低墨西哥湾的海水质量，甚至影响加勒比海的海洋渔业资源。因此，我国应吸取教训，更加注重海洋资源开发与海洋环境保护有机协调，不以邻为壑，不以牺牲他国利益来获得发展，不以牺牲子孙后代的海洋环境资源来获取当前的发展。

同时，美国海洋旅游业发展与海洋生态保护处于协调状态，这得益于较好的海洋环境教育和较高的国民海洋素养。因此，下一步，我国应不断加大国民海洋环境教育，建立大中小海洋环境教育体系，提升国民海洋素养，为实现海洋经济高质量发展提供坚实基础。

4. 强化海洋科学技术对海洋经济的推动作用

海洋科技创新发展是一个长期的追求目标。美国始终保持海洋科技的世界前沿地位，这与其制定了短期和长期发展战略分不开。目前，我国虽然也制定了海洋科技的中期发展战略，但是对于海洋前沿技术的研发需要作出长期判断，以利于我国保持海洋科技的国际地位。

一方面，要不断提升海洋科技研发水平，以促进海洋安全和海洋经济繁荣，以及保护海洋环境的可持续发展。与更多地海洋大国建立蓝色伙伴关系以提高国家海洋领域研究的能力。同时，要积极发挥海洋科研院所的能力，加大海洋科技领域资金投入力度，支持海洋领域专家探索海洋高新技术。建议建设各种形式的海洋科技园区，提升海洋科技转化能力。

另一方面，要以高端海洋科技引领海洋经济发展。美国始终将科技作为立

国之本，始终保持海洋科技的世界前沿，注重对前沿技术的研发投入。因此，下一步我国要瞄准国际海洋科技前沿，主动开展高端海洋科技研发促进海洋科技产业结构调整，提升海洋经济效率。比如，充分运用新技术提升传统海洋产业，在捕捞业由近海走向远洋的发展中，发挥卫星导航、船舶动力等技术推动远洋捕捞行业的发展的作用；发挥大数据在海洋研究和海洋生产中的作用，提升海洋产业的自动化和现代化水平；充分利用现代科技改造传统的海洋船舶制造业，不断更新船舶技术，使其朝着高效、精密方向发展。

参考文献

鲍洪彤、徐启春、鲍柯：《美国海洋休闲垂钓状况调查及启示》，《中国海洋经济》2019 年第 1 期。

郭晶：《海洋生态系统服务非市场价值评估框架：内涵、技术与准则》，《海洋通报》2017 年第 5 期。

韩立民、李大海：《美国海洋经济概况及发展趋势——兼析金融危机对美国海洋经济的影响》，《经济研究参考》2013 年第 51 期。

林瑞荣主编《海洋教育的理论与实践》，五南图书出版公司，2011。

宋炳林：《美国海洋经济发展的经验及对我国的启示》，《港口经济》2012 年第1 期。

孙才志、汤艳婷、覃雄合、王嵩：《基于泰尔指数分解的美国海洋经济发展时空分异研究》，《资源开发与市场》2020 年第 2 期。

孙悦民：《美国海洋资源政策建设的经验及启示》，《海洋信息》2012 年第 4 期。

夏立平、苏平：《美国海洋管理制度研究——兼析奥巴马政府的海洋政策》，《美国研究》2011 年第 4 期。

邢文秀、刘大海、许娟：《美国海洋和大气领域政策导向转变及 2020 财年计划调整——基于 NOAA 2011—2020 财年总统预算分析》，《科研管理研究》2020 年第 7 期。

邢文秀、刘大海、朱玉雯、刘宇：《美国海洋经济发展现状、产业分布与趋势判断》，《中国国土资源经济》2019 年第 8 期。

徐胜、孟亚男：《美国海洋经济现状及经验借鉴——兼论中国参与全球海洋发展的路径》，《中国海洋经济》2017 年第 2 期。

严小军：《中美海洋经济对标研究及我国发展海洋经济的对策建议》，《浙江海洋大学学报》（人文科学版）2018 年第 2 期。

殷克东、高金田、方胜民编著《中国海洋经济发展报告（2015～2018）》，社会科学文献出版社，2018。

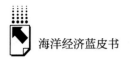
张耀光、王涌、胡伟等：《美国海洋经济现状特征与区域海洋经济差异分析》，《世界地理研究》2017 年第 3 期。

仲平、钱洪宝、向长生：《美国海洋科技政策与海洋高技术产业发展现状》，《全球科技经济瞭望》2017 年第 3 期。

Michaela Young, "Building the Blue Economy: The Role of Marine Spatial Planning in Facilitating Offshore Renewable Energy Development", *The International Journal of Marine and Coastal Law*, 2015 年第 1 期。

NOAA, Report on the Ocean and Great Lakes Economy 2016, coast. noaa. gov/data/digitalcoast/pdf/econ – report. pdf.

B.19
英国海洋经济发展分析与展望

孟昭苏*

摘 要: 英国位于欧洲西北部,历史原因和区位优势决定了当初日不落帝国的辉煌,同时也奠定了如今英国海洋产业的发展基础与国际地位。本报告采用欧盟蓝色经济报告(2019年、2020年)等最新数据,通过对英国海洋经济的发展环境、发展规模、产业结构和影响因素及主导产业的分析,对英国主导海洋产业发展前景进行预判,并对英国海洋经济发展形势进行分析与展望。最后,从税收支持、海洋商务服务与涉海法律与海洋标准方面对我国海洋经济发展提出建议。

关键词: 海洋油气业 海洋工程业 海洋商务服务

一 英国海洋经济发展现状分析

(一)英国海洋经济发展环境分析

1. 国际与国内经济环境分析

(1) 国际宏观经济环境

2019年以来,全球宏观经济整体上呈疲弱态势。美欧日等主要发达经济体经济进一步放缓,多数新兴经济体经济增长也出现放慢迹象。美国国家经济研究局(NBER)发布的调查显示,自2010年初到2019年12月底的这十年间,是美国从未出现经济衰退的首个十年纪录。分领域看,世界工业增长缓慢,贸易表现低迷,众多

---

* 孟昭苏,中国海洋大学经济学院副教授,研究方向为环境经济、海洋经济。

不稳定因素加剧世界经济增长的不确定性,世界经济面临加大的下行压力。

(2)国内宏观经济环境

2019 年以来,英国经济继续受"脱欧"所累,尤其是"无协议脱欧"风险,严重扰乱商业决策,导致经济增长波动巨大,面临衰退风险。英国国家统计局 2019 年 12 月发布的数据显示,2019 年 10 月英国经济环比增幅为 0。"脱欧"长期悬而未决严重拖累英国经济,导致生产率增长乏力、投资低迷。①

图 1 为 2000~2019 年英国 GDP 变动情况。受全球经济增长放缓,以及与"脱欧"相关的不确定性影响,英国经济增速大幅放缓。自 2018 年以来,英国商业投资下降,实际收入增长疲弱抑制了消费,英国公共债务一直保持在 GDP 的 85% 以上。然而,由于持续的财政整顿,政府财政赤字在 15 年内首次降至 GDP 的 2% 以下,通货膨胀率下降。尽管增长适度,但就业率已达到历史最高水平。据国际货币基金组织估计,失业人数占劳动人口的 3.8%,预计到 2020 年和 2021 年将分别上升至 4.8% 和 4.4%。②

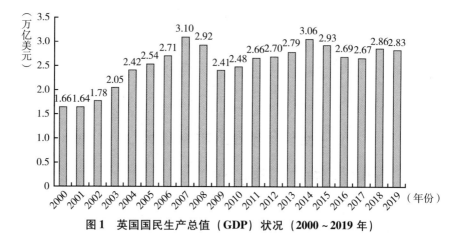

图 1　英国国民生产总值(GDP)状况(2000~2019 年)

资料来源:https://www.imf.org/external/datamapper/datasets/WEO/1。

(3)国际经济布局与博弈

2019 年 8 月,韩国和英国签署自由贸易协定(FTA)。两国还商定在协定

---

① 资料来源:https://www.ons.gov.uk/。

② 资料来源:https://www.imf.org/external/datamapper/LUR@WEO/OEMDC。

生效两年内再次启动谈判，将双边自由贸易协定的水平发展到更高层次。韩英自由贸易协定将促进开放、自由的双边贸易，进而助推两国实现共同繁荣。

2019年11月，欧盟成员国领导人在布鲁塞尔举行的欧盟特别峰会上，正式通过此前与英国达成的"脱欧"协议。"脱欧"协议规定，英国需向欧盟支付总额约390亿英镑，在2020年3月英国正式"脱欧"后设置为期21个月的过渡期，其间英国仍继续留在欧洲共同市场与欧盟关税同盟，享受贸易零关税待遇。

2. 海洋经济政策与法制环境

在海洋产业不断发展的背景下，英国海洋政策也不断发展完善，进一步为海洋产业的健康发展提供了良好的法制环境。

2019年，英国发布了《2050年海事报告》，概述了一系列短中期和长期的海洋发展战略。主要内容有2025年实现英国船舶注册全数字化，2030年在英国港口建立一个创新中心，以及采取一系列措施促进海洋经济相关行业的培训和技能发展，这些都将大大促进英国海运业的发展。

3. 海洋资源与科技环境分析

英国是一个群岛国家，水产资源十分丰富。英国属温带海洋性气候，全年气候温和湿润，加上海洋暖流的作用，内河航运发展优势明显。英国有曲折绵长的海岸线，这使英国不仅有丰富的渔业资源，近海潮汐能、波浪能等可再生资源也十分丰富，为其大力发展海洋可再生能源提供了支持。

英国近岸海域蕴藏着丰富的石油、天然气等海洋资源，尤其是北海海底石油资源十分丰富，为英国经济发展做出巨大贡献。

21世纪以来，英国越来越重视海洋研究规划设计，强调科技在战略研究领域中的关键作用。近10年来英国政府推出了一揽子国家级海洋战略和研究计划，这些计划和规划致力于"建设世界级的海洋科学"和成为欧洲海洋研究的领军人，强调英国的国际海洋地位。

英国海洋能技术发展十分迅速，潮流能技术、波浪能技术、新型潮汐能技术等均处于国际领先水平。

（二）英国海洋经济发展规模分析

1. 英国海洋经济生产总值分析

英国海洋经济主要由航运业、港口业、休闲海洋业、海洋工程及科学、海

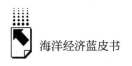

事商业服务行业等组成，每个行业包含各类分属的经济活动。

在区域上，英国海洋经济 2017 年直接产生的营业额集中在伦敦、东南部和苏格兰。对 GVA 区域细分的检查得出的结果相似，伦敦、苏格兰和东南部在 2017 年对 GVA 的直接贡献最大。这三个地区加在一起，占英国海洋经济 GVA 总量的 68%。

海洋经济每年还帮助英国财政部筹集了数十亿英镑的资金，并通过货物和服务的出口为英国贸易做出了可观的贡献。

2. 英国海洋产业就业人数分析

英国海洋产业 2017 年为英国提供 220100 个工作岗位。此外，英国海洋产业 2017 年提供的每一项工作，在英国经济中共支持了 4.85 万个工作岗位。这意味着 2017 年海事部门的总就业影响将近 107 万个工作岗位，比 2010 年增长了 13%。海事部门为英国所有地区带来工作机会。

（三）英国海洋经济产业结构分析

1. 海洋经济产业分类

英国拥有丰富的海洋资源和海洋经济活动，其中海洋经济活动包括海底活动和为海上活动提供产品和服务的经济活动，具体见表 1。

表 1　英国海洋经济产业分类

序号	海洋产业	序号	海洋产业
1	渔业	10	航海与安全
2	油气业	11	海底电缆
3	滨海砂石开采业	12	商业服务
4	船舶修造业	13	许可和租赁业
5	海洋设备	14	研究与开发
6	海洋可再生能源	15	海洋环境
7	海洋建筑业	16	海洋国防
8	航运业	17	休闲海洋业
9	港口业	18	海洋教育

资料来源：David Pugh：《英国海洋经济活动的社会—经济指标——看英国海洋经济统计》，《经济资料译丛》2010 年第 2 期。

2. 海洋经济产业结构

欧盟《蓝色经济报告 2019》① 显示，2017 年，英国海洋经济从业人数超过 516200 人，创造经济总增加值 361 亿欧元。英国海洋经济以海洋石油业为主导，2017 年占全国经济总增加值的 33%，相关就业人数占比 31%。休闲海洋业是另一重要支柱产业，占全国经济总增加值 22%，并提供了 34% 的工作岗位。2017 年，英国海洋经济的平均工资为 34600 欧元，比 2009 年增长 6%。总体来说，2017 年英国海洋经济总增加值与 2009 年相比增长了 8%，海洋矿产业、石油和天然气开采业的经济总增加值有所下降。在就业方面，与 2009 年相比，2017 年海洋经济总体工作岗位增长了 9%（见表 2、表 3）。

表 2　英国海洋主导产业历年从业人数

单位：千人

年份	2009	2010	2011	2012	2013	2014	2015	2016	2017
滨海旅游业	247.0	243.4	243.7	219.6	233.5	195.9	175.0	191.8	201.3
海洋生物资源类	46.5	46.4	46.1	45.9	46.2	47.2	46.7	46.6	46.2
海洋非生物资源类	40.0	44.4	44.5	48.1	44.4	44.5	44.7	43.5	43.5
港口业	76.3	80.7	74.8	97.9	101.4	101.0	109.8	158.5	158.5
船舶制造业	45.4	41.0	38.0	42.0	40.4	44.5	42.9	50.0	50.5
海洋运输业	17.2	17.1	16.7	17.7	16.6	17.7	19.2	16.1	16.1
海洋经济	472.4	473.1	463.8	471.4	482.5	450.7	438.3	506.4	516.2

资料来源：欧盟《蓝色经济报告 2019》，https：//prod5. assetscdn. io/event/3769/assets/8442090163 - fc038d4d6f. pdf。

表 3　英国海洋主导产业历年经济增加值

单位：百万欧元

年份	2009	2010	2011	2012	2013	2014	2015	2016	2017
滨海旅游业	7105	7098	7108	7073	7577	7622	7529	7784	8114
海洋生物资源类	2057	1858	1930	2060	2064	2538	2658	2847	2778
海洋非生物资源类	17013	17803	17273	18177	18257	17691	16391	11860	11860
港口业	5262	5127	5050	5405	5665	6208	8246	7466	7466

① 资料来源：https：//prod5. assets - cdn. io/event/3769/assets/8442090163 - fc038d4d6f. pdf。

续表

年份	2009	2010	2011	2012	2013	2014	2015	2016	2017
船舶制造业	1788	2272	2104	2914	2415	3112	3272	2897	2908
海洋运输业	2601	2791	2355	2621	2539	3202	3961	2984	2984
海洋经济	35825	36949	35820	38249	38516	40373	42057	35838	36111

资料来源：欧盟《蓝色经济报告 2019》，https：//prod5. assetscdn. io/event/3769/assets/8442090163 – fc038d4d6f. pdf。

（四）英国海洋经济影响因素分析

1. 国际竞争加剧

在过去的几年中，英国的海事部门设法巩固其在全球范围内的突出地位，在海事法律、保险和船舶经纪等领域，英国占据了全球 25% 的市场份额。但是，随着全球贸易市场逐渐转向亚洲，英国海事专业商务服务的地位正面临美国、中国、挪威和新加坡等主要航运枢纽日益激烈的挑战。亚洲国家现在已成为区域间贸易的领导者。这不可避免地造成了英国市场份额的损失。同时，世界经济中心正在向东方移动，到2030 年，亚洲中产阶级预计将增长153%，从而增加 20 亿消费者，[①] 英国海事部门包括英国港口在效率方面必须保持领先地位，制造业的供应商必须明确自己的定位以满足未来的需求。

2. 全球气候变化

气候变化和重大气候事件可能会改变贸易方式，同时增加了保护海洋生态系统的需求。全球变暖将对包括港口运营在内的每个部门产生直接的破坏性后果。面对全球气候变化，海事部门需要为整个后勤系统和沿海社区的实际影响做好准备。

3. 区域海洋污染

英国是欧洲国家中拥有海岸线最长的国家，拥有各种各样的海洋生物和栖息地。但随着人类在沿海和开放水域活动的频率和数量的增长，海洋生物面临着对其生存日益增长的威胁，其中最大威胁是污染。此威胁不仅限于渔业和旅游业等对经济有益的活动，还涉及海洋生物的生存。为了保护和发展海洋自然

---

① 资料来源：https：//oilandgasuk. co. uk/product/economic – report/。

资本，英国自然资本委员会（NCC）于 2019 年提出《海洋及其 25 年环境计划》，从政府如何保护和发展海洋自然资本以谋取公益，改善海洋自然资本及其利益，改善英国所有海洋环境及其自然资本以提供增加经济和社会效益，以及改善公共服务并建立相关的扶持机制等方面提出具体建议。①

二 英国海洋主导产业分析与展望

（一）海洋油气业发展前景分析

英国北海大陆架蕴藏丰富的油气资源，探明的原油储量约占北海盆地的油气含量的 51%。丰富的海洋油气资源占英国油气业总产量的 98% 以上。

2019 年英国政府报告显示，英国原油和天然气产量比 2018 年增长 1.8%，石油产品最终消费下降了 2.1%，主要原因是运输燃料需求的减少。与 2019 年相比，由于平均气温上升，国内需求同比下降 1.9%。2019 年第 4 季度，英国原油和液化天然气产量下降 4.1%，其中液化天然气产量下降近 1/5。

近年来，国际油价波动剧烈，布伦特原油现货价格在 2019 年上半年波动幅度超过 38%，月平均价格一度下跌到自 2004 年来的最低水平。能源价格的不稳定迫使英国企业实行更严格的成本控制，并实现能源转型升级。按照这种形势，英国油气业未来的发展方向将集中于结构调整和技术升级，以期带来更高的开采和开发效率，增加产业附加值。

（二）海洋工程业发展前景分析

海洋工程行业包含广泛的活动，包括造船、海洋可再生能源、海洋石油和天然气支持以及海洋科学和技术活动。英国海洋工程业的经济贡献数据显示，2015～2017 年海洋工程业的营业额有所下降，但 GVA 总额逐年上升。② 同时，海洋工程业就业岗位数量和占海洋产业总岗位比重显著提升，产业结构和重点支持领域有所

---

① Van Sebille E., Spathi C., Gilbert A., "*The ocean plastic pollution challenge: towards solutions in the UK*". Grant. Brief. Pap19 (2016), 1 – 16.

② 资料来源：https://www.maritimeuk.org/documents/451/Cebr_Maritime_UK_MES_30082019.pdf.

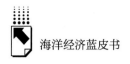
调整。英国政府近年来对海洋工程业的关注重点放在产业内的科技与创新、促进产学研融合和政府支持。

（三）海上风电业发展前景分析

2018 年底，欧盟海上风能的容量已增长到 18.5 吉瓦，在全球容量中占比高达 91%。英国已经成为全球海上风力发电的领导者，创建了大量海上风电建设和运营公司，在海上风电机组的制造、运输、安装、运维以及基础设施建设等领域积累了丰富的先进经验。如表 4 数据显示，2019 年，英国是欧盟海上风能装机容量最大的成员国，之后是德国、丹麦、比利时和荷兰。在 12 个国家（地区）强劲的国内市场的推动下，欧洲的海上风电行业继续保持领先地位。①

表4　欧洲各国海上风电并网装机容量（截至2019年底）

国家	并网项目（个）	累计并网容量（MW）	并网机组（台）	2019 年新增并网容量（MW）	2019 年新增并网机组（台）
英国	40	9945	2225	1760	252
德国	28	7445	1469	1111	160
丹麦	14	1073	559	374	45
比利时	8	1556	318	370	44
荷兰	6	1118	365	0	0
瑞典	5	192	80	0	0
芬兰	3	71	19	0	0
爱尔兰	1	25	7	0	0
西班牙	2	5	2	0	0
葡萄牙	1	8	1	8	1
挪威	1	2	1	0	0
法国	1	2	1	0	0
总计	110	21442	5047	3623	502

资料来源：欧盟《蓝色经济报告 2019》，https：//prod5. assetscdn. io/event/3769/assets/8442090163 – fc038d4d6f. pdf。

2019 年 3 月，英国发布"海上风电产业战略规划"。2019 年 5 月，英国气候变化委员会（Committee on Climate Change，CCC）发布题为"净零：英国对

---

① 资料来源：欧盟《蓝色经济报告 2019》，https：//prod5. assetscdn. io/event/3769/assets/8442090163 – fc038d4d6f. pdf。

阻止全球变暖的贡献"的报告，重新评估了英国的长期排放目标。2019 年 6 月，2008 年气候变化法案（2050 目标修订案）通过，正式确立英国到 2050 年实现温室气体"净零排放"的目标。英国成为世界主要经济体中第一个以法律形式确立这一目标的国家。

（四）航运业发展前景分析

航运业是英国经济的关键因素。大约 95% 的英国货物进出口都是通过海上运输的，其中包括英国 25% 的能源供应和 48% 的食品供应。因此，可靠和及时的进口对英国的国家安全至关重要。

英国在发展航运业方面拥有众多优势，其海岸线较长，约 30% 的人口居住于海岸线附近。同时，英国航运业的技术水平较高，并且与其有关的造船业、港口业、船舶装备制造业等产业也处于世界领先水平。此外，英国有一个独特的海上优势，即通过主办国际海事组织（IMO）和大量杰出的海事专家来维持其海事思想的领导地位。它以政府与业界的紧密合作为基础提供了一个安全可靠的营商环境。这些因素共同形成了独特的海洋经济环境，使英国在全球舞台上具有竞争优势。

英国高质量的海事人员也是英国航运业可以保持领先的基础，还为促进安全、监管和海员福利方面的行业标准树立了标杆。从表 5 中可以看出，航运业员工工资占海事员工总工资的 21.5%，工资对经济的乘数效应为（2.65），超出了总体乘数效应（2.56）。英国航运业的人才优势在未来将继续发挥作用，确保英国的世界海洋强国地位。

表 5　2017 年英国各行业雇员薪酬的直接和综合影响

单位：百万英镑

员工薪酬	直接影响	间接影响	引致影响	综合影响
总体	8464	8864	4312	21645
航运	1820	2021	975	4816
港口	1052	1113	550	2715
海洋休闲	642	693	339	1674
海洋工程与科技	3820	3573	1787	9180
海洋商业服务	1135	1464	660	3259

资料来源：STATE OF THE MARITIME NATION 2019。

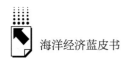

全球气候变暖为英国航运业带来新的契机。北极冰盖面积正以每十年12.8%的速度缩小，这为在北极海域开辟新的航线创造了可能性。

英国的航运业也面临着诸多挑战。随着亚洲财富的不断增长，亚洲国家将日益成为主要在其他地区生产商品的最终目的地。这将刺激英国港口行业的发展，也让制造业供应商做好准备，以满足全球港口行业未来需求的变化。

与此同时，全球经济实力的变化可能会影响基于规则的体系结构，从而影响海事在全球范围内运作。国际海事组织（IMO）和联合国（UN）总体上依赖世界各国的支持。英国"脱欧"也影响了英国法律在国际海商法中的优势地位，无论是英国的航运业、船舶制造业还是航运保险、金融业等方面的影响力和话语权都有所减弱。

（五）渔业发展前景分析

第一次工业革命后，英国的海洋机械制造业率先发展，这使其成为世界的海洋霸主，成为世界主要渔业国之一。图2显示了2008～2017年英国渔业企业生产增加值总额变动情况。随着海洋技术的进步，英国渔业经济也取得了巨大进步。以渔船数量衡量，英国捕鱼船队在欧盟排名第六，捕捞能力排名第二，渔船功率数排名第四。

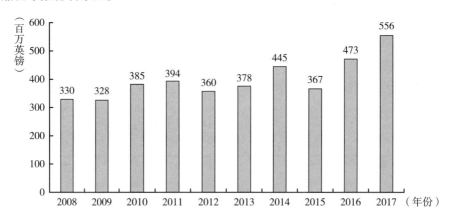

图2 英国渔业企业生产增加值总额变动情况（2008～2017年）

资料来源：https://www.gov.uk/government/statistics/uk - sea - fisheries - annual - statistics - report - 2018。

（六）港口业发展前景分析

英国是世界领先的港口业强国，在全球出口方面占据重要地位，21%的国际海事保险费是在伦敦签单的，大约40%的全球租船市场位于伦敦。图3为2012～2018年英国港口集装箱吞吐量变化情况。这在很大程度上体现了英国港口运输的高速发展情况。

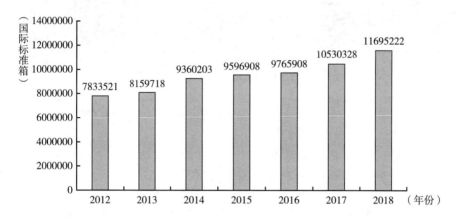

图3　英国港口集装箱吞吐量变化情况（2012～2018年）

资料来源：https：//www.ceicdata.com/zh－hans/indicator/united－kingdom/container－port－throughput/amp。

图4为2017～2019年英国港口货运量变化情况。英国在2017～2019年，总货运量呈先上升后下降的趋势，其中进口量始终大于出口量，港口进口量3年一直保持上升，出口量2018年有所下降。

港口不仅仅是货物和人员的中转站，其发展和增长还为英国经济和海岸周围的社区创造可持续的价值。受英国海事局委托，英国经济与商业研究中心（Cebr）发布了《英国海事委员会报告2019》①，量化海洋产业对英国的经济贡献。港口业的营业额和GVA均逐年上升，2017年港口业就业岗位为近年来最低水平，但依然占海洋产业总岗位一半以上。由此也可以看出，港口业是英国海洋产业的重要支柱，其贡献率均在50%以上。

---

① https：//merseymaritime.co.uk/wp－content/uploads/2019/10/Cebr－Report－LCR－August－.

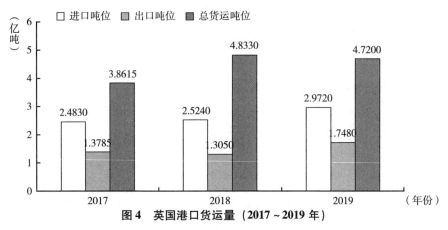

图 4　英国港口货运量（2017～2019 年）

资料来源：MARITIME ANNUAL REPORT 2018 - 2019，https：//assets. publishing. service. gov. uk/government/uploads/system/uploads/attachment ＿ data/file/817250/Maritime ＿ Annual＿ Report＿ 2018＿ to＿ 2019. pdf。

（七）海洋商业服务业发展前景分析

海洋商业服务业包括一系列高价值的海洋相关商务活动，全球海上保险费和船舶经纪交易的最大份额发生在英国，分别占全球市场的35％和26％。[1] 发达的产业则吸引了大量各个领域的专业人才，为当地的发展提供了充沛的人才储备，这种相互融合和促进的关系是商业集群的根本优势。根据 Cebr 的研究报告《英国海事委员会报告 2019》[2] 中英国商业服务业的经济贡献数据信息，2015～2017 年海洋服务业的营业额逐年上升，海洋服务业总增加值逐年上升；2017 年海洋服务业就业岗位占海洋产业总岗位 10％左右。

（八）休闲海洋业发展前景分析

英国是当今世界上旅游业最发达的国家之一，旅游业年产值 740 多亿英镑，占世界旅游收入的 5％左右。图 5 为 2016～2019 年英国休闲海洋业发展变化情况，2016～2019 年英国休闲海洋业的营业额逐年上升，除 2018 年之外，GVA 也呈上升趋势。

---

① MARITIME 2050 Navigating the Future.

② https：//www. maritimeuk. org/documents/452/Cebr＿ Maritime＿ UK＿ MBS＿ 30082019. pdf.

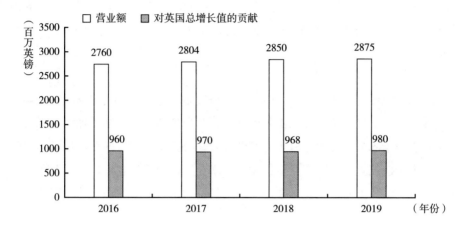

图5 英国休闲海洋业发展变化情况（2016～2019年）

在英国休闲海洋产业中，乘船和水上运动最受游客欢迎，2019年，游客平均每天在水上娱乐的花费超过47英镑，比2013年的45.70英镑有所增加。这些与划船相关的旅游业销售为英国经济贡献了超过60亿英镑的总增加值（GVA），在划船旅游业的子行业中，租金、包船和培训贡献最大（1.32亿英镑）。

三　英国海洋经济发展形势分析和对中国的启示

（一）英国海洋经济发展形势分析

英国海洋经济的优势主要体现在政府和海事行业之间良好的沟通机制。同时，英国政府也十分重视海洋金融业的发展，为海洋金融业制定了专业的法律和政策支持，并与海洋金融领域人员保持密切沟通。为了跟上新时代科技研究的步伐，英国海洋经济发展与海洋科技研究逐步上升为国家战略，政府为海洋经济与海洋科技领域制定相关海洋战略，为其整体发展进行宏观规划。此外，英国政府承诺发布明确的绿色海事发展计划，以便尽快实现航运业零排放。①

---

①　https：//assets. publishing. service. gov. uk/government/uploads/system/uploads/.
attachment_ data/file/872194/Maritime_ 2050_ Report. pdf.

通过整合政府以及海洋相关企业等各方的意见，英国相关部门颁布了英国海洋产业增长战略报告。英国海洋经济未来发展目标主要体现在以下几个方面。

1. 发挥海洋创新能力的优势

英国的海洋制造能力，以及海洋科学研究都处于世界的一流水平。然而，目前该行业面临来自中国和韩国等国家的日益激烈的竞争。鉴于经济危机和货运市场供过于求的状况，竞争者正试图进入高科技船舶制造的欧洲市场。除此之外，由于造船业技术密集且能提供大量就业岗位和外汇收入，该行业还受到金融危机、国际贸易规则匮乏和国家过度投资的影响。这些都对英国海洋制造业的发展提出挑战。

2. 保持在全球市场的竞争力

英国的海洋产业在国际市场上有竞争优势，但随着各国对海洋产业的重视，国际间的竞争日趋激烈。因此，英国需要制定相关的海洋战略，重视海洋产业的发展，进而提高竞争力。为实现海洋经济的可持续发展，英国应塑造海洋品牌形象，促进相关海洋产品出口。同时英国应制定海洋科技创新政策，重视海洋可再生能源的发展，实现产业间的知识共享，最终实现英国在全球市场竞争力和话语权的稳定。

3. 发展海洋产业促进就业

海洋产业的发展对整个英国经济的进步有重要的意义，可以促进中小企业的发展，提高对劳动力的需求，进而增加社会就业岗位，同时也让英国的制造业、服务业等相关产业的发展关系更加紧密。未来海洋产业的发展方向和目标将更为明确，如鼓励公共和私人在海洋产业投资，努力实现高技术的出口船舶设备制造和一流的船舶设备的系统集成；发展海洋可再生能源工业等。

（二）对中国海洋经济发展的启示

通过以上对英国海洋经济和海洋主导产业的分析与形势展望，结合英国"海事战略2050"提出的未来海洋经济发展规划，我们总结以下几点值得我国海洋经济发展借鉴的经验与启示。

1. 建立有竞争力的财政和税收制度，支持海洋产业发展

英国是欧洲对内投资最多的国家，商业环境比其他欧洲主要经济体都要优

越。英国为研发和专利创新提供了一系列税收抵免，以保持创新前沿地位和支持中小企业发展需要。这些驱动力对促进海洋产业发展至关重要。为了提高对海运公司的吸引力，英国政府尽力为英国海事人员接受世界一流大学和学院的教育和培训提供条件，并增加了对公司的财税支持，鼓励它们为学员提供更好的培训机会。此外，政府对企业的投资和潜在出口融资等计划提供了发展机会。强大的财政支持以及税收支持为英国海洋事业的发展提供了保障。我国应加以借鉴，制定对海事企业有吸引力的财政政策和税收制度，在财税制度上支持海洋经济事业的迅速发展。

2. 发展海事专业商务服务，打造先进的海洋集群

英国在海洋集群方面的实力处于世界领先地位，这是英国海洋产业发展的关键优势。我国可以对这种集群模式加以学习，在适合的特色城市发展相应的涉海服务，例如上海是我国的金融中心，上海港是我国的重点港口，可参照伦敦金融城的模式发展涉海金融、航运保险等海运商业服务，提升涉海产业发展的技术附加值，形成产业集群效应。

3. 完善涉海法律及标准体系，发展涉海法律服务

英国的涉海法律体系稳定，国际声誉极高，涉海法律服务业十分发达。同时，英国涉海法律服务的便利性也为其吸引其他商业服务做了很大的贡献。目前，我国相关涉海法律体系有待完善，缺乏独立的海事保险，海洋产业标准认可度较低。培养高素质的海事从业人员，发展高质量的涉海法律服务，在国际涉海法律、仲裁和标准制定方面争取更多的话语权，将是我国未来海洋经济发展的重要突破口。

参考文献

胡杰：《英国介入南海问题的海洋安全逻辑——以〈英国国家海洋安全战略〉为中心》，《边界与海洋研究》2019 年第 3 期。

David Pugh：《英国海洋经济活动的社会——经济指标—看英国海洋经济统计》，《经济资料译丛》2010 年第 2 期。

EU Blue Economy Report 2019，https：//prod5. assets – cdn. io/event/3769/assets/8442090163 – fc038d4d6f. pdf.

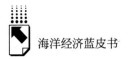

Maritime 2050 Report，https：//assets. publishing. service. gov. uk/government/uploads/system/uploads/attachmentdata/file/872194/Maritime_ 2050_ Report. pdf.

Maritime Annual Report 2018 – 2019，https：//assets. publishing. service. gov. uk/government/uploads/system/uploads/attachment_ data/file/817250/Maritime_ Annual_ Report_ 2018_ to_ 2019. pdf.

OGUK，Economic Report 2019，https：//oilandgasuk. co. uk/product/economic – report/.

State Maritime Nation Report 2019，https：//www. maritimeuk. org/media – centre/publications/state – maritime – nation – report – 2019.

The Economic Contribution of the UK Ports Industry A Cebr Report for Maritime UK，August 2019.

UK Sea Fisheries Annual Statistics Report 2018，https：//www. gov. uk/government/statistics/uk – sea – fisheries – annual – statistics – report – 2018.

B.20
挪威海洋经济发展分析与展望

刘雅杰　谢静华*

摘　要： 挪威海洋经济（海产业、海事业，以及石油和天然气产业）
合计约占挪威国内生产总值的40%和出口收入的70%。石油
和天然气是挪威最大的产业支柱，创造的总产值最高。渔业
是挪威的传统产业，而航运和其他海事部门是挪威经济的重
要驱动力。三种海洋经济产业有一定的交叉，特别是石油和
天然气产业和海事业交织紧密。这归因于海事行业中包含了
一大部分与石油天然气开采配套的海上运输、钻机公司、设
备供应商和造船厂。预计未来十年挪威渔业和石油的产量将
保持与今天大致相同的水平，但是水产养殖和海事行业具有
巨大的发展潜力。因此，挪威的政策是维持可持续渔业捕捞
和石油开采，同时促进发展水产养殖和航运业以增加总生产
价值。海洋产业发展应该长期注重整个供应链和价值链的建
设与增值，注重垂直价值链的完善，利用现有技术经验的同
时，向平行价值链的新领域扩展。

关键词： 海产业　海事业　石油和天然气产业　价值创造　价值链

---

* 刘雅杰，挪威北极大学生物科学与渔业经济学院副教授，博士生导师，研究方向为海洋资源
经济与管理、生态系统服务评价、生态经济模型；谢静华，挪威北极大学商学院副教授，博
士生导师，研究方向为海产品营销与经济贸易、旅游经济。

一　挪威海洋经济发展现状分析

（一）挪威海洋经济发展环境分析

挪威是世界上拥有最长海岸线的国家之一。挪威的总海域面积是挪威大陆面积的 6~7 倍大，因此海洋创造了挪威的历史、经济与人文。

渔业一直是挪威的主要支持产业。此外，挪威拥有造船业和运输业发展需要的优秀船舶、船员，和悠久的海上运输历史经验。然而自 20 世纪 70 年代，挪威在其附近海域发现高质量的大油田以来，石油天然气成为挪威最大的产业支柱。

挪威经济遵循北欧福利经济学模式。其特色是高收入、高税收、高福利。政府提供的基本经济保障与教育资源保证了人们的基本需要，从而增加了人们在工作中所需要的创新动力。企业与社会也因此获得普遍创新能动性高的工作人员。

（二）挪威海洋经济发展规模分析

挪威海洋经济产业约占挪威国内生产总值的 40% 和出口收入的 70%。由图 1 可知，2017 年，海洋经济创造的总产值为 6800 亿挪威克朗。其中渔业与水产养殖（海产）为 710 亿克朗，海上运输与沿海管理（海事）产业为 1290 亿克朗，石油由于其高的经济价值，总产值为 5600 亿克朗。[①] 三种海洋经济产业有一定的交叉互盖，特别是石油和天然气业与海事业交织紧密。如图 1 所示，交叉部分在 2017 年创造了总计 705 亿挪威克朗的价值。

（三）挪威海洋经济产业结构分析

挪威海洋经济包括以下三大产业：海产业（渔业与水产养殖业）、海事业（海上运输和沿海管理产业），以及石油和天然气产业。各海洋产业所创造的

---

① Ocean Strategy (2019). Blue Opportunities. The Norwegian Government's Updated Ocean Strategy. Norwegian Ministries. p. 50.

图1　挪威海洋经济产业结构及其经济价值构成（单位：挪威克朗）

资料来源：Menon Economics 2019。

经济价值，不仅包含了其核心产业活动创造的价值，也包含了在整个生产链中为核心产业提供相关商品和服务的产业所创造的价值，也就是所谓的涟漪效应。

2017年，石油和天然气占总产值的72%，海产占9%，海事占8%。其中，石油和天然气与海事重叠约占10%。对就业来说，就业率最高的仍然是石油和天然气，占43%，远低于它创造的价值。相反，海产的就业率为17%，海事为13%，但远高于它们创造的价值。石油和天然气与海事重叠达到24%（见图2）。

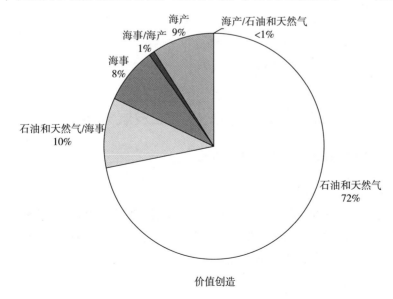

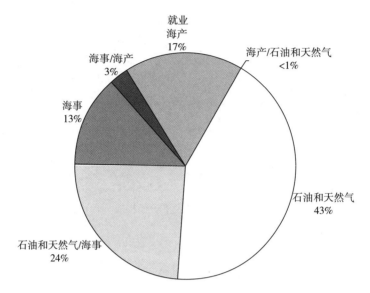

图 2　2017 年海洋经济创造价值构成和就业

资料来源：Menon Economics 2019。

随着产业结构组成的改变，海洋经济创造的生产利润在过去 40 年间也发生了很大变化。生产利润已从 90 年代的平均不到 100 亿挪威克朗迅速增加到 2019 年 300 亿挪威克朗。与海洋经济产业结构反映的信息基本一致，石油和天然气产业产生的利率占海洋经济总利润的 80% ~ 90%，海运大约占 10%，海产大约为 2% ~ 10%。海运业利润构成相对稳定，但石油和海产业由于受国际市场价格影响，其结构波动相对较大。

二　挪威海洋主导产业发展分析

（一）挪威海洋主要产业分析

1. 渔业和水产养殖业

在过去几十年间，基于飞速发展的技术创新，挪威渔业和水产养殖业已发展成为依托于高科技的高效率现代化产业。渔船总体数量减少。传统的小渔船逐步被现代化大渔船取代。渔业和水产养殖总产量稳步上升。在过去二十年里，每年捕捞量保持在 250 万吨左右（见图 3）。

相对于中国，挪威水产养殖业只有短短的几十年，历史较短。但是挪威水产养殖业已发展成一个现代化的具有国际竞争力的全球性产业。按价值统计，水产养殖产品几乎占挪威鱼类总出口的一半。

图3展示了过去近20年渔业和水产养殖的总体发展。尽管海产品总产量没有明显增加，但产值呈指数增长趋势。从数量上来看，渔业捕捞的产量仍然高于养殖产量。但是得益于不断扩大的三文鱼养殖以及近几年世界三文鱼市场价格的稳步飙升，养殖产值远远高于捕捞产值。

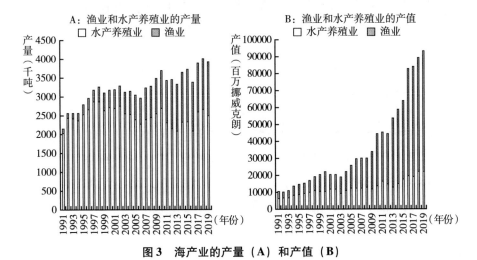

图3 海产业的产量（A）和产值（B）

资料来源：挪威统计局，www. ssb. no 和 www. fiskeridir. no。

挪威海产业的整体价值链包含渔业、水产养殖、加工、销售贸易这些核心价值链，和为核心价值链提供商品和服务的涟漪效应。图4显示了根据投入产出模型计算的海产业价值链中的价值构成。[①] 很显然在发展过程中，整个价值链中的各个环节都实现了大幅度的增值。尤其是在2012~2016年，水产养殖得到了最快速度的发展。

2. 石油和天然气产业

石油和天然气产业是挪威最大的海洋经济支柱。如我们前面所述，石油和

---

① Johansen, U., Bull‐Berg, H., Vik, L. H., Stokka, A. M., Richardsen, R., & Winther, U. (2019). The Norwegian seafood industry‐Importance for the national economy. *Marine Policy*, *110*, 103561.

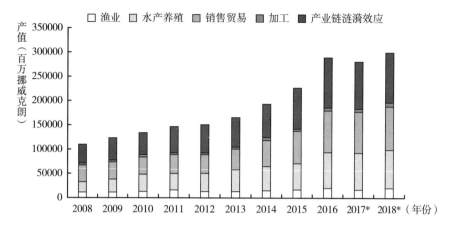

图 4 挪威海产业价值链的产值（当前价格）变化

资料来源：SINTEF 2019。

天然气约占挪威海洋经济生产总值 50%。2019 年，石油出口占挪威总出口的 47%。[①] 从就业情况看，在海洋经济总从业人数中，43% 从事石油和天然气行业。如果再加上那些从事与石油和天然气相关的海运及其他海洋工程类行业（24%），总就业人口比例达到 67%。[②]

挪威的绝大部分石油与天然气出口欧盟各国。其中天然气满足了欧盟 20% 到 25% 的需求。按挪威石油局 2018 年统计数据，挪威 20% 的原油通过管道运输，80% 的通过船只运往欧洲各国。

3. 海事产业

海事产业包括造船厂、航运业、设备供应商和服务提供商。海运业是挪威最古老的产业之一，其重要特征是国际性。挪威海事在技术上一直处于世界领先地位，特别是与石油和天然气有关的海事活动方面，如特种船舶、定位和控制系统。同时挪威海事公司利用其长期在海上知识技术上的优势，开发新的市场，尤其是在海上风电的发展。

基于石油和天然气产业在挪威经济中的重要性，与世界其他海事大国相

---

① 挪威石油局，Norwegian Petroleum Directorate，2020。

② Menon Economics（2019）. Verdiskapingspotensialet knyttet til utviklingen av en norskbasert industry innen flytende havvind. Menon Economics's report 69/2019. p. 45.

比，挪威明显在与石油和天然气相关的（offshore）海事活动中占有优势。不管从其市场份额角度，还是技术角度来看，挪威都居世界领先地位。

（二）渔业和水产养殖业发展分析

1. 渔业发展分析

渔船发展。根据挪威渔业局的统计，渔船数量从 1990 年的约 1 万只下降至 2019 年的近六千只。2019 年注册登记的渔船为 5980 艘，其中参与实际捕捞活动的为 5196 艘。随着渔船数量的下降以及渔船的现代科技化，渔民数量也稳步下降。注册渔民数量从 1960 年的约 7 万人降至 2019 年的 1.1 万人。

捕捞量。渔业总捕捞量每年有所波动，主要归因于中上层鱼类（主要是鲭鱼和鲱鱼）的自然资源可变性。

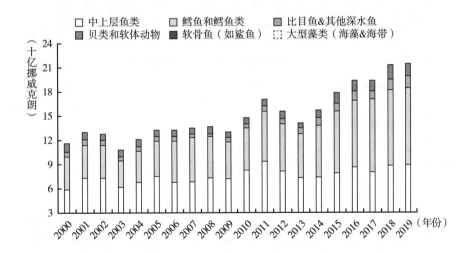

图 5　2000～2019 年挪威渔业产值

资料来源：挪威渔业局，www. fiskeridir. no。

捕捞产值。跟渔获量一样，捕捞产值在总体逐年上升的趋势下，随着每年捕捞量以及市场价格的变化有所波动。从产值看，由于鳕鱼类价格普遍高于中上层鱼类，因此鳕鱼类产值占总产值的 50% 以上。中上层鱼类产值占 30% 左右。

捕捞利润。得益于挪威独特的渔业资源优势以及先进的渔业资源配额管理体制，挪威渔业可持续发展程度高，捕捞业普遍盈利能力强。具体到不同的鱼种与渔船，其差异程度较大。从鱼种看，中上层鱼类捕捞船的捕捞利润要远高于底层鱼类渔船的捕捞利润（见图6）。从渔船角度分析，盈利能力最高为大型远洋渔船，最小的是近海小型渔船。

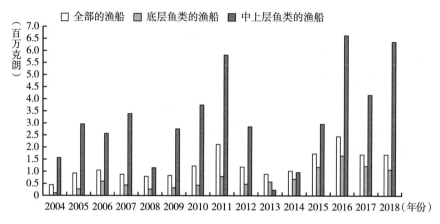

图6　2004～2018年挪威渔船的平均捕捞利润

资料来源：挪威渔业局，www.fiskeridir.no。

2. 水产养殖业发展分析

挪威三文鱼养殖闻名于世。按照挪威渔业局统计，在1990到2019年，挪威境内三文鱼养殖就产量而言，增速大约为10倍，就产值而言，大约15倍左右。

养殖生产成本和销售价格。从1980年开始，随着三文鱼养殖生产成本持续下降，其销售价格也一路走低，直至2005到达最低点（见图7）。2015年，每公斤三文鱼的养殖成本为16.19克朗（包括屠宰）。之后，虽然新的饲料配方，生物技术和机器逐渐取代劳动力，这些大大降低了生产成本，然而随着饲料价格上涨，环境问题，特别是海虱等问题的连续出现，养殖成本逐渐回升。2018年成本为33.88克朗。目前养殖生产成本接近于80年代的初的水平。

从成本组成结构看，随着过去几年饲料价格的不断上升，饲料成为单个最大成本，占总生产成本的近50%。劳动力由于机械化程度越来越高，目前成本几乎是80年代成本的一半。幼鱼的成本不到80年代成本的一半，约占总成本的10%。屠宰成本约占总生产成本的10%。

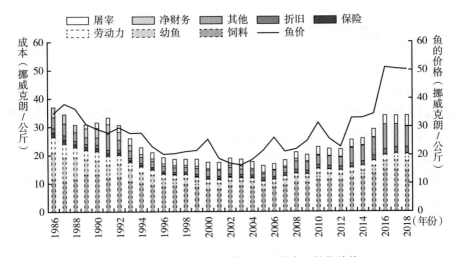

图7　1986～2018年水产养殖生产成本和销售价格

资料来源：挪威渔业局，www. fiskeridir. no。

养殖利润率。虽然鲑鱼养殖的利润率逐年波动很大，甚至有几年是负利润率，但是总体来说，行业盈利水平较高。尤其是最近十年，平均利润达到24%。

水产养殖价值链。从图8可以看到，其核心产业也就是养殖的生产阶段的份额大于其他产业，并且其增长趋势也大于其他部分。养殖环节的高产值、高增长以及有可能带来的高利润有利于产业的持续健康良性发展。

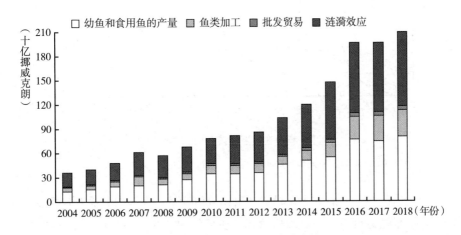

图8　水产养殖业的产值（当前价格）

资料来源：www. barentswatch. no。

（三）挪威石油天然气产业发展分析

1. 科技进步

挪威各项政策框架相对持续稳定。政府、研究机构、石油公司以及其供应商之间长期有着紧密合作。这为企业的创新和竞争力提供了驱动力。挪威在海底技术方面处于世界领先地位。海底技术的飞速发展使人们有可能在距陆地越来越远的深海上开采石油和天然气。同时，石油工业的竞争力和创新能力也对挪威乃至北欧的其他工业产生了重大的积极影响和技术贡献。比如石油行业的先进技术在海洋营养和可再生能源，乃至医药和太空等不同领域得到应用。

2. 社会贡献

挪威石油管理中的一个首要原则是：石油资源的勘探、开发和运营应为社会创造最大的价值，其收益将使国家乃至整个社会受益。

图9 数据显示石油是挪威经济的支柱，同时其收益也很大部分成为政府收入，成为挪威社会高福利制度的一项重要资金来源。

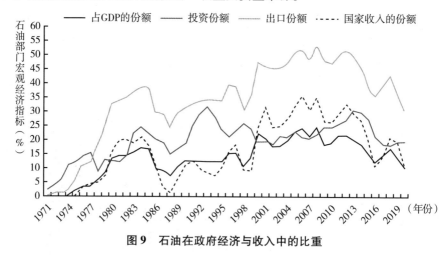

图9　石油在政府经济与收入中的比重

资料来源：www. norskpetroleum. no。

以价值创造、政府收入、投资和出口价值衡量，今天的石油业是挪威最大的产业。根据修订后的中央政府预算，该部门的总收入估计将达到2020年中央政府总收入的10%。图10 显示石油业务的净现金流量（2020年为估计值）。石油业务的净现金流量主要来自SDFI的净现金流量和税收。

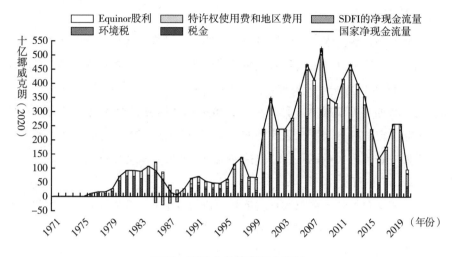

图 10   石油业务的净现金流量

资料来源：www. norskpetroleum. no。

（四）海事产业的发展分析

因为挪威海事与石油和天然气产业关联度高，因此其发展过程也严重受世界石油价格的影响。海事产业在 2014 年达到历史高峰。从 2014 到 2017 年，受世界范围内石油价格危机的影响，其营业额减少了近 30%。其中与石油和天然气有关的离岸业务减少了近一半。随着石油价格的小幅回升，2018 年海事行业也有小幅度回升。但近期新冠肺炎疫情的全球流行，石油价格与世界经济的严重下滑，世界海事行业必然受到史无前例的冲击。

三 挪威海洋经济发展形势分析

（一）渔业和水产养殖业

1. 发展目标与挑战

由于渔业资源增长空间有限，挪威渔业与水产养殖业的主要发展目标是继续提高其养殖业在世界地位，成为世界领先的水产养殖大国。其目标是到 2050 年，海产品价值创造将超过 5500 亿挪威克朗，养殖产量达到 500 万吨，

相当于当前产量的四倍。

环境问题是挪威水产养殖业目前面临的最大挑战。环境冲突限制了新养殖海区的发展，这部分导致近年来养殖产量停滞不前。目前挪威水产品养殖数量相当于2012年的水平。与此同时，饲料价格的上涨、三文鱼的逃逸与海虱问题也大大增加了养殖成本。另外，三文鱼逃逸和海虱也会对野生鲑鱼产生影响，引起一定的社会问题。因此为实现2050年达到500万吨的目标，水产养殖业需要攻破的两大难题是：如何控制饲料成本和解决海虱问题。

2. 新饲料的开发和利用

目前三文鱼饲料来源很大程度依赖于鱼粉与鱼油。开发食物链营养级别较低的浮游甲壳类动物（如磷虾和小的甲壳类）有可能成为水产养殖领域的新兴产业和尚未发展的产业创造机会。挪威拥有以鱼类、甲壳类动物和其他海洋资源为原料的重要生产工业，挪威因此有潜力领导世界新饲料的开发与利用。

3. 新养殖系统的培育

目前挪威跟世界其他国家一样，正在努力尝试建立外海、陆地和封闭水产养殖等不同的养殖系统。这些新技术目前主要处于研发阶段，还需要大量投资，并且存在一定的不确定性。

4. 养殖交通灯系统（TLS）的建立

为了减少鲑鱼养殖造成的海虱问题以及保护野生鲑鱼，挪威政府于2017年推出交通灯系统。系统每两年更新一次。交通灯系统使用了有关鲑鱼虱子对野生种群影响的科学证据来确定和调节地区的产量和增长指标。

（二）石油和天然气产业

1. 传统行业的衰退

虽然石油和天然气是挪威的支柱产业，但其正面临着新的压力。一是南部的大部分油田都是老油田，石油储备量持续下降。二是国际社会普遍面临着全球气候变暖、生物多样性丧失等环境可持续发展问题。基于这些原因，如图11所示，挪威的原油产量在达到顶峰后，总体呈下降趋势。2019年的产量创历史新低，为173万吨。在原油产量持续走低的情况下，天然气产量的提高在一定程度上让总体产量保持在了一定的高度。但根据挪威石油管理局预测，天然气产量在2023/2024年达到历史高峰后会迅速下降。2035年的总产量会低至

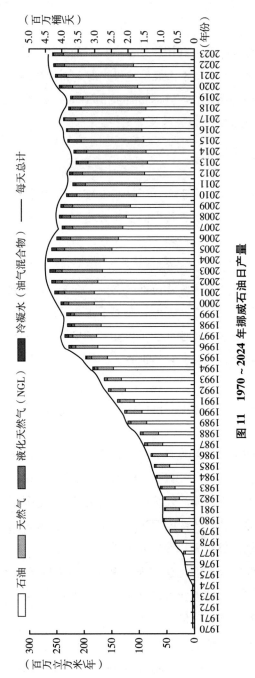

图11 1970～2024年挪威石油日产量

资料来源：挪威石油局，Norwegian Petroleum Directorate, 2019。

接近 2000 年代初的水平。

2. 海上新能源的兴起

挪威石油和天然气行业除努力利用新技术减少石油天然气开采过程中产生的 CO_2 排放量，同时在政府的支持下大规模地投入海上新能源的开放。国际能源机构（SEA）的可持续发展方案（Sustainable Development Scenario）估计，全球海上风电市场将以每年超过 13% 的速度增长。

（三）挪威海事产业的未来

挪威政府与挪威船运公司致力于海洋可持续发展。希望能在此领域引领世界绿色技术。目前挪威已经拥有世界最大的液化天然气驱动船队，领先发展电力轮渡和混合动力船，使用氢作为燃料。这些新技术新项目正在不断推进 CO_2 排放量的减少。

同时航运业日益成为一个集国际物流网络、国际安全和国际规则于一体的复杂系统。航运业的发展涉及复杂数据库、监视系统和手段通信，要求越来越严格安全和环境控制。因此在近年挪威船东协会一直提倡增加对电子化、人口智能方面的重视，包含技术投入和人员培训等。

四　挪威海洋经济对中国海洋经济发展的启发

为了确保海洋经济的可持续性发展，挪威政府在 2017 年发布了海洋战略白皮书。在 2019 年，进一步对白皮书进行了更新。白皮书提出：挪威海洋战略的主要目标是在保证不断提高海洋经济产业的价值与就业创造的同时，加强海洋管理，减少温室气体排放，改变能源生产和消费。① 挪威政府将致力于建立在可持续发展框架下的世界领先的海洋大国地位。

通过以上对挪威海洋各大产业现状，未来发展与面临机遇与挑战的分析，结合挪威海洋经济白皮书提出的挪威未来海洋经济发展策略，我们总结以下几点挪威经验值得中国海洋经济发展借鉴。

---

① Ocean Strategy (2017). The Norwegian Government's Ocean Strategy – New Growth, Proud History. p. 108.

（一）优化产业价值链

产业价值创造不仅来自产量的增加，也来源于价值链各环节的增值。因此产业发展应该长期注重整个供应链和价值链的建设与增值。不但注重垂直价值链的完善，还需利用现有技术经验，向平行价值链中的新领域扩展。

垂直价值链建设一直是挪威各大海产业的优势。大多数挪威的海洋产业是由大公司领头的高度垂直整合的现代化产业。比如在水产养殖业，大公司充分整合并控制整个价值链从生产到销售，有些还拥有自己的运输船。其价值创造通过深加工、多样化产品、新市场或重组行业（如养殖其他物种）来实现。

（二）增进企业共建

从世界范围来说，挪威的企业规模相对较小。面对世界竞争，企业联动能增加其在世界的竞争力。其典型成功例子是：挪威所有海产品出口企业必须缴纳一定的费用用于统一市场推广与科学研究。

（三）加大政府对新技术和新领域的重视

挪威政府利用税收杠杆增加对新技术与新领域的科研投入。政府对不同的海洋产业部门征税，其中石油税最高。这些税款的一部分反哺于海洋产业，资助不同的海洋技术与新领域的创新投入。政府正在推行一系列面向海洋经济的研究和创新政策。

（四）提高政府对环境可持续发展的重视

1. 征收环境或绿色税收

挪威于 1991 年开始征收二氧化碳税，是世界上最早征收环境税的国家之一。同时与其他国家相比，挪威海洋产业，尤其石油行业的环境和气候标准非常高。

此外，所有船只必须向 NOx（氮氧化物）基金缴纳 NOx 税。2020 年，税率为：离岸行业（与石油和天然气开采有关的排放）每公斤 NOx 排放缴纳 16.50 挪威克朗，其他行业（航运、渔业、陆上工业、航空、区域供热等）每

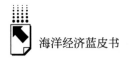
公斤缴纳 10.50 挪威克朗。

2. 征收水产养殖业的生产税(Resource Rent)

挪威 2019 年官方水产养殖业税收报告提议在 2021 年的国家预算中对养殖鲑鱼、鳟鱼和虹鳟鱼征收生产税。① 这些税收收入应在地区政府和地方政府之间进行分配。政府建议，这些生产税收入将替代市政府出售新许可证收入中的一部分。

---

① NOU (2019). Taxation on the fish farming industry. No. 18. p. 18.

B.21
加拿大海洋经济发展分析与展望

金　雪*

摘　要： 加拿大位于北美洲北部，海岸线约长 24 万公里，是世界上海
岸线最长的国家，坐拥丰富的海洋资源。海洋是国家发展的
重要生命线，是其通往世界市场的"高速公路"。本报告通过
对加拿大海洋经济发展环境、发展规模、产业结构、影响因
素等分析，结合相关数据，研究了加拿大海洋经济发展战略、
经验、规划及其优势，在综合考虑海洋经济主导产业的发展
现状、规模、趋势的情况下，对海洋经济发展形势进行了预
测、展望和研判。报告认为，加拿大海洋经济管理体制相对
成熟，海洋部门对促进加拿大经济发展发挥着越来越重要的
作用，通过海洋产业链效应的强辐射作用，带动海洋上、下
游产业的发展。

关键词： 海洋经济　产业结构　主导产业　加拿大

一　加拿大海洋经济发展现状分析

（一）加拿大海洋经济发展环境分析

1. 经济环境

2019 年，加拿大 GDP 达到 1.736 万亿美元，同比增长了 1.6%。2020

---

* 金雪，加拿大英属哥伦比亚大学博士后，中国海洋大学博士后、海洋发展研究院研究员，研
究方向为海洋经济管理、数量经济。

年随着新冠肺炎疫情的大流行以及加拿大经济面临的结构性挑战，市场信心和消费者行为受到严重影响，致使加拿大上半年GDP约有40%的下滑，因此，加拿大央行预计加拿大2020年的实际GDP将整体下降7.8%。由于需求复苏滞后于供应端，加拿大经济的疲软将持续，从而造成严重的通缩压力。

2. 海洋政策与法制环境

加拿大在构建海洋管理体系以及相应的法律法规上，管理权限清晰。海洋事务管理由多个部门共同参与，其中关于渔业和海洋相关事务主要由渔业和海洋部负责。

3. 海洋资源与科技环境

（1）海洋资源环境

加拿大的海洋资源丰富，拥有丰富的渔业资源、航运资源、旅游资源和矿产资源。

对于海洋渔业资源，2018年加拿大水产养殖总量191259吨，价值14.3亿美元。水产养殖总量和价值稳步提高。对于海洋航运资源，加拿大拥有众多优质良港，包括加拿大最大的港口温哥华港、国际港口蒙特利尔港以及加拿大距离亚洲最近的港口维多利亚港等港口资源。对于海洋旅游资源，加拿大旅游资源丰富，自然环境优美，海洋景观丰富。对于海洋矿产资源，加拿大不仅陆地矿产资源丰富，而且在北极附近以及大西洋、太平洋沿岸地区拥有着丰富的石油资源。

（2）海洋科技环境

一是海洋科研体系构建。加拿大通过构建联邦、省、市的多级管理体系，通过完善海洋领域相关立法来实现海洋科学领域的创新研究。

二是海洋领域科研机构和创新平台建设。加拿大的海洋科研机构由三方面组成，包括联邦政府资金支持的科研机构、具有相关海洋学科建设的大学以及从事海洋产业及相关产业的企业。

三是不断规范和完善海洋领域的法律法规体系。海洋立法，对海洋生态的可持续发展、海洋资源环境的开发利用、海洋权益的保护等诸多方面都具有重大意义。

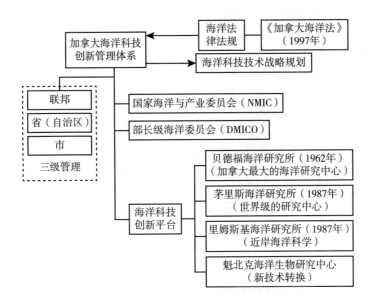

图1 加拿大海洋科技创新管理体系框架

（二）加拿大海洋经济发展规模分析

加拿大的海洋相关产业由两部分组成，私营部门活动和公共部门活动。其中，私营部门活动主要是指直接依赖海洋所开展的活动，包括海洋渔业、油气业等；公共部门活动主要是指间接依赖海洋的活动，包括联邦政府活动、地方政府活动、海洋相关领域的大学和研究机构活动以及非政府环境组织活动。

1. 加拿大海洋产业生产总值分析

（1）总体海洋产业生产总值分析

受全球股灾、油价疲软的影响，加拿大海洋生产总值在2015年显著下降。2016年加拿大海洋相关活动的生产总值为316.5亿美元，同比增长4.48%，占加拿大全国生产总值的1.56%（见图2）。

（2）分行业生产总值分析

根据加拿大海洋产业分类，对细分的私营部门活动以及公共部门活动进行分析。

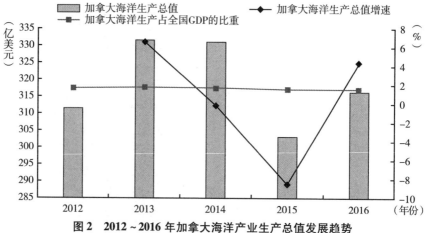

图 2　2012～2016 年加拿大海洋产业生产总值发展趋势

资料来源：加拿大渔业与海洋部。

2016 年加拿大海洋渔业活动产生的生产总值为 88.19 亿美元，同比增长 13.02%，占全国海洋产业生产总值的 27.86%，是加拿大海洋产业中最重要的一部分（见图 3）。

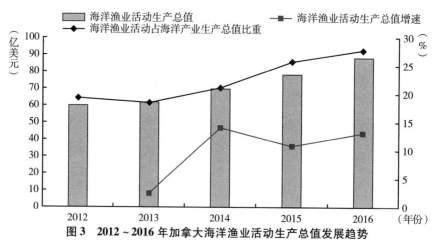

图 3　2012～2016 年加拿大海洋渔业活动生产总值发展趋势

资料来源：加拿大渔业与海洋部。

2016 年加拿大近海油气业生产总值为 48.71 亿美元，同比增长 5.46%，占全国海洋产业生产总值的 15.39%，是加拿大海洋产业重要的一部分（见图 4）。

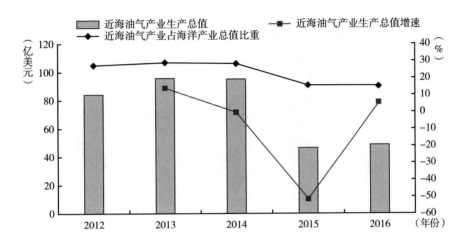

图4 2012～2016年近海油气产业生产总值发展趋势

资料来源：加拿大渔业与海洋部。

2016年加拿大海洋运输产业生产总值为72.01亿美元，同比增长2.19%，占全国海洋产业生产总值的22.75%（见图5）。

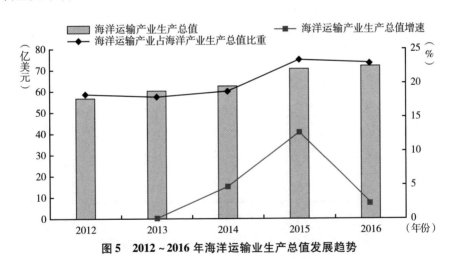

图5 2012～2016年海洋运输业生产总值发展趋势

资料来源：加拿大渔业与海洋部。

2016年加拿大海洋旅游业生产总值36.82亿美元，与2015年持平，占全国海洋产业生产总值的11.63%，是海洋第三产业中最为重要的一部分，也是加拿大休闲旅游业的重要组成部分（见图6）。

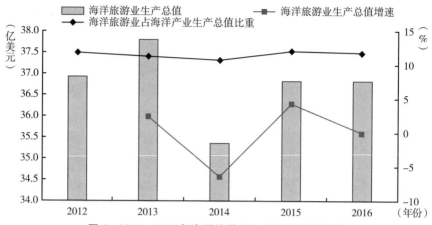

图6　2012～2016年海洋旅游业生产总值发展趋势

资料来源：加拿大渔业与海洋部。

2016年加拿大海洋建筑及制造业生产总值20.45亿美元，较2015年略有增长，增长幅度为1.69%，占全国海洋产业生产总值的6.46%（见图7）。

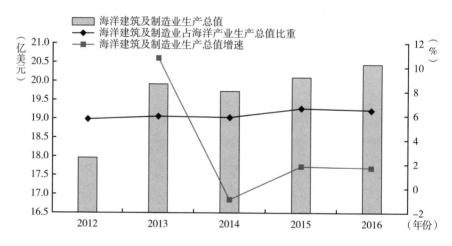

图7　2012～2016年海洋建筑及制造业生产总值发展趋势

资料来源：加拿大渔业与海洋部。

2016年与海洋相关的公共部门活动总支出50.33亿美元，较2015年略有减少，减少幅度为－1.93%，占全国海洋产业生产总值比重为15.90%（见图8）。

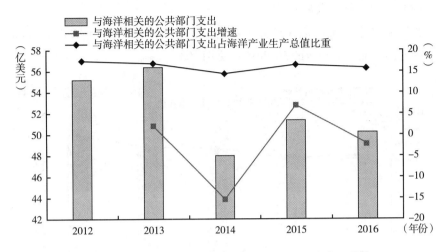

图8 2012～2016年与海洋相关的公共部门支出发展趋势

资料来源：加拿大渔业与海洋部。

2. 加拿大海洋产业就业人数分析

（1）总体海洋产业就业人数分析

2016年加拿大海洋产业就业人数296180人，同比增长4.34%，占全国就业总人数的1.63%。自2012年以来，海洋产业相关从业人员占全国就业总人数的比重维持在1.6%左右（见图9）。

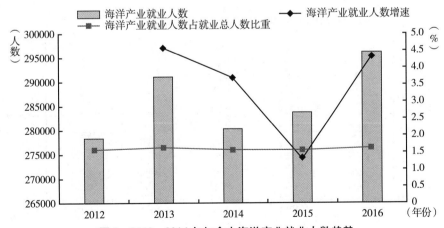

图9 2012～2016年加拿大海洋产业就业人数趋势

资料来源：加拿大渔业与海洋部。

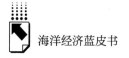
（2）分行业就业人数分析

2016 年加拿大海洋渔业就业人数为 89929 人，较 2015 年增长 14.11%，占全国海洋产业就业总数的 30.36%（见图 10）。

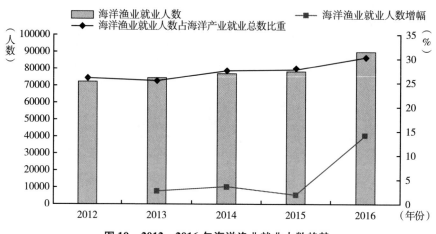

图 10　2012～2016 年海洋渔业就业人数趋势

资料来源：加拿大渔业与海洋部。

2016 年加拿大近海油气产业就业人数为 15039 人，较 2015 年增长 1.62%，占全国海洋产业就业总数的 5.08%（见图 11）。

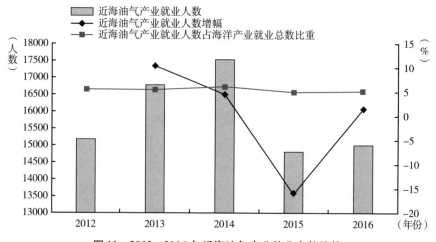

图 11　2012～2016 年近海油气产业就业人数趋势

资料来源：加拿大渔业与海洋部。

2016 年加拿大海洋运输业就业人数为 65335 人，较 2015 年增长 2.20%，占全国海洋产业就业总数的 22.06%（见图 12）。

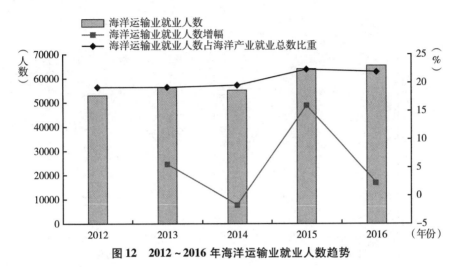

图 12 2012～2016 年海洋运输业就业人数趋势

资料来源：加拿大渔业与海洋部。

2016 年加拿大海洋旅游业就业人数为 52476 人，与 2015 年持平，占全国海洋产业就业总数的 17.72%（见图 13）。

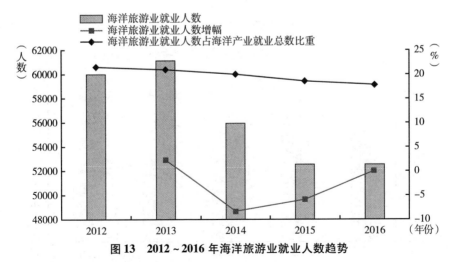

图 13 2012～2016 年海洋旅游业就业人数趋势

资料来源：加拿大渔业与海洋部。

2016 年加拿大海洋建筑及制造业就业人数为 20070 人，较 2015 年增长 2.14%，占全国海洋产业就业总数的 6.78%（见图 14）。

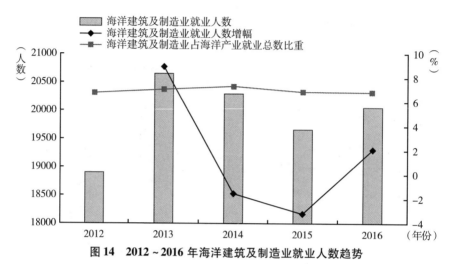

图 14　2012～2016 年海洋建筑及制造业就业人数趋势

资料来源：加拿大渔业与海洋部。

2016 年加拿大与海洋相关的公共部门就业人数为 53331 人，较 2015 年有所减少，减少幅度为 1.63%，其占全国海洋产业就业总数的 18.01%（见图 15）。

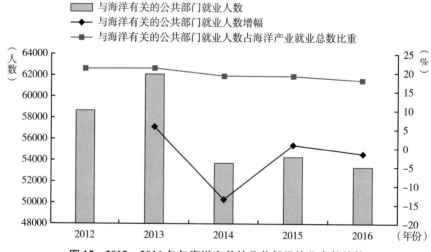

图 15　2012～2016 年与海洋有关的公共部门就业人数趋势

资料来源：加拿大渔业与海洋部。

3. 区域性海洋产业规模分析

加拿大各省海洋产业生产总值有所不同,不列颠哥伦比亚省、新斯科舍省、纽芬兰与拉布拉多省海洋生产总值较高(见图16)。

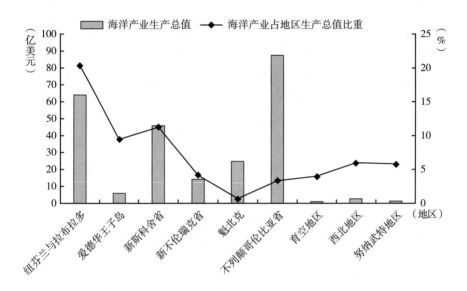

图16 2016年加拿大各地区海洋产业生产总值及占比

资料来源:加拿大渔业与海洋部。

2016年加拿大海洋产业就业人数总体呈现增长趋势。不列颠哥伦比亚省海洋产业就业人数最高,达到93429人,纽芬兰与拉布拉多省海洋产业就业人数占地区就业总数比重最高,达到12.00%,与海洋产业生产总值情况相符(见图17)。

(三)加拿大海洋经济产业结构分析

1. 海洋经济产业分类

参考《加拿大海洋相关活动经济影响》、北美产业分类方法,加拿大对海洋经济产业及相关产业进行详细分类。

(1)按照三次产业类别划分

海洋第一产业是指直接利用和开发海洋资源的产业活动,海洋矿产资源开采、海洋捕捞和近海油气;海洋第二产业是指与海洋资源相关的加工制造业,

333

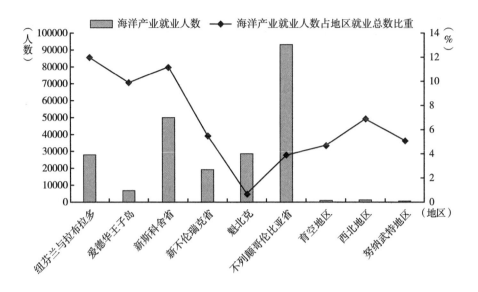

图17 2016年加拿大各地区海洋产业就业人数及占比

资料来源：加拿大渔业与海洋部。

比如船舶制造业；海洋第三产业是与海洋产业相关的服务性产业，如旅游与休闲业、海洋运输业、金融服务、政府服务等。

（2）按照传统产业与新兴产业划分

在只考虑私营部门的情况下，加拿大海洋传统产业包括海洋渔业、近海油气业、鱼产品加工业、海洋运输业四种；新兴产业包括船舶制造业和海洋建筑业。

2. 海洋经济产业结构

（1）三次产业结构

海洋产业产值。2012～2016年，加拿大海洋经济三次产业的排序依次为第三产业、第一产业和第二产业，平均增长率分别为1.37%、-3.92%和6.71%。其中，加拿大海洋第三产业和第二产业基本平稳，表现出小幅增加趋势，海洋第一产业存在较大波动，尤其是2014～2015年从12959百万美元骤降至8354百万美元（见图18）。加拿大海洋第三产业产值基本为海洋经济总产值的一半，且占比基本稳定；第一产业产值占比波动性较大，最大占比为

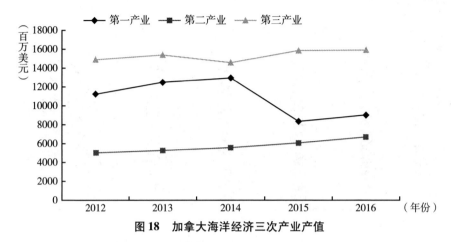

图 18　加拿大海洋经济三次产业产值

资料来源：加拿大渔业与海洋部。

2014 年的 39.12%，最小占比为 2015 年 27.58%；第二产业产值逐年稳步上升，2016 年对海洋经济总产值的贡献为 21.18%（见图 19）。

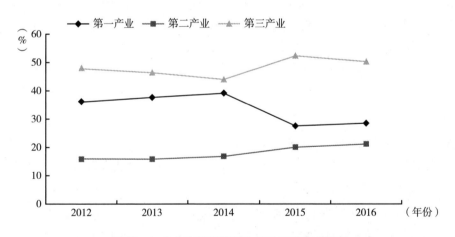

图 19　加拿大海洋经济三次产业产值所占比重

资料来源：加拿大渔业与海洋部。

海洋产业就业。加拿大海洋经济活动的第三产业就业人数基本稳定在 17 万人，但其占比从 61.72% 波动下降至 57.78%；第二产业就业人数从 6.1 万人增加至 7.3 万人，比重由 21.85% 连续增加至 24.53%；第一产业就业人数从 4.6 万人增加至 5.2 万人，占比由 16.43% 波动增加至 24.53%（见图 20）。

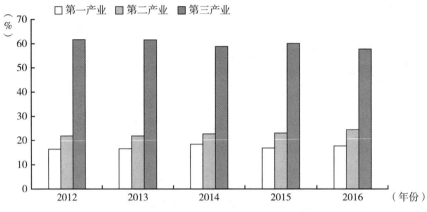

图20　加拿大海洋经济三次产业就业人数占比

资料来源：加拿大渔业与海洋部。

综上，从海洋经济产值和就业两个角度分析，加拿大海洋经济产业表现出明显的"三一二"结构；随着加拿大政府及其相关部门对海洋科创研究、海洋公共服务业的支持力度逐步加大，海洋经济第三产业优势显著扩大，实现合理的产业结构。

（2）传统产业与新兴产业结构

海洋产业产值。加拿大私营部门的海洋传统产业具有明显优势，尽管海洋传统产业2015年出现小幅下降，但是总体趋势仍表现为上升；海洋新兴产业产值呈现较为平稳的趋势。加拿大海洋传统产业产值占比稳定在92%～93%，在2014年达到最高的93.03%（见图21）。

海洋产业就业。加拿大海洋传统产业和新兴产业的就业人数均呈现增加趋势，二者比重基本稳定（见图22）。

加拿大海洋经济表现出明显的以传统产业为主、新兴产业为辅的产业结构，且新兴产业发展较缓慢。

（四）加拿大海洋经济影响因素分析

1. 海洋污染

海洋污染值得给予更多的注意和采取更多的行动。北极环境中持久性的工业发展可能会加剧北极海产品链的污染。此外，船舶对海洋环境的污染也很严重，包括意外和操作污染。

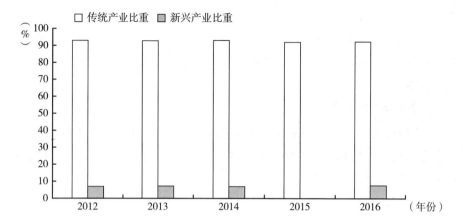

图 21　加拿大海洋经济传统产业与新兴产业产值占比

资料来源：加拿大渔业与海洋部。

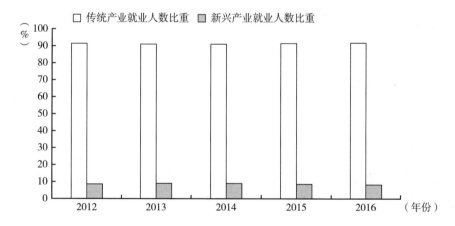

图 22　加拿大海洋经济传统产业与新兴产业就业占比

资料来源：加拿大渔业与海洋部。

2. 海洋气候变化

从 1948 年到 2019 年，加拿大年平均气温升高了 1.7℃。① 气候变化将以多种方式影响渔民，这使他们面临着来自更频繁的冬季风暴和西海岸外海浪增加的危害。除了这些安全问题外，不断变化的鱼类种群可能有必要通过改变捕

---

① 数据来自 Canada. ca。

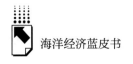

捞的鱼类种类和捕捞地点来进行适应。

气候变化正在影响渔业、近海石油和天然气作业、海洋其他自然资源的开发和海洋运输。海平面的变化也会影响港口设施在海外和国内的效用，并影响国际竞争力。

3. 海洋渔业过度捕捞

海洋渔业是重要的食物来源，过度捕捞会导致重要生存率丰度和分布的突然变化。此外，由于许多鱼类资源被大量开发，因此它们的丰度目前比过去低得多，并且种群特征呈现极大的变化。

4. 海上运输基础设施

航运业是加拿大重要的运输机制，为加拿大人民带来重要的社会和经济效益。最近几年，航运业中基础设施港口的投资逐渐上升。

5. 海洋新能源及科技开发能力

目前，加拿大能源格局由化石燃料主导。海上风能和海洋能都将从未来的投资中获得巨大收益。除了作为整个能源供应和能源政策的一个重要因素外，近海能源的发展正在直接和间接地帮助东海岸和北部许多社区的经济转型。

6. 人口老龄化

加拿大人口老龄化、城市化和加剧的沿海定居，都对海洋的健康和自然资源状况造成了越来越大的压力。然而，与此同时，人口是海洋经济增长的核心，他们构成了海上活动的重要驱动力。作为消费者，他们将刺激海上货运和客运、造船和海洋设备制造以及海上石油和天然气储备的勘探。人口老龄化将继续激励世界各地的医学界和制药界加速对新药和疗法的海洋生物技术研究。

二　加拿大海洋主导产业发展分析

（一）加拿大海洋渔业发展分析

加拿大是世界上拥有最长海岸线的国家之一，毗邻大西洋、太平洋和北冰洋。渔业属于海洋第一产业，是传统类型的产业，其发展贯穿加拿大海洋经济发展的始终，包括海洋捕捞业、沿海水域渔业和海水养殖业。

2018年，加拿大内陆捕捞与养殖总产量为230210吨，加拿大渔业为国内提供约 7.58 万个就业岗位，其中直接从事海洋和淡水渔业捕捞人员约有 4.59 万人，从事水产养殖约有 3.5 千人，从事海洋产品装备和包装收入的约有 2.64 万人。

根据加拿大渔业与海洋部统计，2012~2018 年，加拿大的海洋和淡水渔业产出、海洋产品装备和包装收入稳步提高；加拿大水产养殖产出随时间变化有所波动，但仍然呈现向上的趋势（见图 23）。

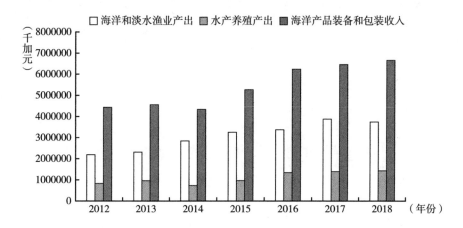

图 23　加拿大渔业与海洋产品产出总值

资料来源：加拿大渔业与海洋部。

2012~2018 年，加拿大的鱼和海鲜出口总值增长迅速，进口总值稳步提高；加拿大鱼和海鲜出口总值高于进口总值，2018 年加拿大鱼和海鲜的国际贸易为加拿大提供了 31.6 亿加元的贸易顺差（见图 24）。

2012~2018 年，加拿大商业性鱼类捕捞者和船员、水产养殖从业人员整体上趋于稳定；加拿大海洋产品的准备和包装人员呈现在波动中下降的趋势（见图 25）。

加拿大关于海洋渔业的研发支出呈现波动的趋势，最近三年海洋渔业的研发支出整体稳定，2019 年加拿大海洋渔业研发支出 3.23 亿美元（见图 26）。

（二）加拿大海洋油气业发展分析

加拿大是世界第六大石油生产国和第五大天然气生产国，石油和天然气行

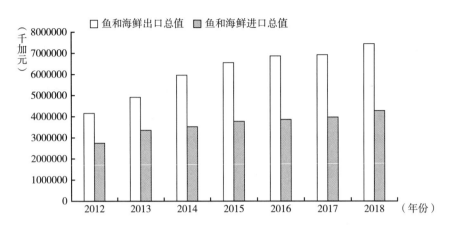

图24 加拿大鱼和海鲜进出口总值

资料来源：加拿大渔业与海洋部。

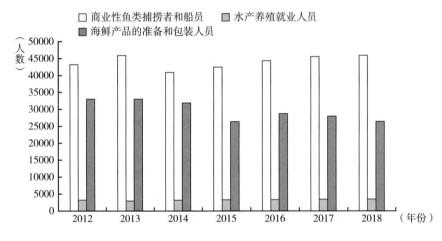

图25 加拿大海洋和水产就业人员

资料来源：加拿大渔业与海洋部。

业分布在其13个省和地区中的12个。石油和天然气在2018年为加拿大的国内生产总值贡献了1080亿加元，并于2016～2018年为各国政府提供了80亿元的平均年收入。

加拿大拥有世界第三大石油储备。2018年，加拿大每天生产459万桶石油（b/d），加拿大向美国出口了超过360万桶/天，加拿大99%的石油出口都

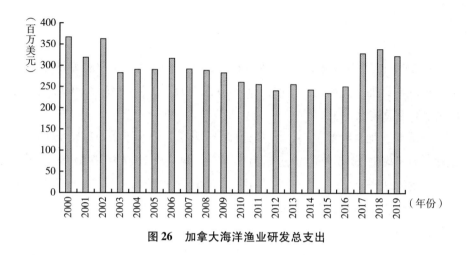

图 26　加拿大海洋渔业研发总支出

流向了美国，但随着市场准入和基础设施的改善（管道），加拿大将获得全球市场份额，从而取代可持续发展程度较低的石油资源。

加拿大拥有大量天然气，特别是在不列颠哥伦比亚省和艾伯达省。上游天然气行业通过运营以及向省和联邦政府支付的税金、特许权使用费为加拿大的整体经济做出了贡献。在 2017～2027 年，加拿大天然气行业对 GDP 的影响规模估计为 4225 亿元。

（三）加拿大海洋运输业发展分析

1. 工业基础设施

港口是支撑加拿大国内和国际经济活动的重要纽带。2018 年，交通部长宣布国家贸易走廊基金将为加拿大 8 个港口的 16 个项目提供超过 2.7 亿美元的资金。这些项目将有助于刺激经济增长，创造优质的中产阶级就业机会，并确保加拿大的运输网络保持竞争力和效率。

2. 产业结构

根据联合国贸易和发展会议（UNCTAD）的数据，90% 的世界贸易通过海运进行，推算的 2018 年全球海运货物运输量为 107 亿吨。根据联合国贸发会议 2018 年对海运的评估，全球海运贸易额每年增长 4%，是五年来增长最快的。预计 2018～2023 年，海运贸易增长率将达到 3.8%。加拿大国内海运部门的主要活动是运输散装货物，这一部门对北部补给和近海资源开发至关

重要。

（1）加拿大商业船队

从 2015 年至 2018 年，加拿大货运总量稳步上升，呈现出良好的增长趋势。2018 年，加拿大商业注册船队（1000 总吨及以上）拥有 113 艘船舶，总吨位 270 万总吨。

2018 年，加拿大 18 个港口当局处理的货物总量增加了 2.0%，达到 3.421 亿吨。温哥华港 2018 年的货运量为 1.471 亿吨，比 2017 年增长 4%，将近 80% 的重量是外运货物。由于受到钢铁产品和粮食产量的推动，圣劳伦斯海道的货运量和船舶中转量均连续第二年增长，分别增长 5.6% 和 5.2%，两项指标均达到 2014 年以来的最高水平。

加拿大所有主要港口的游轮乘客数量都有所增加，包括魁北克（14.2%）、哈利法克斯（8.2%）、圣约翰（8.0%）和温哥华（5.5%）。

（2）环保运输

加拿大海洋安全体系旨在对加拿大沿海居民、生态系统和包括鲸鱼在内的海洋物种进行强有力的环境保护。2018 年 12 月，《加拿大航运法修正案》获得皇家批准。这些修正案将通过加强政府管理船舶和航行的权力，改善海洋安全和环境保护。

加拿大国内海洋部门在 2016 年排放了 390 万吨二氧化碳，占国内运输相关温室气体排放量的 2.2%。2005～2016 年，由于托运人转向卡车和铁路等其他运输方式，国内海洋温室气体排放量减少了 40%。

（四）加拿大海洋制造业发展分析

海洋制造业属于第二产业，也是较为传统的产业，包括船舶制造业等，产业产值和发展要差于渔业和海洋运输业。

加拿大国家造船战略以大型船舶建造、小型船舶施工和船舶的维修、改装及保养业务为三大支柱。2018 年，这一战略在振兴国内造船业、壮大海洋工业部门、创造就业机会以及促进加拿大各地区社会效益增加和繁荣方面取得了重大进展。加拿大国家造船战略年度报告显示，2018 年大型船舶建造新签订合同价值约 2.47 亿美元，合同期间（2018～2022 年）每年将产生约 0.66 亿美元国内生产总值，每年新增就业岗位约为 655 个；小型船舶施工业务主要由中小型造船厂完成，新签订合同价值约为 0.92 亿美元，合同期间（2018～2022 年）每年将产生约 900 万美元的国内生产总值，每年新增就业岗位约为 103 个；船舶的维修、改装及保养业务成为拉动经济增长的主要力量，新签订合同价值约为 14 亿美元，合同期间（2018～2022 年）每年将产生 2.21 亿美元的国内生产总值，每年新增就业岗位约为 2229 个。总体来看，在国家造船战略的引导下，2018 年政府与造船公司、船厂之间新签订合同价值约为 18 亿美元，合同期间（2018～2022 年）每年将产生 2.96 亿美元的国内生产总值，每年新增就业岗位约为 2987 个。

三　加拿大海洋经济发展形势分析和对中国的启示

（一）加拿大海洋经济发展战略分析

1. 稳步推动海洋经济发展，海洋产业体系日趋完善

加拿大海洋经济发展潜力巨大，根据加拿大渔业与海洋部统计，2018 年加拿大渔业产出总值达到 118.5 亿加元，为 7.58 万人提供就业机会。目前，海洋经济发展稳定，海洋产业体系越来越完善。

2. 完善海洋管理法律，重视海洋发展顶层规划

加拿大海洋经济发展战略在制定过程中非常重视海洋经济管理体制的构建。2002 年制定了《加拿大海洋战略》，作为 21 世纪初海洋管理工作的指导政策。之后也相继颁布很多相关法律，例如《联邦海洋保护区战略》除了在立法方面形成了以符合国情和海洋发展需要的海洋生态安全治理模式，加拿大在海洋开发、利用和管理过程中也十分重视生态环境的保护。

3. 健全海洋管理体制，提高整体管理效率

加拿大拥有众多的海洋经济发展管理部门，有相对成熟和完整的海洋管理体制。各部门分工明确，各司其职，相互磋商和协调，共同制定切实可行的海洋经济管理机制，为海洋经济可持续发展提供制度保障，发展潜力巨大。

4. 各类海洋资源丰富，助力海洋经济发展

加拿大地大物博，人口稀少，海洋是支撑加拿大许多沿海地区发展的主要动力，其海洋资源丰富，不仅渔业资源丰富，渔业养殖实现商业化发展，而且

海洋旅游资源、矿产资源也较多，依托这些丰厚的海洋资源，能够快速推动海洋产业的发展，实现海洋经济的迅速成长。

5. 构建海洋创新系统，加强新技术发展

近年来，在发展海洋经济的过程中，加拿大通过对海洋管理体制进行改革、建设海洋科技创新平台、不断完善法律法规体系以及实施新的海洋发展战略，建立了具备完整结构和强大功能的海洋创新系统，为加拿大海洋经济的可持续发展以及海洋科技的不断创新奠定了坚实的基础。

（二）对中国海洋经济发展的启示

1. 充分利用丰富海洋资源，升级海洋产业

加拿大与中国都拥有广袤的海域面积，丰富的海洋资源。加拿大海洋资源的开发与利用，鼓励市场化、多元化的发展模式，对中国海洋经济产业优化升级、提升海洋和海岸带高效率使用，具有很强的借鉴意义。

2. 健全海洋管理体系，推动海洋经济可持续发展

中加两国海洋管理体制类似。首先，海洋管理模式相对集中，都由负责国家海洋事务的主管部门管理。其次，除主管部门以外的其他涉海部门各司其职，对海洋管理工作协同配合。最后，两国都设有专门的行业管理部门对传统海洋产业进行管理。但在海洋管理法律方面，加拿大海洋法律法规体系较为完整，能为海洋经济的发展提供全面的保障与支持。

海洋可持续发展方面，2019 年 9 月加拿大政府颁布了《加拿大北极与北方政策框架》作为新的北极政策，聚焦基础设施建设、经济发展与居民健康。2020 年 7 月，加拿大加入全球海洋联盟。

3. 利用海洋科学技术赋能海洋经济，强化海洋企业创新的主体作用

加拿大是全球发达海洋国家之一，与其强大的海洋科技实力密切相关。与加拿大相比，中国海洋企业的创新能力和创新意识较弱。建议通过相关政策和国家税收等调控措施，加大研发投入，引导海洋企业在海洋科技创新端的主动参与，使企业能根据市场需求变化和自身优势，适时调整海洋科技创新项目的决策和投资主体，持续开发满足市场需求的新兴产品。

参考文献

於维樱、冯志纲、王琳：《加拿大海洋学研究态势与最新进展分析》，《地球科学进展》2016 年第 5 期。

王亚楠、韩杨：《国际海洋渔业资源管理体制与主要政策——美国、加拿大、欧盟、日本、韩国与中国比较及启示》，《世界农业》2018 年第 3 期。

汤文豪、陈静、陈丽萍、吴初国、马永欢、曹庭语：《加拿大自然保护地体系现状与管理研究》，《国土资源情报》2020 年第 5 期。

杨振姣：《海洋生态安全视域下北极海洋空间规划研究》，《太平洋学报》2020 年第 1 期。

Bennett N J, Kaplan – Hallam M, Augustine G, et al. "Coastal and indigenous community access to marineresources and the ocean: A policy imperative for Canada," Marine Policy 87（2018）: 186 – 193.

Johnston M, Dawson J, Stewart E. "Marine tourism in Nunavut: Issues and opportunities for economic development in Arctic Canada" Perspectives on rural tourism geographies. Springer, Cham（2019）: 115 – 136.

Talloni – Álvarez N E, Sumaila U R, Le Billon P, et al. "Climate change impact on Canada´s Pacific marine ecosystem: The current state of knowledge," Marine Policy 104（2019）: 163 – 176.

Stephenson R L, Wiber M, Paul S, et al. "Integrating diverse objectives for sustainable fisheries in Canada," *Canadian Journal of Fisheries and Aquatic Sciences* 76（2019）: 480 – 496.

Angel E , Edwards D N , Hawkshaw S , et al. "An indicator framework to support comprehensive approaches to sustainable fisheries management," Ecology and Society 24（2019）.

Stephenson, RL, Hobday, AJ, Cvitanovic, C, et al. "A practical framework for implementing and evaluating integrated management of marine activities," Ocean & Coastal Management 177（2019）: 127 – 138.

Tai T C , Steiner N S , Hoover C , et al. "Evaluating present and future potential of arctic fisheries in Canada," Marine Policy 108（2019）: 103637.

Chuanbo G , Caihong F , Norm O , et al. "Incorporating environmental forcing in developing ecosystem – based fisheries management strategies," *ICES Journal of Marine Science*

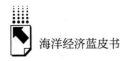
2 (2020): 2.

Economic Impact of Marine Related Activities in Canada, Statistical and Economic Analysis Series, publication 1 – 1: http://www. dfo – mpo. gc. ca/ea – ae/economic – analysis – eng. htm.

Canada's Oceans Strategy, Fisheries and Oceans. https://waves – vagues. dfo – mpo. gc. ca/Library/264678. pdf.

Departmental Plan 2019 – 20 Of Fisheries and Oceans, Fisheries and Oceans of Canada. https://www. dfo – mpo. gc. ca/rpp/2019 – 20/dp – eng. html.

B.22
澳大利亚海洋经济发展分析与展望

周乐萍　孙吉亭*

摘　要：　澳大利亚位于印度洋、太平洋的交汇处，是南半球最发达的海洋经济体。作为一个传统的海洋国家，澳大利亚具有区位优势、资源禀赋，具有成为海洋超级大国的潜力。本报告结合相关数据，对澳大利亚的海洋经济发展现状进行了分析，并通过查询澳大利亚的海洋科学研究中心相关数据，对澳大利亚海洋经济构成、海洋主导产业的特征与现状进行了分析。在综合研判的基础上，对澳大利亚海洋经济发展趋势做出展望，研究中还总结了中国海洋经济发展获得的启示。本报告认为，澳大利亚海洋经济发展具有独特优势，也具有明显的缺陷，深入分析利弊，将为我国海洋经济发展提供意见参考。

关键词：　海洋经济　海洋旅游　市场需求

一　澳大利亚海洋经济发展的现状分析

（一）澳大利亚海洋经济发展的环境分析

澳大利亚因为国内市场狭小，经济发展严重依赖国际市场。金融危机之后，澳大利亚开始实施积极的"融入亚洲"计划。自20世纪下半叶开始，澳

---

　*　周乐萍，博士，山东社会科学院山东省海洋经济文化研究院助理研究员，研究方向为海洋经济管理；孙吉亭，博士，山东社会科学院山东省海洋经济文化研究院研究员，研究方向为海洋经济与文化产业。

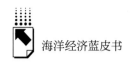

大利亚加强了与日本、韩国的外贸合作。澳大利亚的一系列经济政策，为经济快速发展提供了保障，迄今为止，已经连续29年保持正增长。

1. 经济环境

自20世纪70年代以来，澳大利亚进行了一系列经济改革，制定了出口导向的经济发展定位。从20世纪80年代起，开启"面向亚洲"政策。1991～2008年，经济年均增长率为3.5%，在经合国家组织中名列前茅。2007年，中国成为澳大利亚最大的贸易伙伴，2009年，超越日本成为澳大利亚最大的出口市场。根据澳大利亚统计局公布的最新数据，2019年中澳双边贸易额达到2350亿澳元，中国蝉联该国最大贸易伙伴的桂冠，约占该国贸易额的26%。2019年中澳双边贸易额为1589.7亿美元，增长10.9%，中澳贸易顺差488.3亿美元，占其贸易顺差比重超过80%。可见，澳大利亚经济发展对中国经济具有一定的依赖性。总体来看，澳大利亚的经济平均增长率，远高于所有发达经济体。1992～2018年，澳大利亚27个财政年度的平均GDP增长率达到3.2%，远高于美国（2.5%）、英国（2.1%）、法国（1.6%）、德国（1.4%）和日本（0.9%）等主要发达经济体的平均增长率。2019年，澳大利亚国内生产总值增长率达1.9%、出口额达到创纪录的4700亿澳元，连续28年实现经济增长。但是，近年来澳大利亚经济发展面临诸多挑战，尤其是在新冠肺炎疫情影响下，澳大利亚的政治决策也将进一步影响经济发展。澳大利亚服务贸易出口最重要的支柱是旅游业，2019年，旅游业产值高达1520亿澳元，国际游客贡献巨大。受新冠肺炎疫情影响，澳大利亚的旅游业受到严重打击。

2. 社会环境

（1）海洋意识

澳大利亚由澳大利亚大陆和塔斯马尼亚等岛屿组成，国土面积为769.2万平方公里，海域管辖面积为1600万平方公里，海岸线长度为36735公里，海洋大国特色明显。澳大利亚拥有2500多万人口，但是大部分人口聚集在东南沿海地区，超过85%的人口居住在沿海50公里以内，其海洋经济在其国民经济发展中所占比重较高。2019年，其海洋经济总产值达到714亿美元，占GDP比重达4.3%。预计2050年将达到1000亿美元。澳大利亚独特的海洋特性，造就了居民强烈的海洋意识，及对于海洋发展更为关注和支持。

（2）国际关系

澳大利亚原是英属殖民地，直到 20 世纪初才建立了澳大利亚联邦政府，二战期间，澳大利亚开始将国际关系向亚洲转移，1996 年与日本开始建立磋商关系，并逐步和日本、印度、美国及东南亚各国构建"泛亚洲"地区，日本一度成为澳大利亚最大的贸易伙伴。澳大利亚将国际关系转向"融入亚洲"之后，与正在崛起的中国逐步建立贸易伙伴关系，尤其是金融危机之后，中国已经成为澳大利亚第一贸易伙伴、第一出口目的地和第一进口来源地。

3. 海洋政策和法律环境

澳大利亚在海洋经济政策的制定与实施上，主要注重海洋产业战略和海洋环境保护等方面。

在海洋产业发展方面，澳大利亚于 1997 年制定实施了《海洋产业发展战略》，提出要充分利用海洋资源优势，进行综合管理，以保护海洋环境为前提。在此基础上提出设立了澳大利亚海洋产业和科学理事会（AMISC）。2015 年，该机构发布了《澳大利亚海洋研究所 2015～2025 年战略规划》，其核心内容是：加强对亚热带海洋资源的研究，拓展海洋资源利用空间，支持海洋生态系统的有效管理，提高在区域蓝色经济中的影响力。

在海洋环境保护方面，建立了健全完善的生态环境保护体系。澳大利亚环境保护法始于 20 世纪 60 年代，现已经建立了联邦、州、市三级法律法规。联邦政府出台了《环境保护和生物多样性保持法》《濒危物种保护法》《大堡礁海洋公园法》等 50 多个环境保护相关的法律，地方层面更是多达上百部。依据社会民众利益诉求，不断完善法律法规以及建立有效的管理机构，并设置"环保警察"。

4. 海洋资源和海洋技术环境

（1）海洋资源

澳大利亚海岸线漫长，有利于港口建设。目前全国港口超过 100 个，2016 年全国港口货物吞吐量达 16 亿吨。澳大利亚自然资源丰富，原油储量达 2270 亿公升，天然气 2.2 万亿立方米。渔业资源更是丰富，其捕鱼区面积比国土面积多 16%，是世界上第三大捕鱼区。澳大利亚具有丰富的生态资源，拥有世界上最大、管理最好的珊瑚礁，为其旅游发展提供了保障。

（2）海洋科技环境

澳大利亚历来重视海洋科技在海洋安全、海洋生态环境保护和海洋产业发

展中的作用，并建立了海洋科学委员会（NMSC）来制订海洋科技计划。为了更好地以海洋科技促进海洋经济的发展，迄今为止，澳大利亚已经发布了两部国际级海洋科技计划。1999 年，澳大利亚科学与技术部门与海洋科学界专家共同努力制订了第一部海洋科技计划——《澳大利亚海洋科学与技术计划》在此基础上，该机构广泛征求海洋利益相关者诉求于 2015 年推出了第二部海洋科技计划——《国家海洋科学计划 2015～2025：驱动澳大利亚蓝色经济发展》。相比较来说，第一部更侧重于海洋基础研究和海洋基础科技的研发，第二部更侧重于海洋科学的实际应用。在最新海洋科技计划中，对优先发展领域进行识别，并给予资金支持，推动蓝色经济快速发展。

（二）澳大利亚海洋经济发展规模分析

2015～2016 年，澳大利亚海洋经济总产值达 681 亿美元，是澳大利亚国民经济增长的重要组成部分，比整个农业部门的贡献还要大。澳大利亚是传统的海洋国家，海洋产业发展历史悠久，海洋产业链条完善，海洋新兴产业发展基础良好。

澳大利亚海洋科技发达，在诸多领域具有领先优势，为海洋产业的发展奠定了基础。澳大利亚每年在海洋科学上的花费近 4.5 亿美元，以提升海洋产业持续增长和鼓励海洋新兴产业发展为目标。因此，在海洋生态保护方面，也具有世界先进的水平，在世界海洋生态保护的海洋事务中具有较强的话语权。在海洋新兴产业方面，海洋波浪能取得了一系列成功，目前波浪能岛屿微电网电力能够满足 2000～3000 户的家庭供电。在海水淡化方面，2006 年后，淡化产水能力实现指数增长，并且与风电、太阳能等清洁能源相结合，成为全球可再生能源淡化产水能力最高的国家。

（三）澳大利亚海洋经济产业结构分析

2008 年，澳大利亚提出了"蓝色经济"的概念，将海洋经济分为海洋生物资源业、海洋油气业、船舶修造、海洋建筑业、海洋旅游业和海洋运输业六大类。根据最新的统计报告，澳大利亚蓝色经济在过去 10 年间翻了一番多，达到 68.1 亿美元，并成为未来带动澳大利亚经济发展的重要支点。

表1　澳大利亚海洋产业分类

涉海部门	海洋产业	涉海部门	海洋产业
海洋生物资源业	休闲渔业	船舶修造	造船与修理（民船）
	海洋捕捞		船舶设备零售
	海水养殖		造船与修理（游船）
海洋油气业	天然气	海洋建筑业	码头修建
	石油生产	海洋旅游业	国内旅游商品和服务
	石油勘探		国际旅游商品和服务
	液化石油气（LPG）	海洋运输业	水基客货运输

注：根据2018 the AIMS index of marine industry 的统计内容整理得到。

资料来源：2018 AIMS marine index，https：//www. aims. gov. au/aims – index – of – marine – industry。

从海洋相关产业构成来看，海洋旅游业占比超过了40%，达到45%。海洋油气业占比达到34%。可见海洋旅游业和海洋油气业是澳大利亚海洋经济的重要支柱产业。从就业贡献来看，海洋旅游业的就业人数占比达到了62%，居海洋产业就业贡献的首位。海洋油气业就业人数占比达到17%，位居第二。澳大利亚海洋相关产业产值比重如图1所示，澳大利亚相关产业就业人数比重见图2。

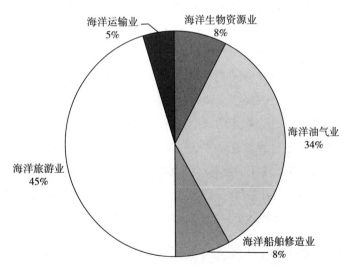

图1　2015～2016财年澳大利亚海洋相关产业产值比重

资料来源：2018 AIMS marine index，https：//www. aims. gov. au/aims – index – of – marine – industry。

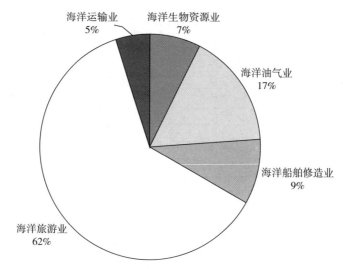

图2　2015～2016财年澳大利亚相关产业就业人数比重

资料来源：2018 AIMS marine index，https：//www. aims. gov. au/aims – index – of – marine – industry。

　　澳大利亚拥有比陆地面积还要大的海域管辖面积，又是世界著名的渔业产区，近年来，澳大利亚加入了联邦渔业协定，加大了对远洋渔业的开发力度，海洋渔业产值和海洋渔业的就业贡献，在澳大利亚海洋经济发展中占有重要位置。

　　澳大利亚作为传统海洋国家，船舶修造业比较发达，在民船修造和游船修造方面，都拥有技术优势。但是近年来，世界船舶市场份额基本上被中日韩抢占，2019年中日韩三国船舶建造新接订单量合计占市场份额的97.8％。但澳大利亚依托技术优势，在海工装备制造、游船制造市场进一步抢占份额，从而将船舶修造业维持在一个稳定的比例区间内。

　　澳大利亚是海上通道的重要驻点，因此海洋运输也是海洋经济发展的重要支柱产业。但是，受近年来国际环境以及油价的影响，海洋运输业的经济贡献和就业贡献并不突出。尤其是新冠肺炎疫情加重了海洋运输业的收缩。但是，澳大利亚依然是南半球重要的运输枢纽，在世界海洋运输体系中占有重要地位。

（四）澳大利亚海洋经济发展因素分析

1. 国际环境

澳大利亚是典型的外向型经济，稳定积极的国际环境有利于维持经济的可持续发展，海洋经济作为澳大利亚国民经济的重要组成部分，由于国内市场狭小，对于国际市场的依赖程度较高，和平稳定积极向上的国际环境是其发展的关键因素。

2. 国际关系

从经济发展来看，澳大利亚经济发展与中国的经贸往来密不可分。海洋经济发展中的四大支柱产业之一海洋旅游业中，中国游客的贡献度居首位。

3. 海洋科技

进入 21 世纪以来，世界各海洋国家开始加强对海洋科技的布局与投入，尤其是金融危机之后，开始向海洋新能源领域布局，在十多年的发展中逐步取得一系列成果。海洋风电、海洋波浪能、海洋生物医药等海洋新兴产业成为蓝色经济发展的新动能。

4. 海洋生态环境保护

澳大利亚是由澳大利亚大陆和诸多群岛组成的，人类活动集中于沿海地区，并且每年人口数量呈稳步增长趋势。在澳大利亚海洋发展战略中，更是以积极的海洋开发政策为导向。海岸带生态环境的脆弱性与积极地海洋开发活动相矛盾，对澳大利亚沿海地区海洋环境的管理与保护提出了严峻的考验。

二　澳大利亚海洋主导产业发展分析

（一）澳大利亚海洋主导产业分析

澳大利亚的海洋经济主要分为四大块：海洋渔业、海洋油气业、海洋旅游和船舶修造业。海洋旅游和海洋油气业表现最为突出，在经济贡献和就业贡献方面具有优势，对世界海洋经济发展也具有较大影响力。

根据统计分析，2008 年以来，澳大利亚的海洋产业产值呈稳步增长态势，但随着国际市场环境的改变，其总体情况略有下降。在新的调整中，海洋生物资源业方面，增加了对联邦渔业与休闲渔业的统计，即将原来未考虑的远洋渔业和新型渔业进行了统计。在海洋船舶修造业方面，新增了对码头等基础设施的考量。总体来看，海洋旅游业在澳大利亚海洋经济发展中占有重要地位，经济贡献与就业贡献最大，近年来更是实现了以年均 6% 的速度增长。海洋油气业增长幅度变化较大，主要和国际市场原油价格相关。海洋渔业方面，近十年来，海水养殖和海洋捕捞基本维持不变，但最新统计中加入了联邦渔业与休闲渔业，使海洋渔业产值有了较明显的增长。海洋运输是新增加到统计中的，所占份额在5%左右，近年来也是具有逐步减少的趋势，但对澳大利亚的海洋经济来说，具有重要意义。其海洋产业产值及构成见图3。

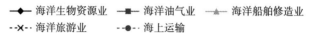

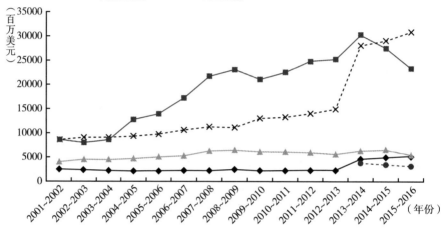

图3 2001~2002财年至2015~2016财年澳大利亚海洋产业产值及构成

资料来源：2018 AIMS marine index，https：//www. aims. gov. au/aims－index－of－marine－industry。

（二）澳大利亚海洋渔业发展分析

澳大利亚跨越热带和温带，海洋生物资源丰富，海洋渔业很发达。按渔业捕捞量计算，澳大利亚仅位于世界第50位左右，仅占全球水产总量的0.2%，但在水产品质量和价值方面，澳大利亚出产的鲍鱼、龙虾、对虾、扇贝、金枪鱼和鳕棘鲈等均享有国际盛誉。20世纪80年代以来，澳洲将海产品出口转向亚洲市场，出口额不断实现飞跃性增长，海产品出口总量从2013年的10亿澳元增长到2017年的14亿澳元，以年均8%的速度实现快速增长。

从澳大利亚的海洋渔业统计来看，水产养殖产值每年保持在24亿美元，海水养殖产值呈现逐步上升趋势，2014年之后上升趋势明显，基本上占到水产养殖的一半左右。澳大利亚 2017 年发布了《国家水产养殖战略》，制订了详细的养殖战略方案，对水产养殖的各个阶段，以及不同水体的养殖模式，都做了详细的规划。在海洋捕捞方面，呈现逐年下降的趋势。从海洋捕捞方面来看，澳大利亚也经历了过度捕捞的问题，目前只有 12% 的渔业种群处在过度捕捞水平。近年来休闲渔业成为澳大利亚海洋渔业的重要内容，并制定了《澳大利亚休闲渔业——2011 年及未来：全国休闲渔业行业发展战略》。澳大利亚海洋渔业结构及产值如图 4 所示。

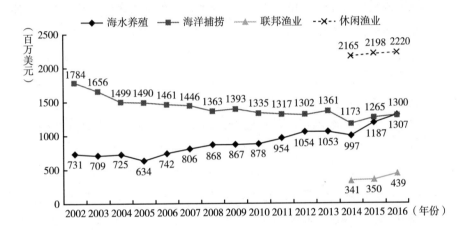

图 4　2001~2002 财年至 2015~2016 财年澳大利亚海洋渔业结构及产值

资料来源：AIMS marine index, https://www.aims.gov.au/aims-index-of-marine-industry。

澳大利亚国内市场狭小，因此海鲜以出口为主。过去 20 年，澳大利亚的海鲜数量基本保持在年均 23 万吨水平，大部分都是销往国际市场的。近年来，澳大利亚海产品出口总量持续增长，从 2013 年的 7.16 亿美元增加到 2017 年的 10.02 亿美元，增长了 40 个百分点。自 2015 年中澳签订贸易协定以来，澳大利亚销往中国市场的水产品呈现暴涨模式，2018 年澳大利亚向中国出口水产品总额 5.78 亿美元，暴涨 120%。据统计，2016 年，三文鱼、螃蟹及其他甲壳类产品对中国出口都有较大幅度的提升，三文鱼有超过一半销往中国市场，达到 4370 吨。从统计来看，澳大利亚海鲜在越南、日本市场逐渐疲软，中国大陆市场出现了激增。相关研究显示，到 2030 年，预计中国消费者对海鲜产品需求将占全球市场的 38%，逐步成为高档海鲜的重要出口市场。

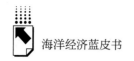
（三）澳大利亚海洋油气发展分析

澳大利亚是一个"资源出口型"国家，油气和天然气等能源产业在国民经济中占有重要地位，资源产业产值能够占到国民经济的8%以上。2009年以来，澳大利亚投产近10个液化天然气项目不断进行天然气产能的扩张，目前液化天然气出口能力和出口量上，已经超过卡塔尔成为世界第一。2019年，液化天然气产能容量能够达到8800万吨/年，出口营收额达到470亿美元。澳大利亚原油开采能力较强，开采量与国际原油市场价格相联系，但其国内炼油能力不足，成品油只能依靠国际市场进行资源配置。2019年受国际油价下跌影响，原油产量降至数十年来最低水平，原油出口总值仅有90亿美元。

虽然澳大利亚具有强大的石油和天然气的开采能力，但是由于其国内市场狭小，其生产和消费都极度依赖国际市场。

2018年，澳大利亚的石油消费量为5110万吨，石油产量仅为1520万吨，石油净进口量为3590万吨，即70%以上的石油依赖进口。在石油出口方面，澳大利亚作为高度市场化的国家，石油出口额波动较大。随着澳大利亚石油产能的扩张，其向国际供应石油的能力不断提升，但受国际油价疲软的影响，石油出口额也呈波动状态。2020年第一季度出口额仅为24.6亿美元，受疫情以及国际油价的大幅度下跌影响，澳大利亚的石油出口额呈现直线下降趋势。同时也可以看到，澳大利亚的成品油生产能力有限，每年炼油出口额在4亿美元左右。澳大利亚石油出口产品构成详见图5。

澳大利亚石油出口目的集中于亚洲国家，并有由东南亚向中国转移的趋势。从澳大利亚原油主要出口国的出口额来看，澳大利亚对亚洲市场的原油出口额总体上呈现增长态势。其中，对中国出口额出现了较大的变化，出口份额连年增大，且增速极快。2019年澳大利亚对中国的出口额达到1008万美元，增幅达到60%。

在液化天然气方面，澳大利亚一直在尝试扩大产能，不断增加出口产量，但是受国际油价的影响，液化天然气产量增加并没有实现出口额的大幅上升。2019年，随着液化天然气项目的完成，澳大利亚成为世界上液化天然气产能最大的国家。也正因如此，自2016年以来，澳大利亚液化天然气的出口一直呈现大幅度上升态势。据统计，2018年底，澳大利亚液化天然气出口达7000

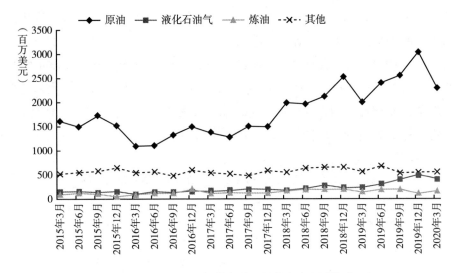

图 5　2015～2020 年澳大利亚石油出口产品构成

资料来源：澳大利亚工业、创新和科技部，资源和能源季报，2020 年 6 月；

https：//publications. industry. gov. au/publications/resourcesandenergyquarterlydecember

2019/documents/Resources － and － Energy － Quarterly － December － 2020. pdf

万吨，比 2017 年增长了 22%，出口总额达到 433 亿美元，2018～2019 年，液化气出口量达到 7700 万吨，价值达 490 亿美元，这使澳大利亚成为全球最大的液化天然气出口国。

表 2　澳大利亚原油主要出口国家的出口额

单位：万美元

财年年份	2012～2013	2013～2014	2014～2015	2015～2016	2016～2017	2017～2018	2018～2019
新加坡	2219	1975	1819	630	1013	1174	1946
印度尼西亚	301	309	33	354	918	1308	648
韩国	1547	636	1	449	450	692	694
中国	1970	4	27	705	707	630	1008

资料来源：澳大利亚工业、创新和科技部，资源和能源季报，2020 年 6 月；

https：//publications. industry. gov. au/publications/resourcesandenergyquarterlydecember2019/documents/

Resources － and － Energy － Quarterly － December － 2020. pdf

从澳大利亚天然气出口份额来看，澳大利亚的液化天然气出口到世界上十多个国家和地区，其中日本、中国和韩国是其主要的液化天然气出口国，但是从 2018 年底开始，国际市场的液化天然气价格开始大幅度下降，且一直处于低位，澳大利亚作为世界第三的化石燃料出口国，受影响较大。2019 年中，其出口额达到最低位。预计 2020 年底，澳大利亚液化天然气出口量将小幅升至 8000 万吨，出口额预估达到 470 亿美元，将比 2019 年低 4.6%，尤其是受液化气价格疲软的影响，将进一步抵消高出口量的营收。预计 2021 年，液化天然气出口营收将大幅回落 26%，仅为 350 亿美元。

表3　澳大利亚液化天然气主要出口国的出口额及市场份额

单位：百万美元,%

财年年份	2015～2016		2016～2017		2017～2018		2018～2019	
		占比		占比		占比		占比
总计	16576	占比	22308	占比	30907	占比	49727	占比
日本	10532	63.54	11312	50.71	14512	46.95	21210	42.65
中国	2939	17.73	5704	25.57	9560	30.93	17482	35.16
新加坡	1679	10.13	2555	11.45	3687	11.93	5307	10.67
印度	504	3.04	615	2.76	842	2.72	862	1.73

资料来源：澳大利亚工业、创新和科技部资源和能源季报，2020 年 6 月；
https：//publications. industry. gov. au/publications/resourcesandenergyquarterlydecember2019/documents/Resources – and – Energy – Quarterly – December – 2020. pdf

总体来看，澳大利亚能源产业极度依赖国际市场。自 2016 年，澳大利亚的石油和液化天然气产能实现了较大突破，但在国际市场中，其议价能力依然较低，受国际市场影响较大。自 2018 年以来，国际市场油价波动较大，且不断出现疲软现象，尤其是受新冠肺炎疫情和国际油价暴跌的影响，澳大利亚的石油和液化天然气的营收不容乐观。

三　澳大利亚海洋经济发展形势分析

（一）澳大利亚海洋经济发展战略分析

1. 积极推进海洋资源开发利用

澳大利亚在 2015 年发布的《澳大利亚海洋研究所 2015～2025 年战略规划》中，强调加强对热带海洋资源的研究，为海洋资源开发提供科技支撑，并进一步加大对海洋资源的利用与开发。这不仅推动了对本国海洋油气资源、渔业资源的开发与利用，同时也加大了对于深海、南极等区域的海洋资源的开发与利用。

2. 重视海洋科技的布局与发展

澳大利亚作为传统的海洋国家，对于海洋科技的投入与支持历史悠久，并建立了相对成熟的海洋科技发展体系。以已经发布的两次海洋科技计划为依托，注重海洋科技的杠杆能力，注重海洋科技对海洋经济发展的服务能力，加强了对海洋监测与管理、海洋系统模拟与预测、海洋环境与社会模型系统分析、生态修复与生态工程等海洋决策支撑工具的研究与投入。加强了对海洋科学转化能力的投入，不仅加大对海洋技术的研发支持力度，同时在基础设施建设、海洋优先领域投资、海洋金融发展、海洋科技合作等方面，制定了详细的实施细则，并通过有效的管理机制，提升海洋科技的转化能力，为海洋经济发展提供保障。

（二）澳大利亚海洋经济发展形势展望

1. 健全海洋经济发展机制

在长期发展中，澳大利亚的海洋发展战略特点突出，在海洋产业发展、海洋环境保护、海洋科技发展等方面占有领先地位。澳大利亚海洋经济发展的诸多经验值得世界各国学习和借鉴，尤其是海洋生态保护方面具有先进性，成为国际生物多样性主导国家。作为典型的海洋国家，其成熟的海洋发展机制，将继续推动本国海洋经济持续发展，同时也为其参与国际海洋事务争取更大的影响力。作为南半球最发达的国家，在南太平洋岛屿国家间具有较强影响力，为澳大利亚整合整个南半球海洋资源，开发利用南太平洋资源提供了基础。

2. 重视海洋生态保护策略

澳大利亚为了保护海洋环境，制定了近50多个法律法规，并设立了"环境警察"这一执法队伍，可见澳大利亚对于海洋环境保护的重视。但近年来，澳大利亚面临诸多新的海洋环境问题，海岸带侵蚀严重，热带气旋和热带风暴自然灾害，濒危物种灭绝等，不仅对澳大利亚造成了极大的经济损失，也对澳大利亚海洋生态系统造成了极大的冲击，严重影响了海洋经济发展的可持续性。澳大利亚在未来将更加重视海洋生态保护问题，强调加强海洋监测与管

理，并积极参与全球海洋环境治理，通过海洋生态保护的权威性，在未来海洋环境治理中不断获得话语权，提升区域影响力以及国际地位。

3. 促进海洋科学技术发展

通过海洋科技发展，布局海洋产业，支持海洋新兴产业发展，是澳大利亚海洋经济发展的模式。不断促进海洋科技发展，是澳大利亚海洋发展战略的重要组成部分。作为海洋国家，澳大利亚在海洋科技方面的布局与投入从未放松，在新的海洋科技计划中，更是结合澳大利亚海洋发展中面临的困境与难题进行了新的布局，希望通过海洋科技的发展与支撑，促进海洋新兴产业发展，并实现海洋经济的可持续发展。

四 澳大利亚海洋经济发展对中国海洋经济发展的启示

（一）完善法律法规体系，保障海洋经济发展

澳大利亚针对海洋经济发展的每个部门，都制定了较为严格的法律法规体系。澳大利亚作为传统海洋国家，针对海洋经济发展制定了一系列的政策。在制定法律法规的同时，设立从上到下的组织机构，并设立一定的执法机构，从而有效地监督了法律法规的落地实施，具有很强的借鉴意义。

（二）加强海洋科技投入，推动海洋经济发展

澳大利亚除了前面所述的二次海洋科技计划，不再局限于技术方面的突破，而是增加了海洋软科学发展的内容，对于海洋科技成果转化路径、海洋经济发展的模式等内容设立项目，纳入整个海洋科技研究过程中，并将其设为海洋科技项目进行推广与发展。真正做到了海洋科技为整个海洋经济发展的所有环节服务。

（三）加强海洋环境保护，提升全球海洋治理能力

澳大利亚重视海洋环境的保护，对海岸带、海域利用等都做了相当严格的法律规定，实施海岸养护和生物多样性保护政策。一方面，良好的海洋环境为澳大利亚提供了丰富的旅游资源。另一方面，澳大利亚在海洋环境治理方面取

得了显著的成果，具有世界领先的技术与经验。利用先进的海洋环境治理成果，积极参与国际海洋事务治理中，提升澳大利亚的国际影响力。在海洋事务规则制定中，发挥主导能力，从而增加在国际社会中的凝聚力。

（四）过度依赖国际市场局限了海洋经济发展

从澳大利亚海洋经济发展来看，澳大利亚国内市场狭小，对国际市场依赖程度比较高，受国际环境影响较大。但近年来，受国际环境恶化影响，国际市场疲软，海洋经济开始疲软。从近来的报道可以看到，澳大利亚的龙虾出现了大量的滞销，大量的原油滞留在海上。我国在制定海洋经济发展政策中，在考虑拓展国际市场的同时，也要充分考虑国内市场的发展。尤其是在后疫情时代，要以国内大循环为主体，形成国内国际双循环的发展格局，培养海洋经济发展的新优势，以强竞争力参与到国际合作与竞争中。

参考文献

许少民：《澳大利亚"印太"战略观：内涵、动因和前景》，《当代亚太》2018 年第3 期。

周方银、王婉：《澳大利亚视角下的印太战略及中国的应对》，《现代国际关系》2018 年第1 期。

卓振伟：《澳大利亚与环印度洋联盟的制度变迁》，《太平洋学报》2018 年第12 期。

游锡火：《澳大利亚海洋产业发展战略对中国的启示》，《环球瞭望》2020 年第4 期。

张亚峰、史会剑：《澳大利亚生态环境保护的经验与启示》，《环境与可持续发展》2018 年第5 期。

袁琦：《澳大利亚海洋科技计划比较分析》，《全球科技经济瞭望》2019 年第2 期。

张禄禄、臧晶晶：《主要极地国家的极地科技体制探究——以美国、俄罗斯和澳大利亚为例》，《极地研究》2017 年第1 期。

刘伟、张铭：《澳大利亚环境友好型海水淡化产业发展分析》，《海洋经济》2015 年第5 期。

姜旭朝、刘铁鹰：《国内外海洋经济统计核算与贡献测度的实践研究》，《中国海洋经济》2016 年第1 期。

何军功、魏明伟：《澳大利亚、新西兰两国水产业现状对河南省渔业发展的启示》，《河南水产》2012 年第3 期。

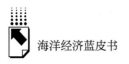

Recfish Australia, "A National Code of Practice for Recreational and Sport Fishing", An Initiative of Recfish Australia (2010), http: //afc. info – fish. net/uploadedImages/media/.

Recfishing Research, 2016 – 2020 Recfishing research RD & E plan, FRDC (2016), http: //www. recfishingresearch. com, 2016.

附 录

Appendices

B.23
国内外海洋经济发展大事记*

国际篇

2018年

1月3日 美国斯克里普斯海洋研究所（SIO）联合日本国立极地研究所等机构研究发现，在末次冰期过渡期，全球平均海表温度上升了2.57℃左右。

2月 《联合国海洋科学十年可持续发展路线图》由联合国教科文组织发布，该路线图指出了实现海洋科学的可持续发展需要科学知识储备、基础设施建设及广泛合作的开展。

2月20日 "海底2030项目"全面开始运营，目的是于2030年完成全球海底深度地图绘制。

3月21日 英国发布《预见未来海洋》报告，该报告从海洋经济发展、

---

* 根据自然资源部海洋动态、中国海洋信息网及国际海洋组织官网等权威公开网站资料整理所得。编写审核人：金雪；编写人员：王莉红、尹悦、韩欣蕊、李志浩。

海洋环境保护、全球海洋事务合作、海洋科学等4个方面分析评估了英国海洋战略的现状和未来需求。

4月 《2017年世界气象组织全球气候状况声明》由世界气象组织发布发布，声明重点说明了极端天气对于全球粮食安全、经济发展、人类健康和人口迁移的巨大影响。

4月13日 为逐步实现零碳目标，国际海事组织通过了减少船舶温室气体排放的初步战略，力争2050年的温室气体排放总量比2008年至少减少一半。

5月16日 日本发布《海洋基本计划》宣布日本海洋政策的重点将调整为海洋安全保障领域。

5月21日 《蓝色未来：梳理中美海洋合作的机遇》由美国进步中心发布，阐明了中美在海洋资源管理和可持续发展方面的合作途径。

6月8日 世界海洋日活动主题为"奋进新时代 扬帆新海洋"，主场活动设在浙江省舟山市。

6月19日 特朗普签署《促进美国经济、安全和环境利益的海洋政策》行政令。

6月27日 首份欧盟蓝色经济年度报告由欧委会发布，该研究结果表明欧盟蓝色经济已成为拉动欧盟经济增长的重要引擎。

7月 英国自然环境研究理事会（NERC）与德国联邦教育与研究部（BMBF）宣布共同投资近800万英镑用于12个新的北极研究项目。

9月 为支持《联合国2030年可持续发展议程》相关目标的实现，世界银行发行了首支"蓝色债券"并计划在7年内筹集30亿美元资金，旨在提升公众对于海洋和水资源的认识。

10月10~12日 第九届亚洲海洋地质大会在上海召开。

11月13日 国际刑警组织发布公报宣布该组织在2018年10月展开了代号为"海上30天"的联合行动，行动中查处了大量违反国际法的海洋污染犯罪活动。

12月 德国经济和能源部发布新版《国家海洋技术总体规划》。

12月2日 《2018年北极年度报告》由美国国家海洋和大气管理局发布。

12月20日 美国国家海洋与大气管理局开展了"深海珊瑚研究和技术计划"，该计划需每两年向国会提交一次报告。

2019年

1月1日　智利加入了"蓝旗海滩"计划，成为第3个加入该计划的南美国家。

2月　日本经济产业省修订出台了新一期《海洋能源矿物资源开发计划》。

2月　由美国加利福尼亚大学美国国家生态分析与合成中心主持编撰的全球海洋健康指数发布。

2月15日　挪威国家石油公司和韩国国家石油公司签署谅解备忘录，将共同开展在韩国开发商业级海上漂浮风力发电。

2月18～22日　题为"海洋空间规划和海洋管理"的联合国教科文组织政府间海洋学委员会亚太地区第二届年度会议在越南河内举行。

3月5～7日　第六届世界海洋峰会在阿拉伯联合酋长国首都阿布扎比开幕。会议将围绕促进可持续蓝色经济的创新、治理以及减轻人类活动对海洋的消极影响进行探讨。

3月10日　联合国教科文组织世界遗产海洋项目组发布了《2019海洋世界遗产报告》。

3月11～15日　第四届联合国环境大会在肯尼亚内罗毕落下帷幕，本次大会听取了关于全球环境状况的最新报告，讨论了海洋塑料污染等全球环境政策和治理进程问题，并对后续工作的开展布署了25项决议。

5月　美国国家科学技术委员会发布了《美国海洋科技十年愿景》报告，报告确定了未来10年美国海洋科技事业的主要研究方向和发展机遇。

6月8日　世界海洋日的主题是"性别与海洋"，呼吁国际社会重视提高海洋领域中的性别平等，保护女性权益，以及采取有效措施应对海洋塑料污染。

6月27～29日　二十国集团（G20）领导人第14次峰会在日本大阪召开，会议通过了《大阪宣言》，G20各国在实现海洋塑料垃圾"零排放"的目标上达成一致。

7月　美国南佛罗里达大学团队通过研究美国国家航空航天局的卫星数据，发现了世界上最大的海藻带——大西洋马尾藻带，它极盛时可横跨大西洋，绵延8850公里。

7月1~11日　南极条约协商会议和环境保护委员会第22届会议在捷克首都布拉格召开，300多名参会人员来自近40个国家。

8月　第13次亚太经合组织（APEC）海洋与渔业工作组会议在智利南部城市皮提·澳如斯召开，会议对海洋垃圾污染、渔业管理、蓝色经济发展等议题展开了讨论。

8月22日　在泰国曼谷，联合国亚洲及太平洋经济社会委员会发布了《2019年亚太灾害报告》，显示亚太地区自然灾害的强度、频率和复杂性呈现增加的趋势，并重点强调了海洋灾害造成的巨大经济损失。

9月　联合国环境规划署发布《建立有效和公平的海洋保护区：综合治理方法指南》，为各国政府、政策制定者有效设计和积极管理海洋保护区提供指导。

10月7日　欧盟近日启动了名为"生态和经济上可持续的海洋中层带渔业"项目。

10月23日　由国际海事组织和世界气象组织主办的首届海洋极端天气专题国际研讨会日前在英国伦敦举行。

10月23~24日　"我们的海洋"第六次会议在挪威首都奥斯陆召开，来自100多个国家的政府、企业、学术、非政府组织等约500名代表参会，各方在本届会议中共作出370项自愿性承诺，总预算达630亿美元。

11月23~24日　中日韩三国环境部长会议在日本北九州市召开，会议通过了《第二十一次中日韩环境部长会议联合公报》。

11月25~29日　国际海底管理局与葡萄牙政府和欧委会在葡萄牙埃武拉召开研讨会，研究制订北大西洋中脊地区的区域环境管理计划（REMP），并讨论应用基于区域的管理工具解决区域范围内未来开发活动的累积影响。

12月3日　联合国环境规划署和全球环境基金共同实施了"蓝色森林"项目，计划在多米尼加、厄瓜多尔、肯尼亚、印度尼西亚、马达加斯加、莫桑比克、阿拉伯联合酋长国和美国等8个国家开展试点，通过红树林和沿海生态系统保护促进碳融资。

12月3日　世界自然保护联盟发布《将IUCN（世界自然保护联盟）保护区管理类别用于海洋保护区的指南》，为海洋保护区工作提供指导。

12月10日　美国国家海洋和大气管理局发布《2019年北极报告卡》。

2020年

2月25日 印度国家海洋信息服务中心推出涌浪预报系统、小型船舶咨询和预测服务系统和藻华信息服务系统3个新技术支持预警报系统，以降低极端天气和海洋事件对海洋石油勘探、沿海社区、渔民造成的损失。

3月 俄罗斯通过了2035年前俄罗斯联邦北极地区国家基本政策。

3月10日 世界遗产项目发布《2020海洋世界遗产报告》，总结了50处海洋世界遗产地保护工作在2019年取得的成果。

4月 纽埃（太平洋中南部岛国）议会正式批准了关于建立"莫阿纳马胡"海洋保护区的提案。

4月22日 加拿大海洋与渔业部发布《加拿大现在的海洋：北极生态系统（2019）》报告。

5月 智利海军水文和海洋服务局主持召开东南太平洋全球海洋观测系统区域联盟（GRASP）线上会议。会议讨论了区域潮汐观测网的构建问题，并批准制订联盟战略计划（2021~2025）的技术文件和指南，确定GRASP未来5年的工作方案。

5月13日 德国宣布加入全球海洋联盟，为实现联盟"到2030年至少保护世界上30%的海洋（包括公海）"的核心提议做出努力。

5月14日 北极观测峰会（AOS）执行组织委员会发布《2020年AOS会议声明》。

6月11日 新加坡内政部长兼律政部长尚穆根与国际海洋法法庭庭长白珍铉法官通过线上仪式，代表双方签署示范协定。

国内篇

2018年

1月 我国第34次南极考察队的科学家，在进行南极科考的过程中发现了微塑料，这是我国科学家首次在南极海域发现微塑料。

1月17日 中国海洋石油集团有限公司所属的"海洋石油201"深水铺管

起重船，在东方 13 – 2 项目 24 寸海管铺设中，单日铺设海管 3.74 公里（153 根双节点海管），创造了我国此类海管铺设的速度纪录，这也标志着我国首艘深水铺管船铺管里程达到了 500 公里。

2 月 26 日 国家海洋局办公室印发《访问中国南极考察站管理规定》。

3 月 2 日 "雪龙"船搭载中国第 34 次南极考察队抵达南极阿蒙森海域，考察队在该海域开展我国首次多学科海洋调查，完成了首个站位作业。

4 月 13 日 习近平在庆祝海南建省办经济特区 30 周年大会上郑重宣布，党中央决定支持海南全岛建设自由贸易试验区。

5 月 26 日 在杭州召开的海洋光学遥感国际研讨会上，国家重点研发计划海洋光学遥感探测机理与模型研究项目组公布了最新研究成果，该项目实现了主动机载激光和被动水色遥感同步观测零的突破。

5 月 27 日 我国首个远海岛屿智能微电网在海南省三沙市永兴岛正式投入使用，为其他南海岛礁的电网建设提供可复制模版。

6 月 16 日 海上丝绸之路金融总部基地在三亚亚太金融小镇揭牌成立。

7 月 3 日 国际海洋科普联盟在青岛市成立并启动运行，搭建全球范围的海洋知识交流、讨论、传播和共享平台，推动海洋科学知识的普及，促进公众认识海洋、关心海洋。

7 月 9 日 由我国自主研发、设计、建造的国内首艘海底管道巡检船"海洋石油 791"在广州黄埔文冲船厂交付。

7 月 18 日 国内唯一的综合性海洋设备第三方检验检测公共服务平台——国家海洋设备质量检验中心在青岛正式启用。

7 月 25 ~ 27 日 首次中美海洋与渔业科技合作联合专家组会议在青岛召开。

7 月 28 日 中国第九次北极科学考察队在白令海公海区顺利完成水下滑翔机布放，这是我国首次在极地海域开展同类工作。

8 月 22 日 随着第二套无人冰站观测系统现场实时数据的准确回传，我国自主研发的首个用于观测北极海洋、海冰、大气相互作用的系统布放成功。

9 月 4 日 随着第 86 个探空气球的升空，中国第九次北极科学考察大气探空业务化观测监测工作宣告结束，这意味着我国在国际极地预报年中承担的北极探空观测任务圆满完成。

9 月 18 日 由哈尔滨工程大学牵头，联合相关涉海高校、海洋科研院所、海洋类文博馆、科普馆、海洋意识教育基地共同发起的海洋文化教育联盟在哈尔滨成立，这是国内首家以海洋文化教育为主旨的学术联盟。

10 月 18 日 由中国和冰岛共同筹建的中—冰北极科学考察站已经建设完成，并正式运行。

10 月 29 日 我国在酒泉卫星发射中心用长征二号丙运载火箭成功发射中法海洋卫星。

11 月 10 日 中国太平洋学会海洋能源与装备建设分会和中晟科技防务研究院在北京联合举办中国太平洋学会海洋能源与装备建设分会成立揭牌仪式暨"智能战争——军民融合需求前沿展望"高端论坛。

12 月 4 日 国内首个海洋工程数字化技术中心在天津滨海新区建成并投入使用，填补了我国在海洋工程数字仿真技术领域的空白。

12 月 26 日 由自然资源部国家海洋环境预报中心研发的"海上丝绸之路"海洋环境预报保障系统投入业务化试运行。

2019 年

1 月 工业和信息化部、交通运输部、国防科工局 3 部委联合印发《智能船舶发展行动计划（2019 ~ 2021 年》。

1 月 12 日 我国首颗针对极地观测的遥感小卫星——BNU‒1 极地观测小卫星已顺利完成宽幅相机与卫星平台综合电测、卫星平台顶板合盖、安装相机载荷及加电测试等。

2 月 按照《中华人民共和国统计法》有关规定，发新修订完善的《海洋生产总值核算制度》由自然资源部办公厅印发。

3 月 《关于组织申报中央财政支持蓝色海湾整治行动项目的通知》由财政部办公厅、自然资源部办公厅联合印发，继续在沿海地区择优支持开展"蓝色海湾"综合整治行动。

3 月 18 日 《2018 年全国生态环境质量简况》由生态环境部发布，显示2018 年全国生态环境质量稳中向好，近岸海域水质整体不断改善。

3 月 23 日 由中国海洋发展研究中心和中国海洋发展研究会、中国海洋大学共同主办的"蓝色碳汇与中国实践"学术研讨会在中国海洋大学召开。

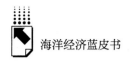
3 月 28 日　博鳌亚洲论坛 2019 年年会分论坛"21 世纪海上丝绸之路：岛屿"举行，并发布了《全球岛屿发展年度报告（2018）》。

4 月　海洋强国发展战略论坛在珠海举办。

4 月 12 日　我国首个省级精细化、智能化海洋智能网格预报系统在福建省投入业务化试运行。

4 月 16 日　随着南极极夜逐渐降临，中科院国家天文台位于南极冰穹 A 昆仑站的视宁度测量望远镜（KL－DIMM）首次直接测量到了冰穹 A 的夜间大气视宁度，同时也证实了在地表 8 米的高度之上即有机会获得极佳的大气视宁度，数值小于 0.3 角秒。

5 月　自然资源部办公厅发布《关于推进渤海生态修复工作的通知》，强调要贯彻党中央、国务院决策部署，落实《渤海综合治理攻坚战行动计划》，加快实施渤海生态修复工程。

5 月　国家发展和改革委员会国际合作中心、中国海洋发展基金会在京就 21 世纪海上丝绸之路建设签署战略合作协议。

5 月 9 日　全国海洋生态环境保护工作会议由生态环境部组织召开。

5 月 29 日　生态环境部在京召开新闻发布会，发布了《2018 年中国海洋生态环境状况公报》和《2018 年中国生态环境状况公报》。

6 月 1 日　江苏省第十三届人民代表大会常务委员会第八次会议于日前审议通过《江苏省海洋经济促进条例》，该条例是全国首部促进海洋经济发展的地方性法规。

6 月 5 日　我国在黄海海域用长征十一号海射运载火箭成功将技术试验卫星捕风一号 A、B 星及 5 颗商业卫星顺利送入预定轨道。

6 月 26 日　山东省政府新闻办召开新闻发布会，发布了《海岸线调查技术规范》山东省地方标准。该标准是山东制定出台的首个海洋地方标准，为摸清山东省海岸线"家底"提供有力技术支撑。

7 月 20 日　自然资源部国家海洋技术中心利用自主研制的"蓝鲸—波浪滑翔机"在广东大亚湾海域开展了为期 10 天的组合观测任务。

7 月 30 日　国家海洋信息产业发展联盟成立大会暨海洋网络信息体系高峰论坛在京举行。

7 月 30 日　以"数字中国，奉行海洋，智慧兴渔，产业领航"为主题的第二届数字海洋智慧发展论坛在宁波奉化举行，彰显数字经济释放的新活力和新动力，助力实现乡村渔港数字化建设，打造数字海洋战略新高地。

8月 我国首部海上风力发电场国家标准《海上风力发电场设计标准》出版发行。

8月2日 国务院决定设立山东、江苏、广西、河北、云南、黑龙江6个自贸区。

8月2日 第二届中国国际海洋牧场暨渔业新产品新技术博览会在大连开幕。

8月2日 2019世界海洋城市·青岛论坛在青岛举行。

8月3日 青岛海洋科学与技术试点国家实验室、香港科技大学，联合香港大学、香港中文大学、香港理工大学、香港城市大学和澳门大学在青岛签署了《港澳海洋研究中心合作研究框架协议》，携手共建"港澳海洋研究中心"，推进港澳科研力量深度融合，力争把该中心建成海洋科研领域具有重要国际影响力的学术和人才高地。

8月6日 国务院印发《中国（上海）自由贸易试验区临港新片区总体方案》，设立中国（上海）自由贸易试验区临港新片区。

9月5日 首届中国—欧盟海洋"蓝色伙伴关系"论坛在比利时首都布鲁塞尔举办。

9月17日 由大连华锐重工集团股份有限公司自主研制了我国首套单机容量最大的8兆瓦~10兆瓦海上风机铸件，在辽宁大连交付。

9月24日 由山东省政府批准，青岛市政府主办，青岛海洋科学与技术试点国家实验室、青岛蓝谷管理局联合承办（第四届）青岛国际海洋科技展览会，展会以"科技经略海洋，创新实现梦想"为主题，旨在打造最具规模和影响力的海洋科技交流平台、成果交易平台和产品展示平台。

10月15日 有"中国海洋第一展"之称的中国海洋经济博览会在深圳会展中心隆重开幕，今年以"蓝色机遇，共创未来"为主题。

10月18日 自然资源部（国家海洋局）在京与国际海底管理局签订了《中国自然资源部与国际海底管理局关于建立联合培训和研究中心的谅解备忘录》。

11月 自然资源部国家海洋技术中心承担的重点研发计划项目——"基

于固定平台的海洋仪器设备规范化海上测试技术研究及试运行"，在国家浅海综合试验场（威海）"国海试1号"平台完成感应耦合传输CTD和抗污染CTD布放。

11月19日 由自然资源部海洋发展战略研究所主办的"海洋合作与政策协调：南海安全合作的路径国际研讨会"在北京召开。

12月3日 中国第36次南极考察队乘"雪龙2号"极地科考破冰船在南大洋普里兹湾东侧，回收了一套34次南极考察队布放的潜标，4日在同一海域布放了一套新潜标。这是"雪龙2号"首航南极以来第一次布放和回收潜标。

12月6日 "2019智慧海洋高端论坛"在舟山举行。

12月 中国船舶工业系统工程研究院牵头提出的提案《智慧海洋概述及其信息通信技术应用需求》通过多轮审议，最终成功立项，该标准为全球首个"智慧海洋"国际标准，也是船舶行业在国际电信联盟立项的第一个标准。

12月17日 我国第一艘国产航空母舰山东舰在海南三亚某军港交付海军，经中央军委批准命名为"中国人民解放军海军山东舰"，舷号为"17"。

12月27日 国家发改委、自然资源部在福建厦门组织召开全国海洋经济发展示范区现场会暨海洋经济工作推动会。

2020年

1月5日 中国第36次南极考察队队员首次用大型底栖生物拖网在宇航员海开展底栖生物调查，这是中国在宇航员海首次开展海洋生态系统调查的重要组成部分。

1月19日 全球海洋观测伙伴关系第21次年会在海洋一所举行。

2月27日 我国最新一代航天远洋测量船远望7号首次奔赴大西洋执行卫星海上测控任务。

3月5日 由北海标准计量中心主持编制的《SLC9型直读式海流计检定规程》和《岸基海洋环境自动观测系统传感器校准规范》两项国家规程和标准由国家市场监督管理总局批准发布，并分别于2020年3月5日和2020年4月17日实施。

3月10日 青岛蓝色硅谷管理中心称位于青岛蓝谷的国家海洋技术转移

中心平台已正式上线，目前已对接企业技术需求 70 余项。

3 月 25 日　舟山打造全球海洋中心城市将全面启动。

3 月 26 日　我国在水深 1225 米的海域一举攻克深海浅软地层水平井钻采核心技术，在全球处于首位。

4 月　自然资源部第一海洋研究所公开发布了千年全球海浪数据。

4 月 8 日　自然资源部办公厅印发《2020 年全国海洋预警监测工作方案》，以更好认真履行海洋观测预报、防灾减灾、科学调查和生态预警监测职责。

4 月 26 日　为加强海洋生态保护修复资金使用管理，财政部发布《海洋生态保护修复资金管理办法》。

5 月　浙江大学启动实施了"智慧海洋会聚研究计划"。

5 月 26 日　农工党中央提出《关于构建海洋生态环境保护战略体系的提案》，建议建立海洋生态环境保护、产业、管理、法制、科研的科学体系，以更好地保护海洋生态。

6 月　我国珠海万山雷达高度计海上定标场观测系统通过现场验收，标志着万山定标场正式开始业务化运行。

6 月　由自然资源部中国地质调查局青岛海洋地质研究所申报的"中国海—西太平洋地质地球物理场特征综合研究与系列图编制"项目荣获 2019 年度海洋科学技术奖特等奖。

6 月　由浙江海洋大学牵头申报的《海域基准价核算技术规范》国家标准制修订项目获批立项，在全国标准信息公共服务平台发布。

6 月 3 日　深圳海上国际 LNG（液化天然气）加注中心建设项目深圳盐田签约，标志着国内首个海上国际 LNG 加注中心正式落户深圳，盐田港将成为世界 LNG 加注中心建设先行者之一。

6 月 11 日　我国在太原卫星发射中心成功发射海洋一号 D 星。它和海洋一号 C 星组成首个海洋业务卫星星座，实现了全天观测。

6 月 23 日　中国首个海岛电力北斗地面基站在江苏开山岛建成投运。

B.24
中国海洋经济主要统计数据

表1 中国海洋经济主要指标数据 (2006～2016年)

年份	GDP（亿元）	海洋生产总值（亿元）	GOP/GDP（%）	海洋第一产业（亿元）	海洋第二产业（亿元）	海洋第三产业（亿元）	涉海就业人数（万人）
2006	219438.5	21592.4	9.84	1228.8	10217.8	10145.7	2960.3
2007	270232.3	25618.7	9.48	1395.4	12011	12212.3	3151.3
2008	319515.5	29718	9.30	1694.3	13735.3	14288.4	3218.3
2009	349081.4	32161.9	9.21	1857.7	14926.5	15377.6	3270.6
2010	413030.3	39619.2	9.59	2008	18919.6	18691.6	3350.8
2011	489300.6	45580.4	9.32	2381.9	21667.6	21530.8	3421.7
2012	540367.4	50172.9	9.28	2670.6	23450.2	24052.1	3468.8
2013	595244.4	54718.3	9.19	3037.7	24608.9	27071.7	3514.3
2014	643974	60699.1	9.43	3109.5	26660	30929.6	3553.7
2015	689052.1	65534.4	9.51	3327.7	27671.9	34534.8	3588.5
2016	744127.2	69693.7	9.37	3570.9	27666.6	38456.2	3622.5

资料来源：中国海洋统计年鉴。

Abstract

Blue Book of Marine Economy: *Annual Report on the Development of China's Marine Economy* (*2019 – 2020*) is the report of the research group "Analysis and Forecast of China's Marine Economic Situation" in 2020. The Blue Book of Marine Economy is written by the research group and experts and scholars from more than ten maritime related universities and scientific research institutes at home and abroad.

In recent years, the international political and economic situation remains uncertain, and the world political and economic pattern dominated by the United State and Europe is continually surging and uncertain. Other economies are under recession pressures, China is still facing downward economic pressure, adjustment of industrial structure, transformation of development mode and other major problems. The domestic political evolution in the United States and the impact of the global COVID – 19 outbreak have brought new challenges, China's marine economic development is still difficult to stay out of trouble. 2019 – 2020 is the beginning of China's 14th Five-Year Plan and a satisfying closure of the 13th Five-Year Plan. It brings important opportunity for China to speed up its growth rate, improve green efficiency, and accelerate the transformation of high-quality development with the restructure of the national central administration for marine affairs, the establishment of free trade zones in coastal areas, the promotion of pilot and demonstration zones for marine economy, and the initiative for a community with a shared future for marine economy. In the face of the new domestic and international economic situation, according to China's 13th Five-Year Plan and the strategic deployment of the report to the 19th National Congress of the Communist Party of China and based on the strategic layout of the country's 14th Five-Year Development Plan, Annual Report on China's Marine Economy (2019 – 2020) carried out extensive and in-depth research about marine economic development, marine industrial layout and ocean strategy space from the respective of international standard, special hot issues and targets on the new problems and situations. There are seven parts in this book,

including 22 chapters of the research report. It also collects and sorts out the annual events of international and domestic marine economic development and major statistics of China's marine economy.

The first part is the General Report, which systematically analyzes the new opportunitie sand challenges in the development of China's marine economy, clarifies the temporal and spatial evolution characteristics of China's marine economic development, and discriminates the present situation, mechanism and trend of China's marine economic development. By constructing a marine economic model group, the structure and scale of China's marine economy is predicted in future prospects, and policy suggestions are made accordingly. China's marine economy has reached a steady development of innovation-driven, green efficiency with initial results in structural transformation. It keeps providing scientific and technological contributions to the nation with rising capital-driven, and labor productivity under the guidance of the "marine power" strategy, the "land and sea overall planning" and the "Belt and Road" initiative. Nevertheless, there are signs showing marine economic growth shows under the influence of global and domestic macroeconomic downward pressure and unexpected international events.

The second part is the Industry Reports, which mainly analyzes and predicts the traditional marine industries, the emerging marine industries, the marine scientific research and education industries and the main related marine industries. The transformation and upgrading of marine industry are advancing with the continuous development of high-tech and marine resources exploitation. In recent years, the state has placed great hopes on the emerging marine industries, but China's traditional marine industry still dominants, and the development of the emerging marine industry are facing challenges. There is still space to grow of the orientation of marine economy as accelerator and the strategic focus of marine economic development.

The third part focuses on the regional development. Under the national and provincial strategy of marine power, the development status and level of marine industry in 11 provinces and cities in coastal areas are analyzed in detail from the perspectives of economy, science and technology, resources, environment, regulation and control. Taking the marine economic circle as the main body, this chapter adopts qualitative and quantitative methods to analyze the current situation, development status of the marine economy in the North and South marine economic circle and the Guangdong-Hong Kong-Macao Greater Bay Area. The contribution of technology, capital, labor force and other factors to the development of marine economy are measured, and the dynamic evolution, regional difference, external correlation and spatial structure characteristics of the development of marine economy in China are systematically analyzed.

The fourth part is the Special Topics. In view of the ocean economic difficulties and challenges in China recent years, this part analyzes and quantifies the environmental security, ecological security, waterway safety and marine disasters faced by China's marine economic security from the perspective of non-traditional security, monitors the fluctuation of China's marine economic cycle and prosperity index and analyzes and compares the development level and differentiation characteristics of the leading blue economy cities, designs the marine economic development index of the major G8 coastal countries in the world, and analyzes, studies and forecasts the marine economic development situation of the major coastal countries in the world.

The fifth part focuses on the hot topics. In recent years, the state has provided all support for the development of marine economy in the aspects of environment, policy, planning, layout and strategy, which has created rare development opportunities for China's marine economy. The hot topics covers the free trade zone in coastal areas, high-quality development of marine economy, promotion of marine economic experimental demonstration zone, and global marine community of shared future initiative. It also makes a systematic and quantitative analysis on the leading policies and plans involving the free trade zone, demonstration zone and experimental zone, and puts forward corresponding policy suggestions for the existing problems.

The sixth part is in an international perspective. The typical coastal countries in America, Europe and the Asia Pacific region are selected and analyzed for their marine economic development. The marine economic related strategy, experience, planning and advantages of the selected countries are analyzed systematically, including the United States, the United Kingdom and so on. The marine economic development situation of major countries are been predicted and suggestions are summarized with compared studies of these countries and China.

The seventh part is a fixed column, which documents the annual events of marine economy, records the landmark events in the process of marine economic development at home and abroad, and collects the main statistical data of China's marine economy.

Contents

I General Report

Abstract: In 2019, China's Marine economy continued its relatively stable development trend under the complex environment with significantly increased uncertainties at home and abroad, and the GOP increased by 6. 2%. In 2020, under the multiple influences of global economic recovery slowing down, rising trade protectionism, COVID − 19 epidemic and other factors, China's Marine economic development will be under great downward pressure. It is estimated that China's GOP will grow by around 2%, and the GOP will be around RMB 9100 billion. With China's major strategic achievements in epidemic prevention and control, the Marine economy will gradually return to the normal growth level under the development pattern of "double cycle", and the GOP is expected to exceed 10000 billion yuan in 2022. It is recommended that further innovate the development model of Marine economy and accelerate the transformation and upgrade the Marine industrial structure based on the strict prevention and control of COVID − 19 epidemic. Innovate Marine economy management system, improve Marine economy control ability; Improve the level of Marine economic statistics and promote the supporting role of Marine big data decision − making; Improve ways of providing financial support and improve the efficiency of transforming Marine scientific and technological achievements. Focus on the following tasks in 2020: make full use of the Marine development policy, optimize the Marine development and utilization level, implement of the "six stability" and the "six protect" work, stabilize Marine economic base, integrated into the "area" initiative actively, create a new environment for the development of Marine economy, accelerate the innovation development strategy, accelerate the Marine economy demonstration area construction, promote the development of the sea as a whole and improve the livelihood of the people level of the coastal areas with the help of a free trade zone and free trade agreements and in "binary" development pattern .

Keywords: Marine economy; industrial structure; growth engine

Ⅱ Industry Reports

B. 2 Analysis on the Development Situation of China's Traditional Marine Industry ╱ 034

Abstract: The traditional Marine industry has become the main driving force for the rapid growth of China's Marine economy, which has an overall impact on the development of Marine economy. This report first analyzes the development status of the traditional Marine industry, discusses the constraints of the traditional Marine industry, and then comprehensively uses the exponential smoothing method, neural network and other mathematical models to make a reasonable prediction of the future development prospects of China's traditional Marine industry. The prediction results show that the traditional Marine industry has a diverse industrial structure and strong resilience to the impact of COVID − 19, which still has good prospects for development. Finally, some countermeasures and suggestions are put forward from the aspects of developing the traditional advantageous Marine industries and increasing the input of Marine science and technology.

Keywords: Traditional Marine Industry; Constraints; Industrial Upgrading

B. 3 Analysis on the Development Situation of China's Emerging Marine Industry ╱ 046

Abstract: The emerging marine industry have a global impact and strong

pulling effect on the development of China's marine economy. Recently, cultivating and developing the emerging marine industry has become an important engine to promote the high-quality development of China's marine economy. In this report, the development status and constraints of China's emerging marine industry are systematically summarized and analyzed in detail. And this report also makes reasonable predictions and prospects for the future development of China's emerging marine industry by combining the prediction methods such as autoregressive moving average and trend extrapolation. At the same time, some pertinent suggestions are put forward from different perspectives, including strengthening marine technological innovation and transformation capacity building and improving the cultivation and reserve of marine science and technology professionals, etc.

Keywords: Emerging Marine Industry; Marine Economy; Technological Innovation

B. 4 Analysis of the Situation of Marine Scientific Research, Education and Management Service in China /056

Abstract: With the gradual improvement of my country's economic strength, In 2019, the gross output value of Chinese marine scientific research, education, management and service industry reached 2159.1 billion yuan, Chinese marine scientific research and education management service industry has entered a period of rapid development, and its importance in Chinese marine economic industry has gradually emerged. This paper selects the development status of Chinese marine scientific research, education and management service industry in 2016, applies factor analysis to extract relevant indicators, and conducts an empirical study on the marine scientific research, education and management service industry in coastal areas across the country. Through calculations, it is found that Shandong, Liaoning and Shanghai ranked the top three in the comprehensive development level of the marine scientific research, education and management service industry in coastal areas across the country in 2016. In recent years, Sino-US trade frictions and COVID −19 epidemic have brought new challenges to the development of Chinese marine scientific research, education, and management services. Although Chinese marine scientific research and education management service industry is developing rapidly, there are still some problems. It is recommended to make marine science and technology more effective, popularize marine education, institutionalize marine environmental protection, and standardize marine administrative management.

Keywords: Marine Scientific Research Education; Marine Management Service; Comprehensive Evaluation; Factor Analysis

B. 5 Analysis on the Development Situation of Major Marine Related Industries in China / 068

Abstract: The main marine related industries play an auxiliary role in marine economic growth. These related industries are important factors to promote the high-quality development of China's marine economy. This report systematically combs and analyzes the development status and constraints of China's major marine related industries, and uses damping trend model, autoregressive moving average model, trend extrapolation method, neural network method and exponential smoothing method to predict. Otherwise, the weighted average model is used to combine the prediction results of the five prediction methods. The mathematical models such as exponential smoothing method and neural network method are used to make a reasonable prediction for the development of China's major marine related industries. Some suggestions are put forward from the aspects of improving resource utilization rate, improving environmental quality, increasing investment in science and technology, cultivating high-quality marine talents, and improving policies and implementation.

Keywords: Major Marine Related Industries; Current Situation Analysis; Model Prediction

海洋经济蓝皮书

III Regional Reports

B. 6 Analysis of the Development Level of Marine Powerful Province in Coastal Areas / 076

Abstract: Since the 18th National Congress of CPC, the establishment of Marine Powerful Nation has risen to the strategic level. As an extension of this strategy, the Marine Powerful Province has become the goal for coastal provinces. Therefore, an evaluation system for the development level of Marine Powerful Province is essential. Based on the analysis of marine development situation of coastal provinces, this chapter establishes the evaluation index system of the development level of Marine Powerful Province from five aspects. The indexes of every coastal provinces are calculated and it is found that some of them have problems during marine development, such as unbalanced regional development, insufficient investment in science and technology, and insufficient environmental protection. Finally, some targeted policy suggestions are given, including strengthening multi-regional and multi-agent cooperation, optimizing the allocation of scientific and technological resources, and carrying out comprehensive control of marine pollution.

Keywords: Marine Powerful Provinces; Development Level; Development Index; Index System

B. 7 Analysis on the Development Situation of Marine Economy in Northern Ocean / 093

Abstract: With the development of high-quality economy, the development model of marine economy in the northern ocean economic circle, which is dominated by industry, needs to be reformed, and the scale economy develops to high-quality economy. This report builds a high-quality development model on the basis of an analysis of the state of the marine economy of the northern ocean and the economic circle, using qualitative and quantitative methods, according to the panel model and the coupled coordination model, this paper explores the Base of the marine economy and the path to achieve high quality of the marine economy from all angles—Innovation driven, structural optimization, efficiency improvement, and the impact of the market environment on the ultimate goal of high quality development of the marine economy, considering the present situation of sinous trade war and epidemic situation, this paper forecasts the high-quality development of the northern marine economy, and puts forward some suggestions based on the results.

Keywords: Northern Ocean Economic Circle; Economic High Quality; Panel Model; Early Warning Model

B. 8　Analysis on the Development Situation of Marine Economy in Southern Ocean Circle　　　　　　　/ 110

Abstract: The Southern Ocean circle is an important area for China to open up to the outside world and participate in economic globalization. This area has the characteristics of vast sea area, rich resources and prominent strategic position. This not only brings many opportunities for the marine economic development of the Southern Ocean circle, but also brings a lot of challenges for the development of its marine economy. Firstly, this paper analyzes the current situation of marine economic development in the Southern Ocean circle by constructing a panel model. Secondly, it uses the methods of incremental analysis, convergence analysis and correlation analysis to explore the characteristics of marine economic development in the Southern Ocean circle. Finally, it focuses on the analysis of the development situation of the marine economy in the Southern Ocean circle. This paper puts forward some policy suggestions for the development of marine economy in the Southern Ocean circle.

Keywords: Southern Marine Economic Circle; Marine Industry; Incremental Analysis

B. 9   Analysis on the Development Situation of Marine

Economy in Guangdong-Hong Kong-Macao Greater Bay Area

／128

Abstract：Guangdong-Hong Kong-Macao Greater Bay Area is the highest level and the most influential representative of the Bay Area in China. The bay area urban agglomeration is composed of the core area of the Pearl River Delta： Guangzhou, Shenzhen, Zhuhai, Foshan, Dongguan, Zhongshan, Jiangmen, Zhaoqing, Huizhou and two Special Administrative regions： Hong Kong and Macao Combined with the relevant data, this report analyzes the current situation of marine economy, industrial development, economic constraints in Guangdong-Hong Kong-Macao Greater Bay Area and makes a reasonable forecast of the economic development situation in the bay area. This report argues that the level of regional synergy of Guangdong-Hong Kong-Macao Greater Bay Area in 2021 will increase steadily and the gross ocean product will increase.

Keywords：Guangdong-Hong Kong-Macao Greater Bay Area；Marine Economy Development；Regional Integration

Ⅳ   Special Topics

B. 10   Analysis of China's Marine Economic Security Situation   ／141

Abstract：As a maritime power, China's Marine economy is becoming increasingly important. A healthy and safe Marine economy is of great significance to the sustainable development of the country. At present, however, China's Marine economic security is confronted with such problems as, hidden dangers in the provision of important Marine strategic passageways, transformation and upgrading of the traditional Marine economic development model, further improvement of Marine governance capacity, Therefore, this report takes Marine economic security as the core of the research, aiming at the above problems, establishes the indicator system of China's Marine economic security, quantitatively calculates various factors affecting China's Marine economic security, Finally, it is concluded that while China's Marine economy is developing rapidly, so as to better promote the development of China's Marine economy and maintain the stability of the Marine economy.

Keywords: Marine Economic Security; Index System; Safety Index

B. 11 An Analysis of the Prosperity of China 's Marine Economy / 156

Abstract: Based on the periodicity and fluctuation of China's marine economy development, reference to domestic and foreign economic prosperity index selection, we establish China's marine economic prosperity indicator system in five aspects. On this basis, the China's marine economic operation prosperity index can be synthesized and calculated, then we further construct a dynamic factor model. Using the filtering method to calculate the China's marine economic operation Stock-Waston index, and the Markov Switching has been used to determine its transition trend. What's more, through the influencing factors analysis and correlation analysis, the current marine economic prosperity situation is studied and judged. The analysis shows that from 2017 to 2019, the operation of marine economy is relatively stable, and the prosperity index is located in the prosperity space, but it also exposes the problems of unbalanced industrial structure of China's marine economy, low marine economic benefits, and insufficient marine sustainable development capacity. Finally, the paper forecasts the future trend of prosperity index by using direct and indirect forecasting methods, and puts forward relevant policy suggestions.

Keywords: Prosperity of Marine Economy; Stock-Waston Index; Markov Switching

B. 12 Comparative Analysis on the Development Level of the World's Leading blue Economy Cities / 177

Abstract: This article first analyzes the blue economy development status of the blue economy leaders in coastal blue economy leading cities such as San Francisco,

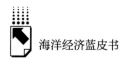

Tokyo Bay, New York, Barcelona, and Miami, and domestic cities such as Ningbo, Shanghai, Tianjin, Dalian, and Qingdao. Then, based on the status quo of blue economy leading cities, the development level evaluation index system was designed and evaluated in domestic cities such as Ningbo and Shanghai; finally, based on the evaluation results, the development factors of the seven domestic blue economy leading cities were discriminated, and Make relevant suggestions.

Keywords: Blue Economy; Index System; Marine Economy

B. 13 Marine Economic Development Index of Major Countries (Regions) in the World /198

Abstract: As an important part of national economy, marine economy has been paid more and more attention, and various countries have issued corresponding marine policies to develop marine economy. This article selects the eight world's major ocean countries and one economies, includes China, the United States, Britain, Canada, Australia, Germany, France, South Korea and the European Union as samples. And the global marine economy is analyzed from the marine economy development scale, the structure of the marine economic development, the marine economic development quality and the capacity of the marine economy sustainable development four aspects. Then, the marine economy development index and its components are built and calculated, which preliminarily summarizes the global marine economy development condition and development prospects. The analysis shows that the marine economic development index of all the major ocean countries in the world are closely related to the international economic environment and domestic marine policies, which all show a trend of rising fluctuation. The countries should pay more attention to the sustainable development of marine economy while attaching importance to the development of scale, structure and quality of marine economy.

Keywords: Group of Eight Ocean Economic Development Index; Indicators System; Index Calculation

V Key Issues

Abstract: In 2019, China has realized the full coverage of free trade zones in coastal areas. During the year, the pilot trade zones in the coastal areas, centering on their development orientation and goals, actively innovated and developed, and achieved remarkable results in institutional reform, institutional innovation, investment attraction, trade facilitation, financial innovation, opening-up and cooperation. Just free trade in the future, coastal areas test will form with Shanghai free trade and free trade zone in guangxi as the leading "double YanTou", as well as free trade port in hainan high ground for innovation development pattern, imported by China international expo Shanghai free trade zone as the main platform, leading the eastern coastal various free trade form for a share of the world; With "Nanning Channel" as the main platform, Guangxi Free Trade Zone has formed a regional echelon leading the development of the free trade zone in the central and western regions.

Keywords: Coastal Areas; Pilot Free Trade Zones; Formation of Flying Swan Goose

Abstract: The high-quality development of Marine economy is guided by the five development concepts and realizes the five changes of "concept, power, structure, efficiency and quality" through the triple innovation of "idea-technology-system", which is different from the traditional development model of Marine economy. Based on the new connotation of the new era of ocean economy

development, the new characteristics and new form, this report have constructed the marine economy development level of high quality assessment system surrounding Marine economy development "five in one" high quality core essential factor and designed a marine economic aggregate index, marine economic structure index, marine economy innovation ability index, the index of green degree of marine economy, marine economic openness degree and degree of marine economy share index. Finally, this report analyzed the marine economy development level and trend of high quality, and proposed the suggestions about high-quality development of China's marine economy.

Keywords: High-Quality Development of Marine Economy; Total Factor Productivity; Assessment System

B. 16 Analysis on the Development Level of Marine Economic Experimental Demonstration Zones /247

Abstract: the State Council has successively set up five provincial-level marine economic development experimental demonstration zones in Shandong, Zhejiang, Guangdong, Fujian and Tianjin. Since the approval, these experimental demonstration zones have achieved great development results. However, the overall development level of these demonstration zones needs to be further improved, and the development trend is not stable. In order to ensure the sustainable development in the future, we should increase the number of policies to promote the marine economy and social development, increase the investment in marine resource and environmental governance, improve the benefit and efficiency of coastline utilization, vigorously develop and utilize the deep sea area, further develop the land economy, and pay attention to reduce the epidemic influence of new corona virus pneumonia.

Keywords: Marine Economic Development Demonstration Zone; Development Status; Influence Factor; Development Trend

Abstract：The community of ocean destiny is the embodiment of a community with a shared future for mankind in the ocean field, and is a new plan for the development and utilization of the ocean provided by China to the world. The proposal of the concept of community of ocean destiny was not accomplished overnight, but a long process of development. It is the inheritance and development of the ocean strategy of the predecessors. At the same time, the construction of the community of ocean destiny is not straightforward, and it is facing numerous difficulties. By analyzing the development status of the community of ocean destiny, we can predict the future development trend of the community of ocean destiny. The future construction of the community of ocean destiny will develop from three aspects: enriching theoretical connotations, alleviating external pressures, and improving maritime security cooperation mechanisms. In the process of building the community of ocean destiny, attention should be paid to improving the international maritime legal system, establishing a sound evaluation mechanism, and formulating phased goals.

Keywords：The Community of Ocean Destiny; Development Status; Development Trend

Ⅵ　International Reports

Abstract：Under the influence of geopolitics and economic and social environment, the US government attaches great importance to the development of Marine economy, and has formulated perfect Marine science and technology and legal policies to promote the US from a maritime power to a maritime power. In 2016, the ocean and the Great Lakes economy created a huge GDP for the United States and made a significant contribution to the development of the US national economy; marine tourism and leisure and entertainment, marine mining, and marine

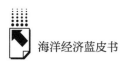

transportation are the pillar industries of the U. S. marine economy ; The spatial distribution of each marine industry has its own characteristics. Texas, California, Florida and New York are the key areas of the marine economy in the United States, and the Mid-Atlantic, Gulf of Mexico and West Coast areas are the main creation areas of the United States' marine GDP.

Keywords: Marine Economy of USA; Marine Industry; The Dominant Industries; Marine Science and Technology

B. 19　Analysis and Prospect of The Development of British

　　　　Marine Economy　　　　　　　　　　　　　　　　　/ 291

Abstract: The United Kingdom of Great Britain and Northern Ireland, located in the northwest of Europe, is a typical island country. Its geographic endowment determines the glorious days of the Empire on which the sun never sets, and the development of its marine industry. Based on the latest data from EU Blue Economy Report 2019 and 2020, we analyze the status quo of British marine economy and the development of its leading marine industries. The future development of British marine economy is expected. In the end, suggestions are made in terms of taxation support, maritime business services, maritime laws and standards.

Keywords: Marine Oil and Gas Industry; Marine Engineering; Maritime Business Services Industry

B. 20　Analysis and Prospect of Norwegian Marine Economic

　　　　Development　　　　　　　　　　　　　　　　　　/ 307

Abstract: Norway's Marine economy (Marine industry, Marine affairs industry, and oil and gas industry) accounts for about 40% of Norway's GDP and 70% of its export earnings. Oil and gas is Norway's biggest industrial pillar, producing the highest total output. Fishing is Norway's traditional industry, and shipping and other maritime sectors are important drivers of the Norwegian economy. The three Marine economic industries have a certain degree of mutual cover, especially the oil and gas industry and the Marine industry are closely intertwined. This is due to the fact that the maritime industry includes a large part of the offshore transport, drilling RIGS, equipment suppliers and shipyards that support oil and gas extraction. Fisheries and oil production in Norway is expected to remain roughly the same over the next decade as today, but aquaculture and maritime industries have great potential. Norway's policy is that maintaining sustainable fishing and oil extraction, while promoting the development of aquaculture and shipping to increase the value of total production. The development of Marine industry should focus on the construction and value – added of the whole supply chain and value chain for a long time, pay attention to the improvement of vertical value chain, and make use of existing technical experience to expand to new areas in parallel value chain.

Keywords: Marine Industry; Oil and Gas Industry; Value Creation Value Chain

B. 21　Analysis and Prospects of Canadian Marine Economy Development　　　　/ 323

Abstract: Canada is located in the northern part of North America, with a coastline of more than 240, 000 kilometers. It is the country with the longest coastline in the world and has abundant marine resources. The ocean is an important lifeline for a country's development and its "highway" to the world market. Based on the analysis of the development environment, development scale, industrial structure and influencing factors of Canadian marine economy, combined with relevant data, this report studies the development strategy, experience, planning and advantages of Canada's marine economy. Comprehensively considering the development status, scale and trend of the leading marine economy industries, the development situation of marine economy was predicted, forecasted and judged. According to the report, Canada's marine economic management system is relatively mature, and the marine sector is playing an increasingly important role in promoting the economic development of Canada. Through the strong radiation effect of marine industrial chain

effect, the development of marine upstream and downstream industries is promoted.

Keywords: Development Environment; Development Scale; Industrial Structure; Leading Industry; Development Situation

B. 22　Analysis and Prospect of Australian Marine Economic

　　　Development　　　　　　　　　　　　　　　　　　　/ 347

Abstract: Australia is located in the intersection of the Indian Ocean and the Pacific Ocean. It is the most developed marine economic entity in the southern hemisphere. As a traditional marine country, Australia has geographical advantages and resource endowment, and has the potential to become a maritime superpower. This report combines relevant data to analyze the current development status of Australia's Marine economy, and by inquiring relevant data of Australia's Marine Science Research Center, analyzes the composition of Australia's Marine economy, the characteristics and current situation of Marine leading industries. Based on the comprehensive study and judgment, this paper makes a prospect for the development trend of Australia's Marine economy, and summarizes the enlightenment for China's Marine economy development. This report believes that Australia's Marine economic development has particular advantages, but also has obvious defects. An in-depth analysis of the advantages and disadvantages will provide advice and reference for China's Marine economic development.

Keywords: Marine Economy; Ocean Tourism; The Market Demand

Ⅶ　Appendices

权威报告·一手数据·特色资源

皮书数据库
ANNUAL REPORT(YEARBOOK)
DATABASE

分析解读当下中国发展变迁的高端智库平台

所获荣誉

- 2019年，入围国家新闻出版署数字出版精品遴选推荐计划项目
- 2016年，入选"'十三五'国家重点电子出版物出版规划骨干工程"
- 2015年，荣获"搜索中国正能量 点赞2015""创新中国科技创新奖"
- 2013年，荣获"中国出版政府奖·网络出版物奖"提名奖
- 连续多年荣获中国数字出版博览会"数字出版·优秀品牌"奖

成为会员

通过网址www.pishu.com.cn访问皮书数据库网站或下载皮书数据库APP，进行手机号码验证或邮箱验证即可成为皮书数据库会员。

会员福利

- 已注册用户购书后可免费获赠100元皮书数据库充值卡。刮开充值卡涂层获取充值密码，登录并进入"会员中心"—"在线充值"—"充值卡充值"，充值成功即可购买和查看数据库内容。
- 会员福利最终解释权归社会科学文献出版社所有。

数据库服务热线：400-008-6695
数据库服务QQ：2475522410
数据库服务邮箱：database@ssap.cn
图书销售热线：010-59367070/7028
图书服务QQ：1265056568
图书服务邮箱：duzhe@ssap.cn

社会科学文献出版社 皮书系列
SOCIAL SCIENCES ACADEMIC PRESS (CHINA)
卡号：168448827431
密码：

S 基本子库
UB DATABASE

中国社会发展数据库（下设 12 个子库）

整合国内外中国社会发展研究成果，汇聚独家统计数据、深度分析报告，涉及社会、人口、政治、教育、法律等 12 个领域，为了解中国社会发展动态、跟踪社会核心热点、分析社会发展趋势提供一站式资源搜索和数据服务。

中国经济发展数据库（下设 12 个子库）

围绕国内外中国经济发展主题研究报告、学术资讯、基础数据等资料构建，内容涵盖宏观经济、农业经济、工业经济、产业经济等 12 个重点经济领域，为实时掌控经济运行态势、把握经济发展规律、洞察经济形势、进行经济决策提供参考和依据。

中国行业发展数据库（下设 17 个子库）

以中国国民经济行业分类为依据，覆盖金融业、旅游、医疗卫生、交通运输、能源矿产等 100 多个行业，跟踪分析国民经济相关行业市场运行状况和政策导向，汇集行业发展前沿资讯，为投资、从业及各种经济决策提供理论基础和实践指导。

中国区域发展数据库（下设 6 个子库）

对中国特定区域内的经济、社会、文化等领域现状与发展情况进行深度分析和预测，研究层级至县及县以下行政区，涉及地区、区域经济体、城市、农村等不同维度，为地方经济社会宏观态势研究、发展经验研究、案例分析提供数据服务。

中国文化传媒数据库（下设 18 个子库）

汇聚文化传媒领域专家观点、热点资讯，梳理国内外中国文化发展相关学术研究成果、一手统计数据，涵盖文化产业、新闻传播、电影娱乐、文学艺术、群众文化等 18 个重点研究领域。为文化传媒研究提供相关数据、研究报告和综合分析服务。

世界经济与国际关系数据库（下设 6 个子库）

立足"皮书系列"世界经济、国际关系相关学术资源，整合世界经济、国际政治、世界文化与科技、全球性问题、国际组织与国际法、区域研究 6 大领域研究成果，为世界经济与国际关系研究提供全方位数据分析，为决策和形势研判提供参考。

法律声明

"皮书系列"（含蓝皮书、绿皮书、黄皮书）之品牌由社会科学文献出版社最早使用并持续至今，现已被中国图书市场所熟知。"皮书系列"的相关商标已在中华人民共和国国家工商行政管理总局商标局注册，如 LOGO（▧）、皮书、Pishu、经济蓝皮书、社会蓝皮书等。"皮书系列"图书的注册商标专用权及封面设计、版式设计的著作权均为社会科学文献出版社所有。未经社会科学文献出版社书面授权许可，任何使用与"皮书系列"图书注册商标、封面设计、版式设计相同或者近似的文字、图形或其组合的行为均系侵权行为。

经作者授权，本书的专有出版权及信息网络传播权等为社会科学文献出版社享有。未经社会科学文献出版社书面授权许可，任何就本书内容的复制、发行或以数字形式进行网络传播的行为均系侵权行为。

社会科学文献出版社将通过法律途径追究上述侵权行为的法律责任，维护自身合法权益。

欢迎社会各界人士对侵犯社会科学文献出版社上述权利的侵权行为进行举报。电话：010-59367121，电子邮箱：fawubu@ssap.cn。

社会科学文献出版社